中国轻工业"十三五"规划教材

高等学校食品质量与安全专业适用教材

食品微生物检验学

宁喜斌　主编

中国轻工业出版社

图书在版编目（CIP）数据

食品微生物检验学/宁喜斌主编 . —北京：中国轻工业出版社，2024.8

中国轻工业"十三五"规划教材　全国高等学校食品质量与安全专业适用教材

ISBN 978 – 7 –5184 –2162 –6

Ⅰ.①食…　Ⅱ.①宁…　Ⅲ.①食品微生物—食品检验—高等学校—教材　Ⅳ.①TS207.4

中国版本图书馆 CIP 数据核字（2018）第 240835 号

责任编辑：马　妍　　责任终审：滕炎福　　整体设计：锋尚设计
策划编辑：马　妍　　责任校对：晋　洁　　责任监印：张　可

出版发行：中国轻工业出版社（北京鲁谷东街 5 号，邮编：100040）
印　　刷：三河市国英印务有限公司
经　　销：各地新华书店
版　　次：2024 年 8 月第 1 版第 6 次印刷
开　　本：787×1092　1/16　印张：16.75
字　　数：370 千字
书　　号：ISBN 978 – 7 –5184 –2162 –6　定价：42.00 元
邮购电话：010-85119873
发行电话：010-85119832　　010-85119912
网　　址：http://www.chlip.com.cn
Email：club@chlip.com.cn

高等学校食品质量与安全专业教材
编审委员会

中国海洋大学	林　洪
大连工业大学	林松毅
海南大学	刘四新
上海海洋大学	宁喜斌
福建农林大学	庞　杰
吉林农业大学	沈明浩
陕西科技大学	宋宏新
浙江工业大学	孙培龙
中国药科大学	王岁楼
山西农业大学	王晓闻
华南理工大学	王永华
沈阳农业大学	吴朝霞
江南大学	姚卫蓉
天津科技大学	王俊平
南昌大学	谢明勇
吉林大学	张铁华
河北农业大学	张　伟
仲恺农业工程学院	曾晓房
浙江大学	朱加进

本书编委会

主　　编　宁喜斌（上海海洋大学）

副 主 编　刘　颖（广东海洋大学）

　　　　　刘　玲（沈阳农业大学）

参编人员（按姓氏拼音顺序排名）

　　　　　李晓晖（上海海洋大学）

　　　　　刘　玲（沈阳农业大学）

　　　　　刘　颖（广东海洋大学）

　　　　　鲁艳莉（大连金州新区水产服务管理站）

　　　　　宁喜斌（上海海洋大学）

　　　　　唐海丰（上海市普陀区疾病预防控制中心）

　　　　　王庆忠（上海市临床检验中心）

　　　　　张苗苗（上海海洋大学）

　　　　　赵　莉（华东理工大学）

　　　　　周　英（华东理工大学）

前言 | Preface

　　食品是人类赖以生存的最基本物质,它为人类身体的生长发育、细胞更新、组织修复等提供了必需的营养物质和能量,而食品安全是关系到人类身体健康的最基本因素。在食品安全危害中,微生物危害是食品安全中最主要的危害,食品微生物检验是食品安全性评价、控制、管理的最重要技术和手段。本书系统介绍了食品微生物检验学科的现状与发展趋势;食品中微生物的来源与种类;食品微生物检验的质量控制;食品微生物检验的一般程序;食品微生物常规检测技术;不同种类食品微生物的检验及现代食品微生物检验技术。本书力求全面反映食品微生物检验的理论与实践,本书作者中除了有在食品微生物检验教学第一线的教师外,还包括微生物检验行业的工作人员,使内容更符合目前检验工作的需要。

　　全书共分7章,具体分工如下:第一章、第三章主要由上海海洋大学的宁喜斌编写,上海海洋大学的张苗苗参与了第一章部分内容的编写;第二章由华东理工大学的赵莉、周英编写;第四章、第五章第十节至第十五节由广东海洋大学的刘颖编写;第五章第一节至第四节由大连金州新区水产服务管理站的鲁艳莉编写;第五章第五节至第九节,第七章第四节由上海市临床检验中心的王庆忠、上海市普陀区疾病预防控制中心的唐海丰编写;第六章由沈阳农业大学的刘玲编写;第七章第一节至第三节由上海海洋大学的李晓晖编写;第八章由宁喜斌、张苗苗整理编写。全书教学课件由张苗苗制作。全书由宁喜斌、张苗苗统稿。上海出入境检验检疫局张继伦博士审阅了部分稿件,并给予了中肯的建议,在此深表谢意。

　　本书可供食品及相关专业学生作为教材使用,也可供从事食品安全管理、检验、研究等领域的工作人员参考。

编者

2018 年 10 月

| 目录 | Contents

绪论

近年来，食品安全问题已成为人们关注的主要社会问题，"国以民为本，民以食为天，食以安为先"。根据世界卫生组织（WHO）的估计，全球每年发生的食源性疾病约10亿人次，即使包括美国在内的一些经济发达国家发生食源性疾病的概率也相当高，平均每年有三分之一的人群感染食源性疾病。在已知的致病因子引起的食源性疾病中，微生物性食物中毒仍是首要危害。在工业化国家，最常见的食源性疾病病因是沙门菌、金黄色葡萄球菌、产气荚膜梭菌和副溶血性弧菌，但嗜热弯曲菌被认为更重要，沙门菌是世界上最常见引发食源性疾病的病原菌，也是全球报告最多的、公认的食源性疾病的首要病原菌；一些以生鱼为主要膳食的国家，副溶血性弧菌引起的疾病频繁发生，而在我国沿海地区，副溶血性弧菌是引起食物中毒的第一位致病菌。

第一节　食品微生物检验的意义和特点

食品中丰富的营养成分为微生物的生长、繁殖提供了充足的物质基础，是微生物良好的培养基。根据陈翠珍、吴虹检索结果，我国涉及细菌性食物中毒的细菌有116个种、亚种或血清型，以及一些只确定到属的细菌。涉及文献1460篇（1949—2013年），中毒事件1529起（1949—2012年）。在检出的1529起食物中毒事件中，共有1484起事件（构成比97.06%）明确记录了中毒人数，共90000人，平均每起中毒60.65人。

食品微生物检验关系到产品安全、人类健康和食品企业的发展。食品微生物检验是指按照一定的检验程序和质量控制措施，确定单位样品中某种或某类微生物的数量或存在状况。食品微生物检验学是应用微生物学的理论与方法，研究外界环境和食品中微生物的种类、数量、性质、活动规律、对人和动物健康的影响及其检验方法与确定食品卫生的微生物学标准的一门学科，其核心内容是食品微生物检验方法的研究与应用。自然界中微生物种类多、数量大。食品在原料来源地、加工、贮藏、运输等过程中都可能受到各类微生物及其代谢产物的污染，因此，食品微生物检验的对象以及研究范围十分广泛，且检验对象在复杂的食品体系中与纯培养微生物检验有很大的区别，食品微生物检验结果与取样方式、前处理方式、操作人员的实践经验等均有很大的关系。

（一）　食品微生物检验学的任务

食品微生物检验用以确定食品的可食程度，控制食品的有害微生物及其代谢产物的污染，督促食品加工工艺的改进，改善生产卫生状况，防止人畜共患病传播，保证人类身体健康。

（1）从感染性疾病流行地区的人群中或环境中，分离并检验致病性微生物，明确其种类、分布、数量、毒力等，以确定感染性疾病的致病菌、传染源、传播途径、易感人群、流行情况等，为制定预防及控制对策提供依据。

（2）研究各类食品中微生物种类、分布及其特性。

（3）研究微生物与食品贮藏的关系。

（4）食品中致病性、中毒性、致腐性微生物研究。

（5）各类食品中微生物检验方法及标准的研究。

（6）根据国家标准或规范所确定的微生物学指标，对食品、环境及健康相关的微生物污染状况进行检验和卫生学评价，为制定相关管理措施以及建立法令、法规提供科学依据。

进行微生物检验首先要求目的明确，根据检验的目的不同来决定检验的类型（指示菌或致病菌）、检验方法（快速、准确、重复性、再现性等）、样本（生产线残留或终产品）、结果的解释及采取的行动（拒绝该批次、调查采样、过程的再调整等）。食品安全管理中的微生物检验见表1-1。

表1-1　　　　　　　　食品安全管理中的微生物检验

检验类型	目的	使用者	样本类型	采样方案	微生物
可接受性	批次检验	政府	终产品	分级	致病菌 指示菌
可接受性	验证，已知 历史的批次	政府 企业	终产品 原料	分级 分级	致病菌 指示菌
监测、检查	CCPs、生产线	企业	生产线样本	变量、分级	指示菌
环境采样	生产线、环境	企业	残留、尘埃、水	靶向、发现 污染来源	指示菌
验证	HACCP	企业	终产品	分级	致病菌 指示菌
监测	依从性	政府、企业	商业产品	分级（通常 $n=1$）	致病菌
调查	食物链	政府、企业	所有类型样本	调查、很少基于 统计学	致病菌

（二）食品微生物检验的特点

食品微生物检验具有以下特点。

（1）研究对象以及研究范围广　食品种类多，各地区有各地区的特色，分布不同，在食品来源、加工、运输等环节都可能受到各种微生物的污染；微生物有腐败菌和致病菌、好氧和厌氧、低温和中温、嗜盐嗜酸等多种。

（2）食品中待检微生物比率低　在食品中，往往待检验的种类的微生物所占比例较低，特别是致病菌。因此在检验时要排除杂菌的干扰或通过富集才能获得准确的结果，同时由于食品加工过程中产生的受伤菌，可能处于活的不可培养状态，也影响到检验的准确度。

（3）实用性及应用性强　食品微生物检验在促进人类健康方面起着重要的作用。通过检验，掌握微生物的特点及活动规律，识别有益的、腐败的、致病的微生物，在食品生产和保藏过程中，可以充分利用有益微生物为人类服务，同时控制腐败和病原微生物的活动，防止食品变质和杜绝因食品而引起的病害，保证食品安全。

（4）采用标准化的方法、操作流程及结果报告形式　既然食品微生物常规检验的指标已经确定，那么在全国各地甚至世界各国对指标检验时采用的方法、操作流程、结果报告等应该一致或是能被大家共同接受才具有推广意义。因此，在相应的范围内制定标准及标准的检验方法至关重要，我国颁布的 GB 4789 系列《食品安全国家标准　食品微生物学检验标准汇编》，确定以常规培养方法作为基准方法。

（5）食品微生物检验需要准确、快速　食品微生物检验用以判断食品及其加工环境的卫生状况，以及食品是否安全，因此，要求检验结果准确、可靠。同时，在食品安全执法等工作中，要求尽快出结果，快速又是微生物检验追求的另一个重要因素。

（6）涉及学科多样　食品微生物检验是以微生物学为基础，还涉及生物学、生物化学、工艺学、发酵学以及兽医学方面的知识等，根据不同的食品以及不同的微生物，采取的检验方法也不同。

（三）食品微生物检验的范围

食品微生物检验的范围包括以下几个方面。

（1）生产环境的检验　包括生产车间用水、空气、地面、墙壁、操作台等。

（2）原辅料的检验　包括动植物食品原料、添加剂等原辅料。

（3）食品加工过程、贮藏、销售等环节的检验　包括从业人员的健康及卫生状况、加工工具、运输车辆、包装材料的检验等。

（4）食品的检验　包括对出厂食品、可疑食品及食物中毒食品的检验。

（四）食品微生物的检验指标

我国原卫生部颁布的食品微生物检验指标有菌落总数、大肠菌群和致病菌三项。具体检验指标如下。

1. 菌落总数

通常采用平板计数法（SPC），它反映了食品的新鲜度、被细菌污染的程度、生产过程中食品是否变质和食品生产的一般卫生状况等。因此，它是判断食品卫生质量的重要依据之一。

2. 大肠菌群

大肠菌群包括大肠杆菌和产气肠杆菌之间的一些生理上比较接近的中间类型的细菌（如肠杆菌属、柠檬酸杆菌属、埃希菌属和克雷伯菌属等）。这些细菌是寄居于人和温血动物肠道内常见的细菌，随着粪便排出体外。食品中大肠菌群的检出，表明食品直接或间接受到粪便污染，故以大肠菌群数作为粪便污染食品的卫生指标来评价食品的质量具有广泛意义。

3. 致病菌

致病菌是能导致人体发病的细菌，对不同的食品和不同的场合应选择对应的参考菌群进行检验。如海产品以副溶血性弧菌、沙门菌、志贺菌、金黄色葡萄球菌等作为参考菌群；蛋与蛋制品以沙门菌、志贺菌作为参考菌群；糕点、面包以沙门菌、志贺菌、金黄色葡萄球菌等作为参考菌群；软饮料以沙门菌、志贺菌、金黄色葡萄球菌等作为参考菌群。

4. 霉菌及其毒素

许多霉菌会产生毒素而引起急性或慢性疾病。霉菌的检验，目前主要是霉菌计数或同酵母一起计数以及黄曲霉毒素等霉菌毒素的检验，以了解霉菌污染程度和食物被霉菌毒素污染的状况。

5. 其他指标

微生物指标还应包括病毒，如诺如病毒、肝炎病毒、猪瘟病毒、鸡新城疫病毒、马立克病毒、狂犬病毒、口蹄疫病毒、猪水疱病毒等与人类健康有直接关系的病毒微生物，在一定场合下也是食品微生物检验的指标。

另外，从食品检验的角度考虑，寄生虫暴露于人群的几率近年来越来越高，也是食品微生物检验的重要指标。

（五） 食品微生物检验的意义

微生物污染食品后很容易生长繁殖造成食品的变质，失去其应有的营养成分。更重要的是，一旦人们食用了被有害微生物污染的食物，会发生各种急性和慢性的中毒表现，甚至有致癌、致畸、致突变作用的远期效应。因此，食品在食用之前必须对其进行食品微生物检验。它是确保食品质量和食品安全的重要手段，也是食品卫生标准中的一个重要内容。

食品微生物检验与评价是食品卫生监督监测工作中不可缺少的重要手段。食品微生物指标检验的意义概括起来有三个方面。

（1） 评价食品卫生质量，主要是检验国家标准所规定的食品卫生微生物学指标，即菌落总数、大肠菌群、致病菌以及霉菌和酵母菌数。

（2） 通过食品微生物的检验，可以判断食品加工环境及食品卫生环境，能够对食品被细菌污染程度做出正确的评价，为各项卫生管理工作提供科学依据，为传染病和食物中毒提供防治措施。

（3）制定防治措施，发生食物中毒时，要检验引起食物中毒的微生物及其产生的毒素，为流行病学调查和临床诊断提供病原学依据，以便采取有效的防治措施。

（4）提高生产及储存工艺水平，对于发生质变的食品，从中分离、鉴定其中导致质变的微生物，追溯污染来源并研究发生质变的环境条件，以便采取正确措施，防止质变的再发生。

第二节　食品微生物检验的历史

人类从原始社会进入农耕时代后，生产出的食品（农产品）开始有了剩余，伴随着微生物引起食品的腐败及食物中毒，经验型食品微生物检验技术诞生，其历史悠久，检验水平随着微生物学科的发展而不断提高。

1. 感官检验

人类自进入早期文明，在长期的生活实践中，逐步摸索出一些预防食品安全问题的实践经验。如2500年前，孔子就提出著名的食品"五不食"原则："食而，鱼馁而肉败，不食；色恶，不食；臭恶，不食；失饪，不食；不时，不食"。在西方文化中占有重要位置的《圣经》中也有许多关于食物的禁忌。尽管当时人们并不知道微生物的存在，但是他们通过观察、总结出来的经验，确实对控制食品腐败、疾病传播起到了一定的作用。

即使到了今天，人们在日常生活中仍然可以通过观察食品表面有无霉斑、霉状物、粒状物、粉状物、毛状物；色泽是否变灰、变黄等；有无霉味及其他异味，如食品内部是否发霉变质，从而确定食品的霉变程度，达到预防食源性疾病的目的。

2. 直接镜检

直接镜检是对送检样品在显微镜下直接进行观察及菌体计数测定。

1676年荷兰人列文虎克（Antonie van Leeuwenhoek，1632—1723）用自磨镜片制造了世界上第一台显微镜（约放大300倍），并从雨水、牙垢等标本中第一次观察并描述了各种形态的微生物。

法国科学家巴斯德（Louis Pasteur，1822—1895）在解决法国葡萄酒变酸问题时，通过显微镜观察及实验，证明了有机物质的发酵与腐败是微生物作用的结果，酒类变质就是因为污染了杂菌。

现在仍然使用的血球计数板直接在显微镜下计数酵母菌细胞和霉菌孢子的数目，是一种常用的微生物总数计数法。它具有直观、简便、快速等优点。在细菌的活细胞计数中，也以一定浓度的美蓝染色液对细菌细胞液进行适当的染色，然后在计数室中分别数活细胞和死细胞的数量。

3. 培养检验

根据食品的特点和分析目的，选择适宜的培养方法求得带菌量。在我国的食品安全国家标准 GB 4789 系列中，大部分采用的测定食品中微生物数量的方法，是在严格规定的培养方法和培养条件（样品处理、培养基种类、培养温度、pH、培养时间、计数方法等）下进行的，使得适应这些条件的每一个活菌细胞都能够生成一个肉眼可见的菌落，然后通过菌落计数、形态观察、生化试验、血清学分型、噬菌体分型、毒性试验、血清凝集等测得试验结果，或通过间接的产生特定现象的试管数来换算，即 MPN 法。

这些传统微生物检验方法目前仍然是我国食品行业最权威的、使用最广泛的方法。

4. 现代微生物学检验方法

聚合酶链式反应（PCR）技术诞生于 1985 年，它是一种 DNA 体外扩增技术。该技术在食品微生物检验方面展示了很好的应用潜力，如国家标准中致泻性大肠埃希菌检验采用 PCR 方法进行确证；诸如病毒检验就是采用实时荧光 RT – PCR 方法。PCR 方法具有快速、简单、敏感、特异性强、结果分析简单等优点，在食品微生物检验中具有广阔的前景。

在免疫学技术方面，Coons 等于 1941 年首次采用荧光素进行标记而获得成功，这种以荧光物质标记抗体而进行抗原定位的技术称为荧光抗体技术，免疫荧光技术具有将免疫学的特异性和敏感性及显微形态学的精确性相结合的特点，我国已成功应用免疫荧光显微技术从食品中快速检出沙门菌、金黄色葡萄球菌、溶血性链球菌等。

随着分子生物学和微电子技术飞速发展，快速、准确、特异性检验微生物的新技术、新方法不断涌现，微生物检验技术由培养水平向分子水平迈进，并向仪器化、自动化、标准化方向发展，提高了食品微生物检验工作的高效性、准确性和可靠性。

第三节　食品微生物检验的发展趋势

随着食品微生物检验技术的日新月异，检验方法也逐渐增多，在多种方法中综合衡量，择优以提高检验的精准度，达到微生物检验的规范化、制度化。定量的检验过程中要严格按照制度进行操作，确保食品安全。

保障食品安全的关键在于对食品细菌进行快速准确的检验和鉴定。传统食品微生物检验方法具有周期长、主观性强、对一些生长速度较慢或者新型的微生物难以进行有效检验等缺点，已无法满足现代化食品工业以及社会发展对食品安全快速检验的需求。快速、简单、高通量的食品微生物污染检验方法成为目前研究的重点。

1. 传统微生物检验技术的改良

生产各种预灌装无菌成品培养基可以有效提高微生物的分离、培养和鉴定的效率，研究更加高效的生理生化试剂盒，以及灵敏度高的各种微生物检验试纸片（例如：Petrifilm™

细菌总数测试片）是传统微生物检验发展的趋势，并且先进的自动化微生物快速培养与鉴定系统替代传统人工测定的方法，可以有效提高实验效率，减少实验操作的误差（例如：VITEK－全自动微生物鉴定系统和 DADE－美国戴德）等。

2. 微生物免疫学检验技术

基于抗原抗体的特异性反应对微生物进行鉴定，发展该方法的前提一般需要制备待检微生物的特异抗体，根据检验模式和检验信号的不同，主要分为酶联免疫试剂盒和胶体金检验卡两类。

ELISA（酶联免疫）试剂盒（例如：BIOCONTROL 公司开发的 Transia 系列，荷兰 Biocheck 酶联免疫 ELISA 试剂盒）技术比较成熟，只要获得致病微生物特异性抗原抗体，便可以开发快速检验 ELISA 试剂盒，微生物检验一般采用夹心模式，因此具有非常好的灵敏度和特异性。在 ELISA 试剂盒的基础上研制了全自动免疫荧光酶标仪，集固相吸附、酶联免疫、荧光检验和乳胶凝集诸方法优点于一体的综合性检验系统是一个研究方向。

3. 聚合酶链式反应（PCR）技术

与传统微生物检验方法相比，基于分子生物学的 PCR 技术对增菌培养依赖程度小，快速灵敏，特异性强，很好弥补了传统方法的缺陷。最近十年来，伴随分子生物学技术与研究方法的不断突破进展，产生出新的检验手段，如实时荧光定量 PCR、多重 PCR、等温PCR、数字 PCR，使食品微生物检验精度大为提高，检验能力也达到了一个新的水平。全自动 PCR 技术可以减少 PCR 操作的复杂性，提高检验的效率。

现阶段 PCR 技术是微生物检验的基础。由于等温 PCR 技术的扩增效率更高，设备要求方面相对于普通 PCR 技术更简单经济，使得更多的研究者对等温 PCR 十分关注，等温技术在食品致病微生物检验中将会占有越来越重要的地位。

传统的 PCR 技术包括荧光定量 PCR 技术只能相对定量，或者依据参照基因所做的标准曲线进行定量。而数字 PCR 技术的出现，则能够直接统计 DNA 分子的个数，是对起始样品的绝对定量，这项技术的成功使用将会使得基于 PCR 技术的食源性微生物的半定量检验真正成为定量检验。

4. DNA 探针

核酸探针是指带有标记的特异 DNA 片段。根据碱基互补原则，核酸探针能特异性地与目的 DNA 杂交，最后用特定的方法测定标记物。随着该技术的发展，核酸探针技术将在食品微生物检验上有较多的应用。

对于食源性微生物检验来说，多重检验就显得尤为重要。目前的大多数快速检验方法都是单指标检验，也即一次只检验一种致病菌，多种致病菌需要不同的试剂和方法去检验。DNA 探针可以进行多重检验，但是检验的致病菌种类越多，设计的引物和探针也就越多，导致在扩增以及后面的杂交时，发生非特异性反应的可能性也就越高，容易引起检验误差。

5. 各种技术的综合利用

目前微生物的分类鉴定方法很多，每种方法都各有优缺点，综合利用各种检验技术也将使食品微生物检验的研究更精确、快捷和具有创新性。

例如，通过增菌和 PCR 扩增制备待检微生物的特异 DNA 序列，然后与芯片上的探针序列杂交，最后通过荧光或其他信号方式进行检验确认的生物芯片技术，就是 PCR 技术与 DNA 探针技术的集成，其灵敏度与 PCR 技术相当，但其具有高通量、多参数、高精确度和快速分析等特征，所以备受青睐。

目前免疫磁珠技术、膜过滤法可以达到去除干扰物质、富集待检微生物的目的，而且操作简单。向在膜上富集的微生物加入裂解液，使 DNA 直接吸附在膜上，然后直接进行扩增是一个新的研究方向。

食品微生物检验方法的发展取决于新技术的发掘。分子生物学技术、测序技术、蛋白质组学技术、流式细胞技术等新型微生物检验技术都具有非常广阔的应用前景。可以预见在不远的将来，传统的微生物检验技术将逐渐被各种新型简便的微生物快速诊断技术所取代，对食品安全产生巨大影响的更灵敏、更有效和更可靠的微生物快速检验方法将不断地被开发出来。

食品微生物的污染与控制

微生物（microorganism）是一类肉眼看不见或看不清的微小生物的总称。它们都是一些个体微小、构造简单的低等生物，包括属于原核类的细菌、放线菌、蓝细菌、支原体、立克次体和衣原体；属于真核类的真菌（酵母菌、霉菌和蕈菌）、原生动物和显微藻类以及属于非细胞类的病毒和亚病毒（类病毒、拟病毒和朊病毒）。

除少数无菌食品外，绝大多数的食品都含有一种或多种微生物。其中有些微生物我们认为是安全的、食品级的，可以来来生产发酵食品或者食品配料。而另一些微生物则会引起食品变质，甚至引起食源性疾病，需要进行有效的检验和控制。

第一节　食品中常见微生物

一、　食品工业常用微生物

微生物种类繁多，有些微生物已经验证是安全的、食用级的、对人体有益的，可以用来生产发酵食品或食品配料。常见的用于食品工业的微生物主要包括细菌、酵母和霉菌。

（一）食品工业常用的细菌

细菌是一类单细胞原核生物，根据形态可分为球菌、杆菌和螺旋菌。细菌在自然界分布广泛，与食品行业关系密切。一方面，细菌是导致食品腐败和食源性疾病最常见的微生物；另一方面，食品行业中也时常利用细菌，例如乳酪、酸乳、泡菜等的制作，都与细菌有关。

食品工业常用的细菌包括乳杆菌属（*Lactobacillus*）、链球菌属（*Streptococcus*）、片球菌属（*Pediococcus*）、明串珠菌属（*Leuconostoc*）、双歧杆菌属（*Bifidobaterim*）、丙酸杆菌属（*Propionibacterium*）和醋酸杆菌属（*Acetobacter*）。

1. 乳杆菌属

革兰阳性无芽孢杆菌，细胞形态多样，呈长形、细长状、弯曲形及短杆状，耐氧或微好氧，单个存在或呈链状排列，最适生长温度在 30 ~ 40℃。产酸和耐酸能力强，最适 pH 为 5.5 ~ 6.2，一般在 pH 为 5.0 或更低情况下能生长。分解糖的能力很强。常见的乳杆菌有：干酪乳杆菌（*L. casei*）、嗜酸乳杆菌（*L. acidophilus*）、植物乳杆菌（*L. plantarum*）、瑞士乳杆菌（*L. helveticus*）、发酵乳杆菌（*L. fermentum*）、弯曲乳杆菌（*L. curvatus*）、米酒乳杆菌（*L. sake*）和保加利亚乳杆菌（*L. bulgaricus*）。它们广泛存在于牛乳、肉、鱼、果蔬制品及动植物发酵产品中。这些菌通常用来作为乳酸、干酪、酸乳等乳制品的生产发酵剂。植物乳杆菌常用于泡菜的发酵。

2. 链球菌属

革兰阳性球菌，细胞呈球形或卵圆形，细胞成对地链状排列，无芽孢，兼性厌氧，化能异养，营养要求复杂，属同型乳酸发酵，生长温度范围 25 ~ 45℃，最适温度 37℃。常见于人和动物口腔、上呼吸道、肠道等处。多数为有益菌，是生产发酵食品的有用菌种，如嗜热链球菌、乳链球菌、乳脂链球菌等可用于乳制品的发酵。但有些菌种是人畜的病原菌，如引起牛乳房炎的无乳链球菌，引起人类咽喉等病的溶血链球菌。有些种也是引起食品腐败变质的细菌，如液化链球菌和粪链球菌（*Sc. faccalis*）可引起食品变质。

3. 片球菌属

革兰阳性球菌，成对或四联状排列，罕见单个细胞，不形成链状，不运动，不形成芽孢，兼性厌氧，同型发酵产生乳酸，最适生长温度 25 ~ 40℃。它们普遍存在于发酵的蔬菜、乳制品和肉制品中，常用于泡菜、香肠等的发酵，也常引起啤酒等酒精饮料的变质。常见的有啤酒片球菌（*P. cerevisaae*）、乳酸片球菌（*P. acidilactici*）、戊糖片球菌（*P. pentosaceus*）、嗜盐片球菌（*P. halophilus*）等。

4. 明串珠菌属

革兰阳性球菌，菌体细胞呈圆形或卵圆形，菌体常排列成链状，不运动，不形成芽孢，兼性厌氧，最适生长温度为 20 ~ 30℃，营养要求复杂，在乳中生长较弱而缓慢，加入可发酵性糖类和酵母汁能促进生长，属异型乳酸发酵。多数为有益菌，常存在于水果、蔬菜和牛乳中。能在含高浓度糖的食品中生长，如噬橙明串珠菌（*L. citrovorum*）和戊糖明串珠菌（*L. dextranicus*）可作为制造乳制品的发酵菌剂。另外，戊糖明串珠菌和肠膜明串珠菌可用于生产右旋糖酐，作为代血浆的主要成分，也可以作为泡菜等发酵菌剂。肠膜明串珠菌（*Leuc. mesenteroides*）等可利用蔗糖合成大量的荚膜（葡聚糖），可增加酸乳的黏度。

5. 双歧杆菌属

革兰阳性、不规则无芽孢杆菌，呈多形态，如 Y 字形、V 字形、弯曲状、棒状、勺状等。专性厌氧，营养要求苛刻，最适生长温度 37 ~ 41℃，最适 pH 6.5 ~ 7.0，在 pH 4.5 ~ 5.0 或 pH 8.0 ~ 8.5 不生长。主要存在于人和各种动物的肠道内。目前报道的已有 32 个种，其中常见的是长双歧杆菌、短双歧杆菌、两歧双歧杆菌、婴儿双歧杆菌及青春双歧杆菌。双歧杆菌具有多种生理功能，许多发酵乳制品及一些保健饮料中常常加入双歧杆菌以提高保健效果。

6. 丙酸杆菌属

革兰阳性不规则无芽孢杆菌，有分支，有时呈球状，兼性厌氧。能使葡萄糖发酵产生丙酸、乙酸和气体。最适生长温度30～37℃。主要存在于乳酪、乳制品和人的皮肤上，参与乳酪成熟，常使乳酪产生特殊香味和气孔。

7. 醋酸杆菌属

需氧杆菌，幼龄菌为革兰阴性杆菌，老龄菌革兰染色后常为革兰阳性，单个、成对或链状排列，无芽孢，有鞭毛，为专性需氧菌。最适温度30～35℃。该菌生长的最佳碳源为乙醇、甘油和乳酸，有些菌株能合成纤维素。主要分布在花、果实、葡萄酒、啤酒、苹果汁、醋和园土等环境。该属菌有较强的氧化能力，能将乙醇氧化为醋酸，并可将醋酸和乳酸氧化成二氧化碳和水，对食醋的生产和醋酸工业有利，是食醋、葡萄糖酸和维生素 C 的重要工业菌。

（二）食品工业常用的酵母

酵母是一种单细胞的真核微生物，其细胞通常为椭圆形、球形或卵圆形，大小为（5～30）μm×（2～10）μm。酵母细胞有天然丰富的营养体系，在食品行业有着广泛的应用。

食品工业常用的酵母包括：酵母属（*Saccharomyces*）、毕赤酵母属（*Pichia*）、汉逊酵母属（*Hansenula*）、假丝酵母属（*Candida*）。

1. 酵母属

本属酵母菌细胞为圆形、卵圆形，有的形成假菌丝，多数为出芽繁殖。有性生殖包括单倍体细胞的融合（质配和核配）和子囊孢子融合。大多数种发酵多种糖，只有糖化酵母一个种能发酵可溶性淀粉。本属酵母菌可引起水果、蔬菜发酵。食品工业上常用的酿酒酵母多来自本属，如啤酒酵母、果酒酵母、卡尔酵母等。

2. 毕赤酵母属

本属酵母细胞为筒形，可形成假菌丝、子囊孢子。分解糖的能力弱，不产生酒精，能氧化酒精，能耐高浓度的酒精，常使酒类和酱油产生变质并形成浮膜，如粉状毕赤酵母菌。毕赤酵母目前是常用的基因工程蛋白表达工具，也可用作单细胞蛋白的生产。

3. 汉逊酵母属

本属酵母细胞为球形、卵形、圆柱形，常形成假菌丝，孢子为帽子形或球形，对糖有强的发酵作用，主要产物不是酒精而是酯，常用于食品增香。

4. 假丝酵母属

细胞为球形或圆筒形，有时细胞连接成假菌丝状。多端出芽或分裂繁殖，对糖有强的分解作用，一些菌种能氧化有机酸。该属酵母富含蛋白质和 B 族维生素，常被用作食用或饲料用单细胞蛋白及维生素 B 的生产。

（三）食品工业常用的霉菌

霉菌是丝状真菌的俗称。菌体呈细丝状，有的有隔膜，有的无隔膜。霉菌在食品（如酱油的酿造、干酪的制造）及食品配料（如乳酸、淀粉酶、蛋白酶）的生产上有广泛的应用。

食品工业常用的霉菌主要包括：毛霉属（*Mucor*）、根霉属（*Rhizopus*）、曲霉属（*Aspergillus*）和木霉属（*Trichoderma*）。

1. 毛霉属

菌丝细胞无隔膜，单细胞组成，出现多核，菌丝呈分枝状。以孢子囊孢子（无性）和接合孢子（有性）繁殖。一般是菌丝发育成熟时，在顶端即产生出一个孢子囊，呈球形，孢子囊梗伸入孢子囊梗部分成为中轴，孢子为球形或椭圆形。大多数毛霉具有分解蛋白质的能力，同时也具有较强的糖化能力。因此在食品工业上，毛霉主要是用来进行糖化和制作腐乳，也可用于淀粉酶的生产。

2. 根霉属

根霉形态结构与毛霉相似。菌丝分枝状，菌丝细胞内无横隔。在培养基上生长时，菌丝伸入培养基质内，长成分枝的假根，假根的作用是吸收营养。而连接假根，靠近培养基表面向横里匍匐生长的菌丝称为匍匐菌丝。从假根着生处向上丛生，直立的孢子梗不分枝，产生许多孢子，即孢子囊孢子。根霉能产生糖化酶，使淀粉转化为糖，是酿酒工业上常用的发酵菌。有些菌种也是甜酒酿、甾体激素、延胡索酸和酶制剂等物质制造的应用菌。

3. 曲霉属

菌丝呈黑、棕、黄、绿、红等多种颜色，菌丝有横隔膜，为多细胞菌丝，营养菌丝匍匐生长于培养基的表层，无假根。附着在培养基的匍匐菌丝分化出具有厚壁的足细胞。在足细胞上长出直立的分生孢子梗。孢子梗的顶端膨大成顶囊。在顶囊的周围有辐射状排列的次生小梗，小梗顶端产生一串分生孢子，不同菌种的孢子有不同的颜色，有性世代不常发生，分生孢子形状、颜色、大小是鉴定曲霉属的重要依据。曲霉具有分解有机质的能力，是发酵和食品加工行业的重要菌，传统发酵食品行业常用作制酱、酿酒、制醋。现代工业中常用作淀粉酶、蛋白酶、果胶酶的生产，也可作为糖化应用的菌种。

4. 木霉属

木霉可产生有性孢子（子囊孢子）和无性孢子（分生孢子）。这个属的霉菌能产生高活性的纤维素酶，故可用于纤维素酶的制备，有的种能合成核黄素，有的能产生抗生素。木霉可应用于纤维素下脚制糖、淀粉加工、食品加工和饲料发酵等方面，如里氏木霉、白色木霉、绿色木霉等。

二、 食品生产常见的污染微生物

微生物在自然界分布广泛，有些对食品有益，但更多的微生物是食品腐败菌和食源性疾病病原体。

污染食品引起食品变质的微生物主要有细菌、霉菌和酵母。

（一） 食品污染的细菌

细菌在食品行业应用广泛，但同时一些细菌又是污染食品导致食品变质和食源性疾病的主要微生物。食品中常见的污染细菌有以下菌属。

1. 假单胞菌属 (*Pseudomonas*)

假单胞菌属为需氧杆菌，直或稍弯曲杆状。革兰阴性，无芽孢、端生鞭毛、能运动，过氧化氢酶和氧化酶阳性，产能代谢方式为呼吸。营养要求简单，多数菌种在不含维生素、氨基酸的合成培养基中良好生长。

假单胞菌在自然界分布极为广泛，常见于水、土壤和各种动植物体中。假单胞菌能利用碳水化合物作为能源，能利用简单的含氮化合物。本属多数菌株具有强力分解脂肪和蛋白质的能力。它们污染食品后，若环境条件适合，可在食品表面迅速生长，一般能产生水溶性荧光色素，产生氧化产物和黏液，从而影响食品的风味、气味，引起食品的腐败变质。

假单胞菌属很多种能在低温条件下很好地生长，所以是导致冷藏食品腐败变质的主要腐败菌。如冷冻肉和熟肉制品的腐败变质，常常是由于该类菌的污染。但该属的多数菌对热、干燥抵抗力差，对辐照敏感。

该属主要包括：荧光假单胞菌，适宜生长温度为25~30℃，4℃能生长繁殖，能产生荧光色素和黏液，分解蛋白质和脂肪的能力强，常常引起冷藏肉类、乳及乳制品变质；铜绿假单胞菌可产生扩散的荧光色素和绿脓菌素，该菌引起人尿道感染和乳房炎等；生黑色腐败假单胞菌，能在动物性食品上产生黑色素；菠萝软腐病假单胞菌，可使菠萝果实腐烂，被侵害的组织变黑并枯萎；恶臭假单胞菌，能产生扩散的荧光色素，有的菌株产生细菌素。

与食品腐败有关的菌种还有草莓假单胞菌、类黄假单胞菌、类蓝假单胞菌、腐臭假单胞菌、生孔假单胞菌、黏假单胞菌等。

2. 产碱杆菌属 (*Alcaligenes*)

产碱杆菌属为革兰阴性菌，需氧杆菌。细胞呈杆状、球杆状或球状，通常单个存在，周身鞭毛，专性好氧。代谢方式为呼吸，氧化酶阳性。能产生黄色、棕黄色的色素。有些菌株能在硝酸盐或亚硝酸盐存在时进行厌氧呼吸。适宜温度20~37℃，为嗜冷菌。不能分解糖类产酸，但能利用各种有机酸和氨基酸为碳源，在培养基中生长能利用几种有机盐和酰胺产生碱性化合物。

产碱杆菌在自然界分布极广，存在于原料乳、水、土壤、饲料和人畜的肠道内，是引起乳品和其他动物性食品产生黏性变质的主要菌，但不分解酪蛋白。

3. 黄色杆菌属 (*Flavobacterium*)

该属微生物为革兰阴性杆菌，好氧，极生鞭毛，能运动。可利用植物中的糖类产生脂溶性的黄、橙、黄绿色色素而著称。大多数来源于水和土壤，适于30℃生长。该属有些种为嗜冷菌，可低温生长，是重要的冷藏食品变质菌，在4℃低温下使乳与乳制品变黏和产酸。黄色杆菌可产生对热稳定的胞外酶，分解蛋白质能力强，常引起多种食品，如乳、禽、鱼、蛋等腐败变质。

4. 无色杆菌属 (*Achromobacter*)

无色杆菌在琼脂平板上培养2d后可见其菌落呈旱圆形，轻微隆起，淡黄色，湿润，半透明，边缘整齐，光滑。革兰染色为阴性，杆状，无芽孢，能液化明胶、不还原硝酸盐。能运动。该属菌常分布于水和土壤中，多数能分解糖和其他物质，产酸不产气，是肉类产品的腐败菌，可使禽、肉和海产品等食品变质发黏。

5. 盐杆菌属（*Halobacterium*）

菌落圆形，凸起，完整，半透明。氧化酶和接触酶阳性。通常不液化明胶。在 30～50℃生长良好。pH 的生长范围为 5.5～8.0。革兰阴性、需氧杆菌，对高渗具有很强的耐受力，可在高盐环境中（35g/L 至饱和溶液中）生长。低盐可使细菌由杆状变为球状。该属菌可在咸肉和盐渍食品上生长，引起食品变质。

6. 脱硫杆菌属（*Desulfotomaculum*）

革兰染色阴性杆菌。细胞中等大小，可运动，嗜热，严格厌氧，产生硫化氢。内生芽孢呈椭圆形，有抗热性。存在于土壤中，是罐头类食品变质的重要腐败菌。

7. 埃希杆菌属（*Escherichia*）

该属包括 5 个种，其中大肠埃希杆菌（简称大肠杆菌）是代表种。该属为革兰阴性杆菌，单个存在，周身鞭毛，无芽孢，少数菌有荚膜，属于兼性厌氧菌。

本属微生物对营养要求不严格，在普通营养琼脂上形成扁平、光滑湿润、灰白色、半透明、圆形、中等大小的菌落。在伊红美蓝（EMB）培养基上形成紫色具金属光泽的菌落。发酵乳糖产酸产气，能在含胆盐培养基上生长。最适温度 37℃，能适应生长的 pH 为 4.3～9.5，最适 pH 为 7.2～7.4。不耐热，巴氏杀菌可杀死。自然条件下耐干燥，存活力强。但对寒冷抵抗力弱，特别在冰冻食品中易死亡。大肠杆菌是人和动物肠道正常菌群之一，多数在肠道内无致病性，极少数可产生肠毒素、肠细胞出血毒素等致病因子，可引起食物中毒。

此外，该菌多数有组氨酸脱羧酶，在食品中生长可产生组胺，引起过敏性食物中毒。大肠杆菌是食品中常见的腐败菌，在食品中生长产生特殊的粪臭素。另外大肠杆菌作为大肠菌群的主要成员，是食品和饮用水被粪便污染的指示菌之一。

8. 肠杆菌属（*Enterobacter*）

革兰阴性菌无芽孢短直杆菌，周身鞭毛。兼性厌氧，发酵葡萄糖或乳糖产气能力强。主要存在于植物、谷物表面、水及食品中。是大肠菌群成员（大肠菌群包括肠杆菌属、柠檬酸杆菌属、克雷伯菌属），作为粪便污染指示菌。

该属菌有的是条件致病菌，可从尿液、痰、呼吸道等分离到，常引起人肠道感染。有一部分低温菌株可引起冷藏食品的腐败。常见的有产气肠杆菌（*E. aerogenes*）、阴沟肠杆菌（*E. cloacae*）等。

9. 沙门菌属（*Salmonella*）

沙门菌为革兰阴性、无芽孢、两端钝圆的短杆菌，菌体周生鞭毛，无荚膜，兼性厌氧，最适生长温度 35～37℃，最适 pH 7.2～7.4。该属菌能发酵葡萄糖产酸产气，不分解乳糖，产生硫化氢。根据细胞表面抗原和鞭毛抗原的不同，分为 2000 多个血清型。不同血清型的致病力及浸染对象不尽相同，有些对人致病，有些对动物致病，也有些对人和动物都致病。主要引起人类伤寒、副伤寒以及食物中毒或败血症。

该属菌广泛分布在土壤、水、污水、动物体表、加工设备、饲料、食品等中，为人类重要的肠道病原菌，常污染鱼、肉、禽、蛋、乳等食品，特别是肉类，能引起肠道传染病和食物中毒，是引起食物中毒的最常见病原菌。

10. 志贺菌属（*Shigella*）

革兰阴性菌，短直、短杆状，无鞭毛、无芽孢，兼性厌氧菌。菌落中等大小、半透明、光滑。多数不分解乳糖。根据生化和血清型反应分为 4 个血清群，其中痢疾志贺菌（*S. dysenteriae*）污染食品经口进入人体后可导致典型的细菌性痢疾。

11. 变形杆菌属（*Proteus*）

革兰阴性、两端钝圆的短杆状菌。表现为多形态，幼龄呈丝状或弯曲状，周生鞭毛，运动活泼，兼性厌氧菌。对营养要求不高，有强力分解蛋白质能力。分布于泥土、水、动物和人类粪便中，是肉和蛋类食品的重要腐败菌，且可以引起人类食物中毒。

12. 弧菌属（*Vibrio*）

革兰阴性，兼性厌氧杆菌，细胞呈弧状或直杆状，单生鞭毛，不形成芽孢。氧化酶阳性，发酵糖类产酸、产气，不产生水溶性色素。一些菌株适于高盐中生长，个别能耐受23% 食盐浓度。

该属菌主要分布在淡水、海水、贝类体表和肠道、浮游生物、腌肉和盐渍食品中，有较高的检出率。海产动物死亡后，在低温或中温保藏时，该属细菌可在其中增殖引起腐败。该属中的霍乱弧菌（*V. cholerae*）和副溶血性弧菌（*V. parahaemolytacus*）是两个重要的食源性病原菌，前者引起人霍乱病，后者引起食物中毒。

13. 李斯特菌属（*Listeria*）

革兰染色阳性，不产芽孢。短杆菌，单生或呈短链状，可运动。兼性厌氧。1℃能生长。广泛分布于环境中，能从多种不同类型食品分离获得。该菌属引起食物中毒的主要是单核细胞增生李斯特菌（*L. monocytogenes*）。

14. 弯曲杆菌属（*Campylobacter*）

革兰阴性，需氧菌。细胞螺旋状，可运动。存在于人体及动物的肠胃中。嗜温。该属的两个种空肠弯曲杆菌（*C. jejuni*）和大肠弯曲杆菌（*C. coli*）都是重要的食源性病原菌。

15. 芽孢杆菌属（*Bacillus*）

革兰染色阳性，杆菌，好氧。单个存在，成对或短链排列。多数有鞭毛。能产生芽孢，芽孢直径小于菌体宽度。接触酶阳性，发酵葡萄糖产酸不产气，对不良环境抵抗力强。

自然界分布很广，在土壤、植物、腐殖质、食品及空气中最为常见。该属细菌中的炭疽芽孢杆菌（*B. anthracis*）是毒性很大的病原菌，能引起人类和牲畜患炭疽病。蜡样芽孢杆菌（*B. creeus*）污染食品可引起食品变质并可引起食物中毒。枯草芽孢杆菌、蕈状芽孢杆菌、凝结芽孢杆菌及嗜热脂肪芽孢杆菌等是食品的常见腐败菌，污染食品也引起食物变质。

但它们产生蛋白酶的能力强，可作为生产蛋白酶的产生菌。

16. 梭菌属（*Clostridium*）

革兰阳性，厌氧或微需氧杆菌，产生芽孢且多数芽孢直径大于菌体宽度，芽孢多呈球形，使菌体呈梭状。多数有鞭毛。接触酶阴性，发酵碳水化合物产生有机酸、醇、气体，分解氨基酸产生硫化氢、粪臭素、硫醇等恶臭成分。对不良环境有极强的抵抗力，可耐受 25～65g/L NaCl 浓度的渗透压，对亚硝酸钠和氯敏感。

主要分布在土壤、下水污泥、海水沉淀物、腐败植物和哺乳动物肠道内，为食品重要变质菌之一。其中产气荚膜梭菌（*C. perfrigens*）和肉毒梭状芽孢杆菌（*C. botulinum*）是重要的食源性病原菌。尤其肉毒梭状芽孢杆菌产生很强的肉毒毒素，是肉类罐头中最重要的病原菌。而解糖嗜热梭状芽孢杆菌是分解糖类的专性嗜热菌，常引起蔬菜、水果、罐头等食品的产气性变质。腐败梭状芽孢杆菌能引起蛋白质性食品发生变质。

17. 耶尔森菌属（*Yersinia*）

革兰阴性，厌氧菌。小杆状，可运动或不运动。无芽孢，1℃可生长。常存在于动物肠道内容物中。该属的小肠结肠耶尔森菌（*Y. enterocolitica*）可引发食源性疾病。

18. 微球菌属（*Micrococcus*）

为革兰阳性，好氧球菌，不运动，接触酶和氧化酶阳性。单生、双生或四联球状排列，有的连接成立方堆团或不规则的簇群。菌落常为圆形、凸起、光滑，某些菌株可形成粗糙菌落。对干燥和高渗有较强抵抗力，可在 50g/L NaCl 环境中生长，最适生长温度为 25～37℃。

该属微生物在自然界分布很广，如土壤、水、灰尘、人和动物体表及许多食品中都有存在。某些菌株能产生黄、橙或红色素，如黄色小球菌（*Mc. Flavus*）产生黄色素，玫瑰小球菌（*Mc. Roseus*）产生粉红色色素。这些菌生长后能使食品变色，引起肉类、鱼类、水产品、豆制品等腐败。此外，有些菌能在低温环境下生长，可引起冷藏食品腐败变质。

19. 葡萄球菌属（*Staphylococcus*）

革兰染色阳性，兼性厌氧，球菌。以多个平面分裂，单个、成对以及不规则的葡萄状排列。菌落凸起、光滑、闪光奶油状，不透明，可产生金黄色、柠檬色、白色等非水溶性色素。该属具有很强的耐高渗透压能力，可在 7.5%～15% NaCl 环境中生长。

葡萄球菌在自然界分布很广，如空气、水和不洁净容器、工具，人及动物体表都能存在。其中与食品关系最为密切的是金黄色葡萄球菌（*S. aureus*），该菌除了具有上述特征外，还能发酵葡萄糖、分解甘露醇等，卵磷脂酶阳性，可产生肠毒素及血浆凝固酶等，是引起人类食物中毒的常见微生物。

金黄色葡萄球菌是葡萄球菌属中的一个种，可引起皮肤组织炎症，还能产生肠毒素。如果在食品中大量生长繁殖产生毒素，人误食了含有毒素的食品，就会发生食物中毒，故食品中存在金黄色葡萄球菌对人的健康是一种潜在危险。

20. 肠球菌属（*Enterococcus*）

革兰染色阳性，细胞呈球形，成对或呈链状，不运动，兼性厌氧菌。有些菌在低热（巴氏消毒）条件下能生长，嗜温。一般存在于自然界、人体和动物肠道内容物及环境中，是重要的食品腐败菌。常见的种有粪肠球菌（*E . faecalis*）。

21. 八叠球菌属（*Sarcina*）

革兰染色阳性，细胞球形。通常以 8 个或更多堆叠，不运动。分解糖类，产酸产气。兼性厌氧。存在于土壤、植物及动物粪便中。常引起植物食品的腐败。常见的有最大八叠球菌。

（二）　食品污染的霉菌

霉菌在自然界分布极广，特别是在阴暗、潮湿和温度较高的环境中更有利于它们的生长。由于霉菌的营养来源主要是糖、少量的氮和无机盐，因此，极易在粮食、水果和各种食品上生长，使食品失去了原有的色、香、味、体，甚至完全丧失了食用价值，造成经济上的巨大损失。有些霉菌还产生真菌毒素，引起急性食物中毒；有些真菌毒素具有致癌性或致突变性，引发器官病变，给人类带来灾难。

污染食品导致食品腐败变质或引起食源性疾病的霉菌主要有以下属。

1. 曲霉属（*Aspergillus*）

曲霉属在食品行业应用广泛，是发酵和食品加工行业的重要微生物菌种。但食品污染该属霉菌后也可引起多种食品发生霉变。如有的曲霉适应干旱环境，能在谷物上生长引起霉腐，也会导致如果酱、腌火腿、坚果和果蔬的腐败变质。此外，曲霉属中的某些种或株还可产生毒素（如黄曲霉产生的黄曲霉毒素），引起人类食物中毒。

2. 根霉属（*Rhizopus*）

根霉是酿造行业常用菌，但同时根霉也可引起粮食、果蔬及其制品的霉变，如米根霉、华根霉和葡枝根霉都是常见的食品污染菌。

3. 毛霉属（*Mucor*）

毛霉分布广泛，多数具有分解蛋白质的能力，同时也具有较强的糖化能力。毛霉污染到果实、果酱、蔬菜、糕点、乳制品、肉类等食品，条件适宜的情况下生长繁殖可导致食品发生腐败变质，常见的如鲁氏毛霉。

4. 青霉属（*Pericillium*）

本属霉菌菌丝分枝状，有横隔，可发育成有横隔的分生孢子梗。顶端不膨大，为轮生分枝，形成帚状体。帚状体不同部位分枝处的小梗顶端能产生成串的分生孢子。青霉能生长在各种食品上而引起食品的变质。某些青霉还可产生毒素（如展青霉可产生棒曲霉素），引起人类及动物中毒。

5. 镰刀霉属（*Fusarium*）

菌丝有隔，分枝。分生孢子梗分枝或不分枝。分生孢子有两种形态，小型分生孢子卵圆形至柱形，有 1～2 个隔膜；大型分生孢子镰刀形或长柱形，有较多的横隔。广泛地分布在土壤和有机体内，可引起谷物和果蔬霉变，有些是植物病原菌。该属微生物可产生多种毒素，如玉米赤霉烯酮、单端孢霉毒素、串珠镰刀菌素和伏马菌素等，引起人及动物中毒。

6. 木霉属（*Trichoderma*）

木霉菌落初始时为白色，致密，圆形，向四周扩展，后从菌落中央产生有色分生孢子。常常造成谷物、水果、蔬菜等食品的霉变，同时可以使木材、皮革及其他纤维性物品等发生霉烂。

7. 分枝孢属（*Cladosporium*）

常出现在冷藏肉中，在肉上生长形成白斑，如肉色分枝孢。

8. 高链孢霉属（*Alternaria* sp.）

菌丝有隔膜，分生孢子梗顶端形成链状的分生孢子。广泛分布于土壤、有机物、食品和空气中，有些是植物的病原菌，有些可以引起果蔬类食品的腐败变质，如互隔交链孢霉。

9. 葡萄孢属（*Botrytis*）

菌丝分枝有隔膜，分生孢子梗上形成簇生的分生孢子，如一串葡萄，常分布于土壤、谷物、有机残体及食草性动物类的消化道中。是植物的病原菌，可引起水果败坏，常见的如灰色葡萄孢霉。

10. 链孢霉属（*Neurospora*）

链孢霉属也叫脉孢菌属。菌丝细胞为分枝的有隔分生孢子，菌体本身含有丰富的蛋白质和胡萝卜素，可引起面包的红色霉变，如谷物链孢霉。

11. 地霉属（*Geotrichum*）

酵母状霉菌，有时作为酵母细胞，菌丝分隔，菌丝断裂形成孢子，为裂生孢子。多存在于泡菜、动物粪便、有机肥料、腐烂的果蔬及其他植物残体中。本菌可引起果蔬霉烂。

（三）食品污染的酵母菌

酵母利用物质的能力相比细菌和霉菌要弱。多数酵母生活在含糖量高的或含一定盐分的食品上，但一般不利用淀粉。大多数酵母具有利用有机酸的能力，但分解蛋白质、脂肪的能力很弱。一方面，酵母是食品工业中重要的发酵菌；但另一方面，一定条件下也会导致食品的变质。常见的导致食品变质的酵母菌属如下。

1. 酵母属（*Saccharomyces*）

本属酵母菌中的鲁氏酵母菌、蜂蜜酵母菌等可以在含高浓度糖的基质中生长，因而可引起高糖食品（如果酱、果脯）的变质。同时也能抵抗高浓度的食盐溶液，如生长在酱油中，可在酱油表面生成灰白色粉状的皮膜，时间长后皮膜增厚变成黄褐色，是引起食品败坏的有害酵母菌。

2. 毕赤酵母属（*Pichia*）

本属酵母细胞为筒形，可形成假菌丝，孢子为球形或帽子形。分解糖的能力弱，不产生酒精，能氧化酒精；能耐高浓度的酒精，常使酒类和酱油产生变质并形成浮膜。

3. 汉逊酵母属（*Hansenula*）

本属酵母对糖有强的发酵作用，在液体中繁殖，可产生浮膜，如异常汉逊酵母（*Hanomala*）是酒类的污染菌，常在酒的表面生成白色干燥的菌醭。

4. 假丝酵母属（*Candida*）

细胞为球形或圆筒形，有时细胞连接成假菌丝状。借多端出芽和分裂而繁殖，对糖有强的分解作用，一些菌种能氧化有机酸。在液体中常形成浮膜，如浮膜假丝酵母（*C. mycoderma*），存在于多种食品中。新鲜的和腌制过的肉发生的一种类似人造黄油的酸败就是由该属的酵母菌引起的。

5. 赤酵母属（*Rhodoturula*）

细胞为球形、卵圆形、圆筒形，借多端出芽繁殖，菌落特别黏稠，该属酵母菌积聚脂肪能力较强，细胞内脂肪含量高达干物质的60%，故也称脂肪酵母。该属有产生色素的能力，常产生赤色、橙色、灰黄色色素。代表品种有黏红酵母（*R. glutinis*）、胶红酵母（*R. mucilahinosa*）。它们在食品上生长，可形成赤色斑点。

6. 球拟酵母属（*Torulopsis*）

本属酵母细胞呈球形、卵形、椭圆形，多端出芽繁殖。对多数糖有分解能力，具有耐受高浓度的糖和盐的特性。如杆状球拟酵母（*T. bacillaris*），能在果脯、果酱和甜炼乳中生长。另外该属酵母菌还常出现在冰冻食品中（如乳制品、鱼贝类），导致食品的腐败变质。

7. 接合酵母属（*Zygosaccharomyces*）

该属的酵母常引起低酸、低盐、低糖食品的腐败，有些可引起高酸性食品的腐败，如酱油、番茄酱、腌菜、蛋黄酱等。该属的一些种还可导致葡萄酒的质量下降，甚至变质。

第二节　微生物污染食品的危害

食品受到微生物污染后，一定条件下微生物可在食品中生长繁殖，有的还会产生毒素。微生物的生长繁殖会使得食品营养成分遭到破坏，食品原有的色、香、味发生改变，使食品的质量降低或完全不能食用。另外，当食品中的微生物生长繁殖到一定程度或者蓄积一定量毒素时，还会导致食源性疾病的产生，危害人们的身体健康，甚至危及生命安全。

一、微生物导致食品腐败变质

食品受到外界有害因素的污染以后，食品原有的色、香、味和营养成分发生了从量变到质变的变化，使食品的质量降低或完全不能食用，这个过程称为食品腐败变质。食品腐败的因素包括物理因素、化学因素及生物因素，其中微生物是导致食品变质的主要因素。

　　食品变质包括食品感观性状、营养价值和安全性的各种变化，因此食品腐败变质的鉴别可通过感官鉴定、化学鉴定（检验挥发性盐基总氮、三甲胺、组胺）、pH 的变化（包括 pH 或酸碱度的测定）以及微生物检验。对食品进行微生物测定，不仅可以反映食品被微生物污染的程度，食品是否变质以及食品的一般卫生状况，同时也是判定食品卫生质量的一项重要依据。

（一）引起食品变质的微生物

　　引起食品变质的微生物种类很多，归纳起来主要有细菌、霉菌和酵母菌三大类。但大多数场合下，细菌是引起食品变质的主要原因。细菌会分解食品中的蛋白质和氨基酸，产生臭味或其他异味，甚至伴随有毒物质的产生，细菌引起的变质一般表现为食品的腐败。

（二）各类食品的腐败变质

1. 蛋白质类食品腐败

　　微生物导致食品的腐败变质过程实质是食品中蛋白质、碳水化合物、脂肪等被污染微生物（包括微生物所产生的酶）的分解代谢过程。

　　富含蛋白质的肉、鱼、禽蛋和乳制品、豆制品腐败变质的主要特征为蛋白质分解，蛋白质在微生物分泌的蛋白酶和肽链内切酶等的作用下首先水解成多肽，进而裂解形成氨基酸。氨基酸通过脱羧基、脱氨基、脱硫等作用进一步分解成相应的氨、胺类、有机酸和各种碳氢化合物，食品即产生异味，表现出腐败特征。

　　导致蛋白质类食品腐败的主要为细菌，其次是霉菌，能分解蛋白质的酵母菌较少。

　　（1）肉类腐败　　肉类鲜度变化分为僵直、后熟、自溶、腐败四个阶段。自溶现象的出现标志着腐败的开始，肉类的自溶过程主要是微生物及组织蛋白酶的作用而导致蛋白质的分解，产生硫化氢等物质。此时的感官检查会发现肉类的弹性变差、组织疏松、表面潮湿发黏、色泽较暗。腐败阶段是自溶过程的继续，微生物数量可达 10^8cfu/cm^2。

　　肉类腐败微生物的主要来源有：① 健康牲畜在屠宰、加工、运输、销售等环节中被微生物污染；②宰前污染即病畜在生前体弱时，病原微生物在牲畜抵抗力低下的情况下，蔓延至全身各组织；③宰后污染，即牲畜疲劳过度，宰后肉的熟力不强，产酸少，难以抑制细菌的繁殖，导致腐败变质。

　　（2）鱼类腐败　　新鲜的鱼类是营养丰富、味道鲜美的水产食品。而鱼类腐败变质后组织疏松，无光泽，且由于组织分解产生的吲哚、硫醇、氨、硫化氢、粪臭素、三甲胺等，而常伴有难闻恶臭。

　　由于鱼类生活的水域中存在有大量微生物。鱼体本身含有丰富的蛋白质，如将新鲜鱼类在常温下放置，鱼体体表、鳃部、食道等部位带有的细菌会逐渐增殖并侵入肌肉组织，使鱼体腐败自溶之后进入腐败阶段。腌鱼由于嗜盐细菌的生长而有橙色出现。冻鱼的腐败主要由嗜冷菌引起。

　　鱼类污染并导致腐败的微生物主要是细菌，包括：假单胞菌、无色杆菌、黄杆菌、产碱杆菌、气单胞菌等。

（3）鲜蛋的腐败 变质新鲜的禽蛋中含有丰富的水分、蛋白质、脂肪、无机盐和维生素，是微生物天然的"培养基"，因此，微生物侵入蛋内后，在适宜的环境条件下就能大量繁殖，分解营养物质，使蛋类出现腐败变质。鲜蛋的腐败变质分为细菌性和霉菌性两类。细菌引起的蛋类腐败常表现为蛋白出现不正常的色泽（一般多为灰绿色），并产生硫化氢，具有强烈的刺激性和臭味。霉菌性的腐败变质则是蛋中常出现褐色或其他颜色的丝状物。霉菌最初主要生长在蛋壳表面，通常肉眼可以看到，菌丝由气孔进入蛋内存在于内蛋壳膜上，并在靠近气室处迅速繁殖，形成稠密分支的菌丝体，然后破坏蛋白膜而进入蛋内形成小霉斑点，霉菌菌落扩大而连成片，通常表现为黏连蛋。霉菌造成的腐败变质，具有一种特有的霉气味以及其他的酸败气味。

蛋类的腐败细菌有分解蛋白质的微生物，主要有梭状芽孢杆菌、变形杆菌、假单胞杆菌属、液化链球菌等和肠道菌科的各种细菌；分解脂肪的微生物主要有荧光假单胞菌、产碱杆菌、沙门菌属等；分解糖的微生物有大肠杆菌、枯草芽孢杆菌和丁酸梭状芽孢杆菌属等。

（4）牛乳的腐败 变质鲜乳的腐败变质主要表现为鲜乳 pH 降低，变酸，蛋白凝固出现"奶豆腐"现象。牛乳腐败微生物主要有荧光假单胞菌（胞外蛋白酶、脂肪酶）、芽孢杆菌、梭菌、棒状杆菌、节杆菌、乳酸杆菌、微杆菌、微球菌、链球菌。鲜乳的自然酸败主要由乳链球菌引起。

牛乳中可能存在的病原微生物有结核病、布氏杆菌、蜡样芽孢杆菌、单核细胞李斯特菌、沙门菌、空肠弯曲菌、梭状芽孢杆菌。另外还可能有曲霉、青霉、镰刀霉等。

2. 富含碳水化合物食品的腐败变质

富含碳水化合物的食品主要是粮食、蔬菜、水果和糖类及其制品。该类食品腐败的过程实质是食品成分在微生物及动植物组织各种酶的作用下，食品成分被分解成单糖、醇、醛、酮、羧酸及二氧化碳和水等物质。碳水化合物含量高的食品腐败主要表现为酸度升高，产气，产生"馊味"、甜味或醇味；粮食类出现霉变；果蔬类软化腐烂。

（1）粮食的霉变 微生物在粮食上生长繁殖，使粮食发生一系列的生物化学变化，造成粮食品质变劣的现象称为粮食霉变。霉变的发展过程包括初发阶段，升温、生霉阶段，高温、霉烂阶段。粮食中的霉菌生长繁殖，分解利用粮粒中的营养成分，进行旺盛的代谢作用，产生大量的代谢产物和热量，造成粮堆或其局部温度不正常升高，使粮食迅速劣变。

导致粮食霉变的微生物主要是霉菌，最常见的有曲霉属和青霉属（表 2 - 1）。该类微生物通常会产生真菌毒素，长期或一次性大量摄入会导致急性食物中毒或对人体产生慢性侵害，或致癌、致畸变性等危害。

（2）果蔬及其制品的腐败 变质水果蔬菜的主要成分是碳水化合物和水，适合微生物的生长繁殖，容易发生腐败变质。果蔬腐败变质主要表现为颜色变暗，有时形成斑点，组织软化变形，并产生各种气味。

果蔬的 pH 一般偏酸性，因此果蔬腐败微生物大多为嗜酸性微生物，主要是霉菌、酵母和少数细菌（表 2 - 1）。腐败菌的来源则主要是果蔬收获前后或贮存运输过程中接触、污染。

表 2 - 1　　　　　　　　　　　　　粮食及果蔬食品的腐败微生物

植物性食品	主要腐败菌
谷物类	青霉属、曲霉属、镰刀霉属
豆类、坚果和油料种子	曲霉属、青霉属、拟青霉属、根霉属
水果	酵母、扩展青霉、灰色葡萄孢霉、青霉
蔬菜	假单胞菌属

3. 脂肪类食品的变质

脂肪类食品的腐败变质主要表现为产生特殊的酸败气味。其腐败过程为脂肪先在微生物酶的作用下降解为甘油和脂肪酸，脂肪酸进一步分解生成过氧化物和氧化物，随之产生具有特殊刺激气味的酮和醛等酸败产物，即所谓哈喇味。因此，鉴定油脂的酸价和过氧化值，是油脂酸败的判定指标。

引起脂肪类食品腐败变质的微生物一般为细菌、霉菌和少数酵母。霉菌比细菌多，酵母菌能分解脂肪的不多（解脂假丝酵母）。

二、 微生物导致食源性疾病

（一） 微生物导致食源性疾病的现状及危害

1. 微生物导致食源性疾病的现状

食源性疾病是指通过摄食而进入人体的有毒有害物质（包括生物性病原体）而引起的一类疾病，通常具有感染或中毒性质。食源性疾病的发病率居各类疾病总发病率的前列，是当前世界上最突出的卫生问题。

食源性疾病包括：① 食物中毒：指食用了被有毒有害物质污染或含有有毒有害物质的食品后出现的急性、亚急性疾病；②与食物有关的变态反应性疾病；③经食品感染的肠道传染病（如痢疾）、人畜共患病（口蹄疫）、寄生虫病（旋毛虫病）等；④因一次大量或长期少量摄入某些有毒有害物质而引起的以慢性毒害为主要特征的疾病（如致畸变、致癌变）。

食源性疾病按致病因素可分为细菌性、病毒性、寄生虫性、化学性、真菌毒素、有毒动植物六大类，其中细菌性、病毒性和真菌毒素都可认为是微生物导致的食源性疾病。

我国卫生部门食品中毒情况分析表明，2008—2015 年，我国由微生物引起的食物中毒占整个食物中毒的 60％ 以上，远高于其他原因引起的食物中毒（表 2 - 2）。和发达国家不同，我国食物中毒事件主要发生在集体食堂、家庭、餐饮服务单位，到目前为止，几乎没有因为工业化的食品而导致某种致病菌引起大规模的中毒。不过，随着工业化食品更多地走上我们的餐桌，这种风险会加大，需要做好预防性管理。

另外，需要强调的是，世界范围内食源性疾病的漏报严重。在我国，食源性疾病报告和监测体系都不健全，主要食品中生物性危害因素的监测和重要食品中生物性危害的风险评估体系也亟待完善。

表2-2　　　　　　　　　2008—2015 年食物中毒原因分析

致病因素	数量	占比/%	中毒人数	占比/%	死亡人数	占比/%
微生物性	621	38.9	36117	62.0	76	7.4
化学性	218	13.6	4183	7.2	244	23.9
有毒动植物及毒蘑菇	549	34.4	9089	15.6	648	63.3
其他	209	13.1	8846	15.2	55	5.4
合计	1597	100	58235	100	1023	100

2. 细菌导致的食源性疾病的危害

细菌导致的食源性疾病主要包括：食物中毒、肠道传染病及人畜共患病，其中食物中毒最常见。

食物中毒的概念：一般认为，凡是由于摄入了各种被有毒有害物质污染的或含有有毒有害物质的食品而引起的，急性或亚急性为主的疾病，统称为食物中毒。

食物中毒的特点：① 潜伏期短，进食后 0.5～24h 相继发病，来势急剧，短时间内可能有大量病人同时发病；②与食物有密切的关系，所有病人都食用过同一种食物；③所有病人都有急性胃肠炎的相同或相似的症状；④人与人之间没有直接传染，当停食该种食物后，症状即可控制。

食物中毒按病原分类有以下 4 种类型：细菌性食物中毒；真菌性食物中毒；化学性食物中毒；有毒动植物性食物中毒。在各种食物中毒中，细菌性食物中毒最为常见。

细菌性食物中毒指因摄入含有细菌的有毒食品而引起的急性或亚急性疾病。据统计，我国每年发生的细菌性食物中毒人数占食物中毒总人数的 30%～90%。细菌性食物中毒有明显的季节性，多发生在夏秋两季（5～10月份），患者一般都表现出明显的肠胃炎症状，常见为腹痛、腹泻、呕吐等。细菌性食物中毒发病率较高，但死亡率较低，一般愈后良好。

引起细菌性食物中毒的食物主要是动物性食品，如鱼、肉、乳、蛋类等及其制品。植物性食物（如剩饭、米粉）也会引起葡萄球菌肠毒素的中毒，豆制品、面类发酵食品也曾引起过肉毒素中毒。

细菌性食物中毒又可分为感染型食物中毒、毒素型食物中毒及过敏型三类。当食用的食物内含有大量的病原菌，进入人体（通常是进入人体肠道）后，大量生长繁殖，从而引起的中毒称为感染型食物中毒，常由沙门菌、变形杆菌等引起。细菌在食物内生长繁殖，然后产生毒素，食用后而引起中毒称为毒素型食物中毒。毒素型食物中毒又包括体外毒素型和体内毒素型两种。体外毒素型指病原菌在食品内大量繁殖并产生毒素，如葡萄球菌肠毒素中毒、肉毒梭菌中毒。体内毒素型指病原菌随食品进入人体后产生毒素引起食物中毒，如产气荚膜梭状芽孢杆菌食物中毒、产肠毒素性大肠杆菌食物中毒等。过敏型食物中毒是由于食入细菌分解的组氨酸产生的组胺而引起的中毒。过敏型食物中毒一般须具备两个条件，一是食物中必须有组氨酸的存在，二是食品中存在能分解组氨酸产生组胺的细菌，如莫根变形杆菌。

目前，我国发生的细菌性食物中毒多见于沙门菌、变形杆菌、副溶血性弧菌、金黄色葡萄球菌、致病性大肠杆菌、肉毒梭菌等，近年来蜡样芽孢杆菌和李斯特菌中毒的发病频次也有增加（表2-3）。

表2-3　　　　　　　　　2008—2015年微生物食物中毒频次分析

微生物	中毒频次/%	微生物	中毒频次/%
沙门菌	23	诺如病毒	1
金黄色葡萄球菌及其肠毒素	13	椰毒假单胞菌	2
副溶血弧菌	21	雷极普罗威登菌	1
志贺菌	4	弗氏柠檬酸杆菌	1
变形杆菌	3	枸橼酸杆菌	1
致泻性大肠杆菌	11	肉毒毒素	2
蜡样芽孢杆菌	17		

（二）细菌引起的食物食源性疾病

1. 沙门菌食物中毒

（1）沙门菌生物学特性　沙门菌属微生物为革兰阴性杆菌，周生鞭毛、无芽孢。需氧或兼性厌氧，最适生长温度为35~37℃，最适pH 6.8~7.8。能以柠檬酸盐为唯一碳源，多数能产气。沙门菌属微生物种类繁多，已发现2000多个种（或血清型）。多数不分解乳糖，能分解葡萄糖产酸、产气（伤寒沙门菌产酸不产气）。多数产生硫化氢，不产生靛基质，不液化明胶，不分解尿素，不产生乙酰甲基甲醇，多数能利用枸橼酸盐，能还原硝酸盐为亚硝酸盐，在氰化钾培养基上不生长。沙门菌热抵抗力很弱，60℃、30min即被杀死，但在外界环境中能生活较久，如水中可生活2~3周，粪便中存活1~2个月，冰雪中存活3~6个月，牛乳和肉等食品中能存活几个月。

沙门菌按其传染范围有三个类群：①引起人类致病，如伤寒沙门菌，甲、乙、丙副伤寒沙门菌，它们是人类伤寒、副伤寒的病原菌，可引起肠热症；②引起动物致病：如绵羊流产沙门菌、牛流产沙门菌；③人、动物致病：如鼠伤寒沙门菌。沙门菌是细菌性食物中毒中最常见的致病菌。在世界各国各类细菌性的食物中毒中，沙门菌常居前列。因此，沙门菌的检验是各国检验机构对多种进出口食品的必检项目之一。

（2）食物中毒症状及发生原因 沙门菌引起感染型食物中毒。中毒症状有多种表现，一般可分为5种类型——胃肠炎型、类伤寒型、类霍乱型、类感冒型、败血症型，其中以胃肠炎型最为多见。中毒症状表现为呕吐、腹泻、腹腔疼痛等。活菌在肠内或血液内被破坏，放出内毒素可引起中枢神经中毒，出现头疼，体温升高，有时痉挛（抽搐），严重者昏迷，甚至导致死亡。一般来讲，本病的潜伏期平均为6～12h，有时可长达24h，潜伏期的长短与进食菌的数量有关。病程为3～7d，本病死亡率较低，为0～5%。

（3）中毒食品 主要是肉类食品。如病死牲畜肉、冷荤熟肉最多见，禽类、蛋类、鱼类、冷食等也有发生。由于沙门菌不分解蛋白质，通常无腐败臭味，因此贮存时间较长的熟肉制品即使没有明显腐败变质，也应加热后再吃。

（4）典型事件 沙门菌是细菌性食物中毒中最常见的致病菌。在世界各国各类细菌性的食物中毒中，沙门菌常居前列。1994年美国冰淇淋污染引起沙门菌病暴发，涉及22.4万人。2010年美国发生沙门菌感染，回收鸡蛋5亿枚以上。2012年6月我国甘肃皋兰县办婚宴，导致沙门菌食物中毒，共计50余人患病。

2. 金黄色葡萄球菌食物中毒

（1）金黄色葡萄球菌生物学特性 金黄色葡萄球菌为革兰阳性球菌，直径为0.5～1.5μm，堆积为不规则的簇群；无鞭毛，无芽孢，不运动；大多数菌株能生长在6.5～46℃（最适温度30～37℃），能在pH 4.2～9.8生长（最适pH 7.2～7.4）；兼性厌氧菌，在好氧条件下生长最好；耐冷冻环境、耐盐，可在150g/L氯化钠和40%胆汁中生长。大多数菌株产生类胡萝卜素，使细胞团呈现出深橙色到浅黄色，色素的产生取决于生长的条件，而且在单个菌株中可能也有变化。金黄色葡萄球菌在适宜条件下，可产生多种毒素和酶（肠毒素、溶血毒素、杀白细胞毒素、凝固酶、耐热核酸酶、溶纤维蛋白酶、透明质酸酶等），故致病性强。通常在25～30℃，5h后即可产生肠毒素。

（2）食物中毒症状、发生原因 金黄色葡萄球菌的食物中毒属于毒素型食物中毒，其症状为急性胃肠炎症状。中毒症状表现为恶心呕吐，多次腹泻腹痛，吐比泻重，这是由于肠毒素进入人体消化道后被吸收进入血液，刺激中枢神经系统而发生的。一般疗程较短，1～2d即可恢复。经合理治疗后即痊愈，死亡率较低，但儿童对金黄色葡萄球菌毒素较为敏感，应特别引起注意。

（3）中毒食品 适宜于金黄色葡萄球菌繁殖和产生肠毒素的食品主要有乳及乳制品，有时也会有淀粉类以及鱼、肉、蛋类等制品，尤其是剩饭菜、含乳糕点、冷饮食品多见。被污染的食物在室温20～22℃放置5h以上时，病菌大量繁殖，并产生肠毒素。金黄色葡萄球菌本身耐热性一般，在80℃加热30min可杀死。但其产生的肠毒素抗热力很强，120℃、20min不能使其破坏，必须经过218～248℃下30min才能使毒性完全消除。因此有时会发现产品并未检出该菌，但却发生了食物中毒事件（如乳粉），原因是菌体被杀死，但没有破坏其毒素。

（4）流行病学及中毒事件 近年来，美国疾病控制中心报告，由金黄色葡萄球菌引起的感染占第二位，仅次于大肠杆菌。金黄色葡萄球菌肠毒素是个世界性卫生问题，在美国，由金黄色葡萄球菌肠毒素引起的食物中毒占整个细菌性食物中毒的33%，加拿大则更多，占45%，我国每年发生的此类中毒事件也非常多。

2000年6月29日起，日本雪印公司乳粉、低脂肪牛乳、酸乳等3种牛乳制品被查出金黄色葡萄球菌毒素，造成1.5万名消费者中毒。原因是在北海道的乳粉生产工厂出现了停电，使生产线上的原料停留过久，所以出现了细菌超标。

3. 大肠杆菌食物中毒

（1）大肠杆菌生物学特性　大肠杆菌属革兰阴性两端钝圆的短杆菌，近似球形，周生鞭毛，能运动，无芽孢，有些能形成荚膜，好氧或兼性厌氧，最适生长温度为37℃，一般在60℃加热30min或煮沸数分钟可杀死。最适生长pH为7.2～7.4。在伊红－美兰琼脂类平板上可形成紫黑色带有金属光泽的菌落。

大肠杆菌为肠道正常菌群，一般不致病，而且还能合成B族维生素和维生素K，产生大肠菌素，对机体有利。但有些致病性大肠杆菌能产生内毒素和肠毒素引起食物中毒。致病性大肠杆菌和非致病性大肠杆菌在形态上和生物学特性上难以区分，只能从抗原性不同来区分。大肠杆菌有三种抗原，即菌体抗原（O抗原）、鞭毛抗原（H抗原）和荚膜抗原（K抗原）。荚膜抗原又分为A、B、L三类。一般有K抗原的菌株比没有K抗原的菌株毒力强，而致病性大肠杆菌的K抗原主要为B抗原，少数为L抗原。

（2）大肠杆菌食物中毒症状及原因　病原性大肠杆菌引起食物中毒的主要症状是急性胃肠炎，但较沙门菌轻。有呕吐、腹泻，大便呈水样便、软便或黏液便，重症有血便。腹泻次数每日达10次以内，常伴有发热、头痛等症状。病程较短，1～3d即可恢复。潜伏期为2～72h，一般4～6h。

（3）中毒事件　1996年日本芽菜大肠杆菌O157暴发，7470人感染，约100人被诊断为溶血性尿毒综合征。2006年美国菠菜事件，大肠杆菌O157疫情暴发，16%发生溶血性尿毒综合征。2011年德国大肠杆菌O104：H4暴发，波及16个国家4000余病例。2013年美国15个州暴发大肠杆菌O121疫情，至少27人感染发病。

4. 变形杆菌食物中毒

（1）变形杆菌生物学特性　变形杆菌属包括普通变形杆菌（*P. vulgaris*）、奇异变形杆菌（*P. mirabilis*）和产黏变形杆菌（*P. myxofaciens*），引起食物中毒主要是前两种。变形杆菌为革兰阴性两端钝圆的小杆菌，无芽孢、无荚膜，周生鞭毛，能运动，有明显多形性，有线形和弯曲状，在培养基中菌落有迅速扩展蔓延的生长特点，故有变形杆菌之称。属于兼性厌氧细菌，但在缺氧条件下发育不良。

（2）中毒症状、原因及食品　变形杆菌可产生肠毒素，此毒素为蛋白质和碳水化合物的复合物，具抗原性。变形杆菌引起的食物中毒为急性胃肠炎症状，首先表现为腹痛，继而恶心、呕吐、腹泻、头痛、发热、全身无力等。变形杆菌食物中毒的潜伏期比较短，为3～20h，一般为3～5h，病程1～3d，来势急，恢复快，死亡率低。

造成中毒的食品主要有肉类、蛋类、剩饭等。

5. 产气荚膜梭菌食物中毒

（1）产气荚膜梭菌生物学特性　产气荚膜梭菌又名魏氏杆菌，革兰阳性粗大芽孢杆菌。单独或成双排列，也有短链排列，端生芽孢，可形成荚膜，无鞭毛，专性厌氧。生长温度20～50℃，最适宜生长温度43～47℃，生长 pH 为 5.5～8.0，在含有 50g/L 食盐基质中，生长即受到抑制。魏氏杆菌芽孢体对热的抵抗力较强，能耐受 100℃的温度 1～4h。该菌能产生毒性强烈的外毒素，毒素由 12 种以上的成分构成。魏氏杆菌根据外毒素的性质和致病性的不同可分为 A、B、D、C、E、F 六型，其中 A 型和 F 型菌型是引起人类食物中毒的病原菌。

（2）食物中毒症状、原因及食品　魏氏杆菌 A、F 型是引起人类食物中毒的病原菌。A型引起食物中毒时，潜伏期一般为 10～12h，最短约为 6h，长的达 24h。临床特征是急性胃肠炎，有腹痛、腹泻，并伴有发热和恶心，病程较短，多数在一天内即可恢复。F 型引起食物中毒症状较严重，潜伏期较短，表现为严重腹痛，腹泻，可引起重度脱水和循环衰竭而导致死亡。该菌引起的食物中毒属于感染型还是毒素型，一般难于确定，因一般必须进食大量活菌（10^8 cfu/g）才能引起发病。

引起该菌繁殖的食品主要是肉类和鱼贝类等蛋白质类食品。中毒原因主要是食品加热不彻底，使细菌在食品中大量繁殖并形成芽孢及产生肠毒素，而食品并不一定在色味上发生明显的变化。食品中该菌数量达到很高时（1.0×10^7 或更多），才能在肠道中产生毒素，从而引起食物中毒。

6. 肉毒梭菌食物中毒

（1）肉毒梭菌生物学特性　肉毒梭菌（*Clostridium botulinum*）属革兰阳性粗大梭状芽孢杆菌，专性厌氧，无荚膜。能形成比菌体还大的芽孢，有鞭毛，能运动。属中温性芽孢菌，最适生长温度为 37℃，pH 6～8。该菌的营养体对热的抵抗力一般，但某些型的芽孢耐热，一般干热 180℃、5～15min，煮沸 5～6h 才能杀死，或 120℃高压蒸汽下 20～30min 才能杀死。本菌是引起食物中毒病原菌中抗热力最强的菌种之一，所以罐头杀菌效果如何，一般以该菌作为指示细菌。

肉毒梭菌在厌氧条件下能产生强烈外毒素（肉毒素），肉毒素是高分子可溶性单纯蛋白质，对热的抵抗力比球菌毒素低，加热 80℃、30min 或 100℃、10min，即可破坏其毒性。肉毒素是目前已知毒素中毒性最强的一种，其毒力比 KCN 还大一万倍。该毒素对消化酶、酸和低温很稳定，碱和热易于破坏其毒性。

肉毒梭菌按生化特性和毒素的血清型不同，分为 7 种，即 A、B、C、D、E、F、G，其中 A、B、E 和 F 型菌是引起食物中毒的病原菌。我国发生的肉毒梭菌中毒大多数是 A 型引起的。

（2）中毒症状及发生原因　肉毒梭菌引起的中毒属于毒素型中毒，肉毒素是一种与神经有较强亲和力的毒素，肉毒素随食物进入消化道，毒素在胃肠道不会被破坏，而是被直接吸收,导致肌肉麻痹和神经功能不全。食入有毒素食物后,24h 内即可发生中毒症状,也有 2~3d 后才发生的,这主要与进食毒素的量有关。症状出现初期是恶心、呕吐,类似胃肠炎,随后出现全身无力、头晕,视力模糊,瞳孔放大,吞咽困难,言语障碍,最后因呼吸困难、呼吸麻痹而导致死亡。该菌引起的中毒在食物中毒中所占比例不大,但症状较重,死亡率较高(30% ~65%),故应引起足够重视。

7. 副溶血性弧菌食物中毒

(1)副溶血性弧菌生物学特性　副溶血性弧菌为无芽孢、兼性厌氧菌,革兰染色阴性。其个体形态表现为多形性,有时呈杆状、弧状或球杆状等。有鞭毛,能运动。其最适生长温度为 37℃。耐热性很低,65℃、30min,75℃、5min 即可杀死。最适生长 pH 为7.4~8.0,对酸较敏感,故普通食醋中 1min 即可将其杀死。此外,该菌有一个特点是在含盐3% ~3.9%基质中最容易生长,含盐低于 0.5%或高于 8%的环境则停止生长繁殖,故有致病性嗜盐菌之称。

(2)中毒症状及引起中毒的食品　副溶血性弧菌产生的耐热性溶血毒素具有致病性,耐热性溶血毒素不仅引发急性胃肠炎,还可使人的肠黏膜溃烂,红细胞破碎溶解,出现血便。潜伏期一般 11~18h,最短 4~6h。中毒症状是腹疼、恶心、呕吐、发热、腹泻等。开始水样便,以后变为血便。当然严重时出现休克,甚至死亡。病程为 2~3d,一般愈后良好。

本菌属海洋性细菌,主要存在于海产品上。当然,也存在于其他的食品如肉类、禽类及淡水鱼等。该菌是沿海地区夏季常见的食物中毒病原菌之一。造成食物中毒的食品主要是海产品鱼、虾、蟹等,据报道,章鱼和乌贼是最容易引起中毒的食品;其次是一些腌制品,如腌鸡蛋、咸菜、腌肉等。

8. 单核细胞增生李斯特菌食物中毒

(1)单核细胞增生李斯特菌生物学特性　单核细胞增生李斯特菌在分类上属李斯特菌属,该菌为革兰阳性、小杆菌,常呈 V 形,成对或单个排列,无芽孢和荚膜,有鞭毛,需氧或兼性厌氧菌。在血琼脂培养基上产生 β – 溶血环。生长温度 3~45℃,最适温度为 30~37℃,具有嗜冷性,能在低至 4℃的温度下生存和繁殖。生长 pH 为 5~9.6,耐酸不耐碱。不耐热,55℃、30min 即可杀死。耐盐,在 100g/L 氯化钠培养基上可生长。对化学杀菌剂及紫外照射敏感。

(2)食物中毒症状及其引起中毒的食品　单核细胞增生李斯特菌引起的食物中毒,往往发病突然。初时症状为恶心、呕吐、发烧、头疼、似感冒,最突出的表现是脑膜炎、败血症、心内膜炎。孕妇呈全身感染,症状轻重不等,常发生流产、子宫炎,严重的可出现早产或死产。婴儿感染可出现肉芽肿脓毒症、脑膜炎、肺炎、呼吸系统障碍,患先天性李氏菌病的新生儿多死于肺炎和呼吸衰竭,孕妇感染后流产或迟产,以及新生儿的细菌性脑膜炎。病死率高达 20% ~50%。

引起中毒的食品主要有乳与乳制品、肉制品、水产品、蔬菜及水果,尤以乳制品中乳酪(特别是软催熟型)、冰淇淋最为常见。

9. 空肠弯曲杆菌食物中毒

（1）空肠弯曲杆菌生物学特性　菌体轻度弯曲似逗点状，长 1.5~5μm，宽 0.2~0.8μm。菌体一端或两端有鞭毛，运动活泼。有荚膜，不形成芽孢。微需氧菌，在含 2.5%~5% 氧和 10% 二氧化碳的环境中生长最好。最适温度为 37~42℃。

（2）中毒症状及食品　空肠弯曲菌有内毒素能侵袭小肠和大肠黏膜引起急性肠炎，也可引起腹泻的暴发流行或集体食物中毒。由温血动物产生，乳、禽和肉是主要带菌体，但受污染的水也会造成人的感染。

10. 蜡样芽孢杆菌食物中毒

（1）生物学特性　该菌对外界有害因子抵抗力强，分布广，有色，孢子呈椭圆形，有致呕吐型和腹泻型胃肠炎肠毒素两类。中毒者症状为腹痛、呕吐、腹泻。

（2）中毒症状及食品　蜡样芽孢杆菌存在于土壤、牛乳、乳粉和其他乳制品中。蜡样芽孢杆菌为革兰阳性杆菌，好氧，能形成芽孢，芽孢不突出菌体，略偏于一端。菌体两端钝圆，成链状排列。最适生长温度为 32~37℃，过去一直把它当成是非病原菌，1950 年以来，逐渐证明也是一种食物中毒菌。

11. 细菌性痢疾

细菌性痢疾是最常见的肠道传染病，夏秋两季患者最多。主要症状是畏寒，发热，腹痛，腹泻。传染途径，经口入胃，可在小肠上部的黏膜上生长繁殖并产毒，传染源主要为病人和带菌者，通过污染了痢疾杆菌的食物、饮水等经口感染。

细菌性痢疾致病菌为志贺菌。志贺菌也称志贺菌或者痢疾杆菌，是一类革兰阴性、无荚膜、无芽孢、不活动、不产生孢子的杆状细菌，兼性厌氧。菌落中等大小、半透明、光滑。多数不分解乳糖。根据生化和血清型学反应分为 4 个血清群，其中痢疾志贺菌（*S. dysenteriae*）污染食品经口进入人体后可导致典型的细菌性痢疾。

12. 霍乱

霍乱是因摄入的食物或水受到霍乱弧菌污染而引起的一种急性腹泻性传染病，属于国际检疫传染病。每年，估计有 300 万~500 万霍乱病例，另有 10 万~12 万人死亡。病发高峰期在夏季，主要表现为剧烈的呕吐，能在数小时内造成腹泻脱水甚至死亡。近年，在亚洲和非洲的一些欠发达地区发现了新的变异菌株。据观察认为，这些菌株可引起更为严重的霍乱疾病，死亡率更高。

霍乱弧菌为革兰阴性菌，菌体短小呈逗点状，有单鞭毛、菌毛，部分有荚膜。共分为 139 个血清群，其中 O1 群和 O139 群可引起霍乱。该菌主要存在于水中，最常见的感染原因是食用被患者粪便污染过的水。霍乱弧菌能产生霍乱毒素，造成分泌性腹泻，即使不再进食也会不断腹泻。

13. 炭疽病

炭疽芽孢杆菌是炭疽病病原菌，该菌为革兰阳性芽孢杆菌，无鞭毛，在动物体内可形成荚膜，菌体粗大，其芽孢在土壤中可存活十年之久，误食由于炭疽杆菌而死亡的动物肉，就有可能引起人类患炭疽病。炭疽病为一种人畜共患病。

14. 结核

结核杆菌是结核病病原菌，该菌为革兰阳性无芽孢分枝杆菌，无荚膜和鞭毛，抗干燥能力强，误食了含有该菌的乳或食用了消毒不彻底的乳，即有可能得结核病。

（三）真菌引起的食源性疾病

真菌被广泛用于酿酒、制酱和面包制造等食品工业，但有些真菌却能通过食物而引起食源性疾病。真菌导致的食源性疾病一是引起急性食物中毒，二是引起癌变及如肝硬化等慢性病变。真菌导致食源性疾病主要通过产生真菌毒素而对人体产生危害。

霉菌毒素指的是产毒霉菌在适合产毒的条件下所产生的次生代谢产物。食品在加工过程中，要经加热、烹调等处理，可以杀死霉菌的菌体和孢子，但它们产生的毒素一般不能破坏。所以，如果摄入人体内的毒素量达到一定程度，即可产生该种毒素所引发的中毒症状。

霉菌产毒的特点：① 霉菌产毒仅限于少数的产毒霉菌，而产毒菌种中也只有一部分菌株产毒；②产毒菌株的产毒能力具有可变性和易变性，即产毒株经过几代培养可以完全失去产毒能力，而非产毒菌株在一定情况下，可以出现产毒能力；③产毒霉菌并不具有一定的严格性，即：一种菌种或菌株可以产生几种不同的毒素，而同一霉菌毒素也可由几种霉菌产生；④产毒霉菌产生毒素需要一定的条件，主要是基质（如花生、玉米等食品中黄曲霉毒素检出率高，小麦、玉米以镰刀菌及其毒素污染为主，大米中以黄曲霉及其毒素为主）、水分、温度、相对湿度及空气流通情况等。

不少霉菌都可以产生毒素，但以曲霉、青霉、镰刀霉属产生的较多，且一种霉菌并非所有的菌株都能产生毒素。所以确切地说，产毒霉菌是指已经发现具有产毒能力的一些霉菌菌株引起，它们主要包括以下几个属，曲霉属：黄曲霉、寄生曲霉、杂色曲霉、岛青霉、烟曲霉、构巢曲霉等；青霉属：橘青霉、黄绿青霉、红色青霉、扩展青霉等；镰刀霉菌属：禾谷镰刀菌、玉米赤霉、梨孢镰刀菌、无孢镰刀菌、粉红镰刀菌等；其他菌属：粉红单端孢霉、木霉属、漆斑菌属、黑色状穗霉等。

目前已知的霉菌毒素与人类关系密切的有近百种，可引起食物中毒的霉菌毒素的种类相对更少一些。常见的致病性霉菌毒素有黄曲霉毒素、杂色曲霉毒素、赭曲霉素、展青霉毒素、镰刀菌毒素类等。

1. 黄曲霉毒素

黄曲霉毒素（aflatoxin，AFT）的性质：AFT 目前已分离鉴定出 20 余种异构体，其中最常见的包括黄曲霉毒素 B_1、黄曲霉毒素 B_2、黄曲霉毒素 G_1、黄曲霉毒素 G_2、黄曲霉毒素 M_1、黄曲霉毒素 M_2。黄曲霉毒素的特性有：①紫外线下发出不同颜色的荧光，蓝色荧光为 B 族，黄绿色荧光为 G 族；黄曲霉毒素 M_1 和黄曲霉毒素 M_2 为黄曲霉毒素 B_1、黄曲霉毒素 B_2 的羟化衍生物；②呋喃环有双键者毒性强，具有致癌性；③溶于油、氯仿、甲醇等有机溶剂，不溶于水、乙醚、石油醚；④耐热，加热到 280℃ 才裂解破坏；⑤在中性和酸性溶液中稳定，在 pH 为 9~10 的强碱性溶液中迅速分解。

产毒菌种：黄曲霉毒素主要由黄曲霉、寄生曲霉、集峰曲霉产生，其他曲霉、毛霉、青霉、镰孢霉、根霉等也可产生。

影响黄曲霉毒素产生的因素：①营养，花生、玉米等是黄曲霉的天然培养基；②温度和湿度，黄曲霉毒素产毒温度 28~32℃，相对湿度 85% 以上；③水分，产毒的适宜水分活度为 0.8~0.9；④pH，最适产毒 pH 为 3.0。

AFT 污染食品的情况：黄曲霉毒素经常污染粮油及其制品。各种坚果，特别是花生和核桃中，大豆、稻谷、玉米、调味品、牛乳、乳制品、食用油等制品中也经常发现黄曲霉毒素。一般在热带和亚热带地区，食品中黄曲霉毒素的检出率比较高。

毒性：黄曲霉毒素可影响细胞膜，抑制 DNA、RNA 合成并干扰某些酶的活性，导致基因突变。其毒性包括急性毒性，表现为食欲不振、生长迟缓等；致癌毒性，不同的接触途径都可以发生癌症，黄曲霉毒素是目前发现的最强的化学致癌物之一；致突变性，黄曲霉毒素主要是通过干扰细胞 DNA、RNA 及蛋白质的合成而引起细胞的突变。

2. 赭曲霉素

赭曲霉素包括 7 种，以赭曲霉素 A 的毒性最强。

产毒菌种：主要由曲霉属和青霉属的一些种（如赭曲霉、炭黑曲霉、疣孢青霉等）产生，简称 OTA，主要污染谷物、小麦和豆类作物。

毒性：肾脏毒性，肾肿大，肾小管萎缩、坏死，导致尿蛋白、尿糖等；致畸；致癌；免疫毒性；淋巴坏死。

3. 岛青霉类毒素

岛青霉类毒素（Silanditoxin）是由岛青霉（*Penicillium islandicum*）产生的代谢产物，该毒素是一种很强的神经毒素，食物中毒时，可引起中枢神经麻痹、肝肿瘤和贫血症等。

稻谷在收获后如未及时脱粒干燥就堆放，很容易引起发霉。发霉谷物脱粒后即形成"黄变米"或"沤黄米"，这主要是由于岛青霉污染所致。黄变米在我国南方、日本及其他热带和亚热带地区比较普遍。流行病学调查发现，肝癌发病率和居民过多食用霉变的大米有关。吃黄变米的人会引起中毒（肝坏死和肝昏迷）和肝硬化。岛青霉除产生岛青霉素外，还可产生环氯素（cyclochlorotin）、黄天精（luteoskyrin）和红天精（erythroskyrin）等多种霉菌毒素。

4. 杂色曲霉毒素

杂色曲霉是一种广泛分布于大米、玉米、花生和面粉等食物上的霉菌，该菌在含水 15% 左右的贮藏粮食上易生长繁殖产生杂色曲霉素。另外曲霉属的多个种及青霉属的个别种也可产生杂色曲霉素。该毒素具有急性、慢性毒性和致癌性，主要是侵害肝和肾。

5. 展青霉素

展青霉素又称展青霉毒素、棒曲霉素、珊瑚青霉毒素，它是由曲霉和青霉等真菌产生的一种次级代谢产物。毒理学试验表明，展青霉素具有影响生育、致癌和免疫等毒理作用，同时也是一种神经毒素。另外展青霉素还具有致畸性，对人体的危害很大，导致呼吸和泌尿等系统的损害，使人神经麻痹、肺水肿、肾功能衰竭。展青霉素首先在霉烂苹果和苹果汁中被发现，广泛存在于各种霉变水果和青贮饲料中。

6. 镰刀菌毒素类

主要是镰刀菌属和个别其他菌属霉菌所产生的有毒代谢产物的总称，主要包括单端孢霉素、玉米赤霉烯酮和伏马菌素。这些毒素主要是通过霉变粮谷而危害人畜健康。

单端孢霉素类急性毒性较强，以局部刺激症状、炎症甚至坏死为主，慢性毒性可引起白细胞减少，抑制蛋白质和 DNA 的合成。另外单端孢霉素类要在温度超过 200℃ 才能被破坏，所以经过通常的烘烤后，它们仍有活性（在残留的湿气中也要 100℃ 才能被破坏）。粮食经多年储藏后，单端孢霉素类的毒力依然存在，无论酸或碱都很难使它们失活。

玉米赤霉烯酮具有类雌性激素样作用，可导致雌性激素亢进症。

伏马菌素是一类由不同的多氢醇和丙三羧酸组成的结构类似的双酯化合物。主要产毒菌为串珠镰刀菌，其次是多育镰刀菌。主要污染粮食及其制品。有报道称，伏马菌素不仅是一种促癌物，而且完全是一种致癌物。伏马菌素主要损害肝肾功能，能引起马脑白质软化症和猪肺水肿等，并与我国和南非部分地区高发的食道癌有关，现已引起世界范围的广泛注意。

（四）　病毒引起的食源性疾病

食源性病原体中除细菌（包括细菌毒素）和真菌毒素外，还包括部分病毒。病毒是专性寄生，虽不能在食品中繁殖，但食品为其提供了保存条件，可以食品为传播载体经粪 - 口途径感染人体，导致食源性疾病的产生。统计表明，病毒已经成为引起食源性疾病的重要因素。通常病毒引起的食源性疾病主要表现为病毒性肠胃炎和病毒性肝炎。

已经证实的可导致食源性疾病的病毒有肝炎病毒（主要包括甲型肝炎病毒和戊型肝炎病毒）、诺如病毒、轮状病毒、星状病毒等。

1. 甲型肝炎病毒

病源菌为甲型肝炎病毒（Hepatitis A virus）。该病毒专性寄生于人体，但在其他生物体中可长时间保持传染性。传染途径通常是餐具、食品。水体污染使某些动物成为传染源。如毛蚶滤水速度达 5 ~ 6L/h，牡蛎可达 40L/h。

上海市在 1988 年春，由于食用不洁毛蚶造成近 30 万人的甲型肝炎大流行，这是一次典型的食源性疾病的大流行。

2. 诺如病毒

诺如病毒（Norovirus）又称诺瓦克病毒和诺瓦克样病毒，是一组世界范围内引起的急性无菌性胃肠炎的重要病原微生物。诺瓦克病毒 1968 年在美国得名；随着分子生物学和免疫学技术的发展，人们逐渐发现了一组与诺瓦克病毒形态接近、核苷酸同源性较高、但抗原性有一定差异的病毒，统称为诺瓦克样病毒。

诺瓦克病毒通常栖息于牡蛎等贝类中，人若生食这些受污染的贝类会被感染，患者的呕吐物和排泄物也会传播病毒。诺瓦克病毒能引起腹泻，主要临床表现为腹痛、腹泻、恶心、呕吐。它主要通过患者的粪便和呕吐物传染，传染性很强，抵抗力弱的老年人在感染病毒后有病情恶化的危险。主要症状包括恶心、呕吐、腹泻及腹痛，部分会有轻微发烧、头痛、肌肉酸痛、倦怠、颈部僵硬、畏光等现象。被感染者虽然会感到严重的不适，除了婴幼儿、老人和免疫功能不足者，只要能适当的补充流失的水分，给予支持性治疗，症状都能在数天内改善。2006 年，数百万日本人感染诺瓦克病毒，导致多人死亡。

3. 轮状病毒

归类于呼肠孤病毒科，轮状病毒属（Rotavirus）。该病毒为双股 RNA，呈圆球形，壳粒呈放射状排列，形似车轮，无囊膜，有双层衣壳，每层衣壳呈二十面体对称，70～75nm。全世界 5 岁以下儿童每年可发生 1.4 亿人次的轮状病毒腹泻，死亡可达 100 万人，是婴幼儿腹泻的主要病原（大于 60%），多发于秋冬季。

4. 星状病毒

星状病毒（Astrovirus），是一种感染哺乳动物及鸟类的病毒。人星状病毒于 1975 年从腹泻婴儿粪便中分离得到，球形，直径 28～35nm，无包膜，电镜下表面结构呈星形，有 5～6 个角。核酸为单正链 RNA，7.0 kb，两端为非编码区，中间有三个重叠的开放读码框架。该病毒呈世界性分布，粪-口传播，是引起婴幼儿、老年人及免疫功能低下者急性病毒性肠炎的重要病原之一，其致病性已日益受到重视，人类感染腺病毒主要症状是严重腹泻，伴随发热、恶心、呕吐。本病为自愈性疾病，大部分患者在出现症状 2～3d 时，症状会逐渐减轻，但也有极少数症状加重，造成脱水。

5. 朊病毒

朊病毒（prion virus）是一类能浸染动物并在宿主细胞内复制的小分子无免疫性疏水蛋白质。朊病毒严格来说不是病毒，是一类不含核酸而仅由蛋白质构成的可自我复制并具感染性的病变因子。其相对分子质量在 2.7 万～3 万，对各种理化作用具有很强抵抗力，传染性极强。

朊病毒导致脑海绵状病变，称"克-雅氏症"，俗称疯牛病。疯牛病典型临床症状为出现痴呆或神经错乱，视觉模糊，平衡障碍，肌肉收缩等。通常认为食用被朊病毒污染了的牛肉、牛脊髓的人，有可能引起病变。朊病毒在 134～138℃下 60min 仍不能被全部失活；1.6% 的氯、2mol/L 的氢氧化钠及医用福尔马林溶液等均不能使病原因子失活。该病症临床表现为脑组织的海绵体化、空泡化、星形胶质细胞和微小胶质细胞的形成以及致病型蛋白积累。无免疫反应，至今尚无办法治疗，一般患者均在发病后半年内死亡。

第三节　食品中微生物的变化与控制

微生物是影响食品质量和安全的重要因素。微生物种类繁多，在自然界分布广泛。不同来源的微生物可通过食品原料、食品加工、贮存、运输和销售各个环节污染食品。污染食品的微生物在一定条件下可在食品中生长繁殖，导致食品的腐败变质；还可能引起食源性疾病，危害人体健康。

食品污染微生物的防治可从三个方面着手：①在食品原料选取、食品加工运输等环节可切断微生物污染途径，从源头防止其对食品污染；②对已经污染食品的微生物，可采取相应措施控制微生物的生长，减缓食品的变质；③在食品加工环节对食品进行一定的处理，彻底杀灭污染微生物。

本节将列举食品微生物污染的途径，阐述微生物在各类食品中的消长规律，以期在食品加工、贮存、运输、销售等各个环节有针对性地采取措施切断微生物的污染途径；并根据微生物生长规律，通过加工工艺和贮存条件的选择，有效控制微生物活动，降低微生物数量，甚至杀灭微生物，以达到防止食品的变质、延长食品的存储时间、提高食品质量和安全、预防食源性疾病的产生的目的。

一、 食品的微生物污染源控制

（一） 污染食品的微生物来源与途径

已经知道微生物是自然界分布最广泛、数量最大的一类生物。由于其个体微小、繁殖速度快、营养类型多、适应能力强，所以土壤、水、空气、动植物体表及体内均广泛存在，甚至在高山、海洋等都有它们的存在。造成食品污染的微生物可分为内源性与外源性两大类，主要来自几个方面：来自土壤中的微生物，来自水中的微生物，来自空气中的微生物，来自操作人员，来自动植物以及来自食品加工设备、包装材料等方面的微生物。

1. 土壤中的微生物

不同环境中存在着不同类型和数量的微生物。土壤是微生物的"大本营"，土壤中微生物数量最大，种类也最多，这是由于土壤具备了适合各种微生物生长繁殖的理想条件，即由土壤环境的特点决定的：①营养物质：土壤中含有微生物所需要的各种营养物质（有机质，大量元素及微量元素、水分及各种维生素等）；②氧气：表层土壤有一定的团粒结构，疏松透气，适合好氧微生物的生长；而深层土壤结构紧密，适合厌氧微生物生长；③pH：土壤的酸碱度适宜，适合微生物的生长与繁殖（一般接近中性，适合多数微生物的生长，虽然一些土壤 pH 偏酸或偏碱，但在那里也存在着相适应的微生物类群，如酵母菌、霉菌、耐酸细菌、放线菌、耐碱细菌等）；④温度：土壤的温度一年四季中变化不大，既不十分酷热，也不相当严寒，非常适合微生物的生长繁殖。

通常土壤中细菌占较大的比率，主要的细菌包括有：腐生性的球菌；需氧性的芽孢杆菌（枯草芽孢杆菌、蜡样芽孢杆菌、巨大芽孢杆菌）；厌氧性的芽孢杆菌（肉毒梭状芽孢杆菌、腐化梭状芽孢杆菌）及非芽孢杆菌（如大肠杆菌属）等。土壤中酵母菌、霉菌和大多数放线菌都生存在土壤的表层，酵母菌和霉菌在偏酸的土壤中活动显著。

土壤中微生物的种类和数量在不同地区、不同性质的土壤中有很大的差异，特别是在土壤的表层中微生物的波动很大。一般在浅层（10～20cm）土壤中，微生物最多，随着土壤深度的加深，微生物数量逐渐减少。

2. 水中的微生物

水是微生物广泛存在的第二个理想的天然环境，江、河、湖、泊中都有微生物的存在，下水道、温泉中也存在有微生物。

（1）水的环境特点　水中含有不同量的无机物质和有机物质，水具有一定的温度（如水的温度会随着气温的变化而变化，但深层水温度变化不大）、溶解氧（表层水含氧量较多，深层水缺氧）和pH（淡水pH在6.8～7.4），决定了其存在着不同类群的微生物。

（2）水中微生物的主要类群及其特点

①淡水中的微生物：假单胞菌属、产碱杆菌属、气单胞菌属、无色杆菌属等组成的一群革兰阴性菌，杆菌。这类微生物的最适生长温度为20～25℃，它们能够适应淡水环境而长期生活下来，从而构成了水中天然微生物的类群。

来自土壤、空气和来自生产、生活的污水以及来自人、畜类粪便等多方面的微生物，特别是土壤中的微生物是污染水源的主要来源，它主要是随着雨水的冲洗而流入水中。来自生活污水、废物和人畜排泄中的微生物大多数是人畜消化道内的正常寄生菌，如大肠杆菌、粪肠球菌和魏氏杆菌等；还有一些是腐生菌，如某些变形杆菌、厌氧的梭状芽孢杆菌等。当然，有些情况下，也可以发现少数病原微生物的存在。

水中微生物活动的种类、数量经常是变化的，这种变化与许多因素有关，如气候、地形条件、水中含有的微生物所需要的营养物质的多少、水温、水中的含氧量、水中含有的浮游生物体等。如雨后的河流中微生物数量上升，有时达 10^7 cfu/mL，但隔一段时间后，微生物数量会明显下降，这是水的自净作用造成的（阳光照射及河流的流动使含菌量冲淡，水中有机物因细菌的消耗而减少，浮游生物及噬胞菌的溶解作用等）。

②海水中的微生物：海水中生活的微生物均有嗜盐性。靠近陆地的海水中微生物的数量较多（因为有江水、河水的流入，故含有机物的量比远海多），且具有与陆地微生物相似的特性（除嗜盐性外）。

海水中的微生物主要是细菌，如假单胞菌属、无色杆菌属、不动杆菌属、黄杆菌属、噬胞菌属、小球菌属、芽孢杆菌属等。如在捕获的海鱼体表经常有无色杆菌属、假单胞菌属和黄杆菌属的细菌检出，这些菌都是引起鱼体腐败变质的细菌。海水中的细菌除了能引起海产动植物的腐败外，有些还是海产鱼类的病原菌，有些菌种还是引起人类食物中毒的病原菌，如副溶血性弧菌。

3. 来自空气中的微生物

（1）空气环境的特点　空气中缺乏微生物生长所需要的营养物质，再加上水分少，较干燥，又有日光的照射，因此微生物不能在空气中生长，只能以浮游状态存在于空气中。

（2）空气中微生物的主要类群及其特点　空气中的微生物主要来自于地面，几乎所有土壤表层存在的微生物均可能在空气中出现。由于空气的环境条件对微生物极为不利，故一些革兰阴性菌（如大肠菌群等）在空气中很易死亡，检出率很低。在空气中检出率较高的是一些抵抗力较强的类群，特别是耐干燥和耐紫外线强的微生物，即细菌中革兰阳性球菌、革兰阳性杆菌（特别是芽孢杆菌）以及酵母菌和霉菌的孢子等。

空气中有时也会含有一些病原微生物，有的间接地来自地面，有的直接地来自人或动物的呼吸道，如结核杆菌、金黄色葡萄球菌等一些呼吸道疾病的病原微生物，可以随着患者口腔喷出的飞沫小滴散布于空气中。

4. 来自人及动植物的微生物

人和动植物的体表，因生活在一定的自然环境中，就会受到周围环境中微生物的污染。健康人体和动物的消化道、上呼吸道等均有一定的微生物存在，但并不引起人畜的疾病。但是当人和动物有病原微生物寄生时，患者病体内就会产生大量病原微生物向体外排出，其中少数菌还是人畜共患的病原微生物，其污染食物，可能引起人类食源性疾病。

人经常接触食品，因此人体可作为媒介将有害微生物带入食品。如食品从业人员身体、衣物如果不经常清洗、消毒，就可能通过皮肤、头发等接触食品造成污染。另外食品加工贮存场所如果有鼠、蝇、蟑螂出没，这些动物体表消化道往往携带有大量微生物，因此成为微生物污染的重要传播媒介。

5. 来自加工设备及包装材料的微生物

随着工业化的发展和社会分工细化，食品从生产到食用过程日趋复杂。在从原料收获直到消费者食用整个过程中应用于食品的一切用具，包括包装容器、加工设备、贮存和运输工具都有可能成为媒介将微生物带入食品，造成污染。特别是贮存和运输过腐败变质食品的工具，如未经彻底消毒再次使用，会导致再次污染。另外多次使用的食品包装材料如处理不当，也易导致食品的微生物污染。

6. 来自食品原料及辅料的微生物

除了食品加工、贮存、运输等环节，还有来自食品原料及辅料本身的微生物。如动物性食品原料，健康动物体表和肠道存在有大量微生物，患病的畜禽器官和组织内部也可能有病原微生物的存在。屠宰过程中卫生管理不当将造成微生物广泛污染的机会。

水产品原料由于水域中含有多种微生物，所以鱼虾等体表消化道都有一定数量微生物。捕捞及运输存储过程处理不当可使得微生物大量繁殖，引起腐败。

植物性原料在生长期与自然界接触，其体表同样存在大量微生物。据检验，刚收获的粮食每克含有几千个细菌和大量的霉菌孢子。细菌主要为假单胞菌、微球菌、芽孢杆菌等，霉菌孢子主要是曲霉、青霉和镰刀霉。果蔬原料上存在的主要为酵母菌，其次是霉菌和少量细菌。加工或存储条件不当会导致粮食的霉变和果蔬的腐烂。

（二） 食品微生物污染的控制

食品在加工前、加工过程中和加工后，都容易受到微生物的污染，如果不采取相应的措施加以防止和控制，那么食品的卫生质量就必然受到影响。为了保证食品的卫生质量，不仅要求食品的原料中所含的微生物数量降到最少的程度，而且要求在加工过程中和在加工后的贮存、销售等环节中不再或尽可能少受到微生物的污染，要达到以上的要求，必须采取以下措施。

1. 加强环境卫生管理

环境卫生的好坏，对食品的卫生质量影响很大。环境卫生搞得好，其含菌量会大大下降，这样就会减少对食品的污染。若环境卫生状况很差，其含菌量一定很高，这样容易增加污染的机会。所以加强环境卫生管理，是保证和提高食品卫生质量的重要一环。加强环境卫生管理包括：

①做好粪便卫生管理工作；

②做好污水卫生管理工作；

③做好垃圾卫生管理工作。

2. 加强企业卫生管理

加强环境卫生管理，降低环境中的含菌量，减少食品污染的机会，可以促进食品卫生质量的提高。但是只注意外界环境卫生，而不注意食品企业内部的卫生管理，再好的食品原材料或食品也会受到微生物的污染，进而发生腐败变质，所以搞好企业卫生管理就显得更加重要，因为它与食品的卫生质量有着直接的密切关系。加强食品企业卫生包括：食品生产卫生、食品贮藏卫生、食品运输卫生、食品销售卫生、食品从业人员卫生。

（1）食品生产卫生　食品在生产过程中，每个环节都必须要有严格而又明确的卫生要求。只有这样，才能生产出符合卫生的食品。食品生产卫生管理包括：

①食品厂址选择；

②生产食品的车间管理；

③食品在生产过程中的管理；

④食品生产用水的管理。

（2）食品贮藏卫生　食品在贮藏过程中要注意场所、温度、容器等因素。场所要保持高度的清洁状态，无尘、无蝇、无鼠。贮藏温度要低，有条件的地方可放入冷库贮藏。所用的容器要经过消毒清洗。贮藏的食品要定期检查，一旦发现生霉、发臭等变质现象，都要及时进行处理。

（3）食品运输卫生　食品在运输过程中是否受到污染或是否腐败变质，都与运输时间的长短、包装材料的质量和完整、运输工具的卫生情况、食品的种类等有关。

（4）食品销售卫生　食品在销售过程中要做到及时进货，防止积压，要注意食品包装的完整，防止破损，要多用工具售货，减少直接用手接触食品，要防尘、防蝇、防鼠害等。

（5）食品从业人员卫生　对食品企业的从业人员，尤其是直接接触食品的食品加工人员、服务员和售货员等，必须加强卫生教育，养成遵守卫生制度的良好习惯。卫生防疫部门必须和食品企业及其他部门配合，定期对从业人员进行健康检查和带菌检查。如我国规定患有痢疾、伤寒、传染性肝炎等消化道传染病（包括带菌者），活动性肺结核、化脓性或渗出性皮肤病人员，不得参加接触食品的工作。

3. 加强食品卫生检验

要加强食品卫生的检验工作，才能对食品的卫生质量做到心中有数，有条件的食品企业应设有化验室，以便及时了解食品的卫生质量。

卫生防疫部门应经常或定期对食品进行采样化验，当然还要不断地改进检验技术，提高食品卫生检验的灵敏度和准确性。经过卫生检验，对发现不符合卫生要求的食品，除了应采取相应的措施加以处理外，重要的是查出原因，找出对策，以便今后能生产出符合卫生质量要求的食品。

二、 食品污染微生物生长控制

（一） 食品中微生物的消长

食品中的微生物，在数量上和种类上都随着食品所处环境的变动和食品性状的变化而不断变化，这种变化所表现的主要特征就是食品中微生物的数量出现增多或减少。食品中微生物在数量上出现增多或减少的现象称为消长现象。

（二） 影响食品微生物生长的条件

影响食品中微生物生长繁殖的因素有三个：微生物自身，食品的基质条件（营养成分、pH、水分活度渗透压等），食品的外界环境条件（温度、湿度、氧气等）。

1. 微生物种类

前面已经阐明，食品中之所以有微生物存在，是从不同污染源，通过各种各样的污染途径，将微生物传播到食品中去的。由于污染源和污染途径的不同，在食品中出现的微生物的种类也是复杂的。但概括地讲，污染食品并导致食品腐败变质的微生物主要有细菌、霉菌、酵母菌三大类。

细菌种类繁多，适应性强，在绝大多数场合，是引起食品变质及导致食源性疾病的主要原因。霉菌适宜在有氧、水分少的干燥环境生长发育；在无氧的环境可抑制其活动；水分含量低于15％时，其生长发育被抑制；富含淀粉和糖的食品容易生长霉菌，出现长霉现象。酵母在含糖类较多的食品中容易生长发育，在含蛋白质丰富的食品中一般不生长；在 pH 为 5.0 左右的微酸性环境生长发育良好；酵母耐热性不强，60~65℃就可将其杀灭。

2. 食品基质条件

（1）食品的营养成分　食品的营养成分不同，适于不同微生物的生长繁殖。一般富含蛋白质的食品适于细菌类生长。富含糖类等简单碳水化合物的食品适于绝大多数微生物生长。富含淀粉类的食品容易引起霉菌污染。

（2）食品的水分活度　水分是微生物赖以生存和食品成分分解的基础，是影响食品腐败变质的重要因素。水分活度（water activity，A_w）：表示食品中水蒸气分压（p）与同条件下纯水的蒸汽压（p_0）之比，即 $A_w = p/p_0$，其值越小越不利于微生物增殖。

表 2 - 4　　　　　　　　　　　　　一般微生物生长繁殖的最低 A_w 值

微生物种类	生长繁殖的最低 A_w 值
革兰阴性杆菌，部分细菌孢子，某些酵母菌	1.00 ~ 0.95
大多数球菌、乳杆菌、杆菌科营养体，某些霉菌	0.95 ~ 0.91
大多数酵母	0.91 ~ 0.87
大多数霉菌、金黄色葡萄球菌	0.87 ~ 0.80
大多数嗜盐菌	0.80 ~ 0.75
耐干燥霉菌	0.75 ~ 0.65
耐高渗透压酵母	0.65 ~ 0.60
微生物不能生长	<0.60

不同微生物生长繁殖所要求的水分含量不同，一般来说，细菌对含水量要求最高，酵母次之，霉菌对含水量要求最低。大部分新鲜食品 A_w 值在 0.95 ~ 1.00，许多腌肉制品（保藏期 1 ~ 2d）A_w 值在 0.87 ~ 0.95，这一 A_w 值范围的食品可满足一般细菌的生长，其下限可满足酵母菌的生长；盐分和糖分很高的食品（保藏期 1 ~ 2 周）A_w 值在 0.75 ~ 0.87，可满足霉菌和少数嗜盐细菌的生长；干制品（保藏期 1 ~ 2 个月）A_w 值在 0.60 ~ 0.75，可满足耐渗透压酵母和干性霉菌的生长；乳粉 A_w 值为 0.20、蛋粉 A_w 值为 0.40 时，微生物几乎不能生长。

（3）食品的 pH　食品的 pH 是制约微生物生长繁殖，并影响食品腐败变质的重要因素之一。一般食品中细菌最适 pH 下限值为 4.5 左右（乳酸杆菌 pH 可低至 3.3），适宜霉菌生长的 pH 为 3.0 ~ 6.0；酵母以 pH 为 4.0 ~ 5.8 最为适宜。因此，一般食品 pH < 4.5，可抑制多种微生物。但也有少数耐酸微生物能分解酸性物质，使 pH 升高，加速食品腐败变质。

调节 pH 可控制食品中微生物的种类和生长。通常来说，非酸性食品适宜细菌生长；酸性食品中，酵菌、霉菌和少数耐酸细菌（如大肠菌群）可生长。

（4）食品的渗透压　细菌细胞与外界环境之间保持着平衡等渗状态时，最利于细胞的生长。如果细菌细胞处于高渗环境，水从细胞溢出，将使得胞浆胞膜分离，如环境渗透压低，则细菌细胞吸收水分导致膨胀破裂。一般微生物对低渗有一定的抵抗力，较易生长，而高渗条件下则易脱水死亡。

通常多数霉菌和少数酵母能耐受较高渗透压，高渗透压的食品中绝大多数的细菌不能生长，少数耐盐、嗜盐和耐糖菌除外。

渗透压依赖于溶液中分子大小和数量。食盐和糖是形成不同渗透压的主要物质，食品工业中常利用高浓度的盐和糖来保存食品。

3. 食品外部环境

（1）温度　温度是影响微生物活动的最重要的因素之一。根据不同微生物对温度的适应能力和要求，可将微生物分为嗜冷菌、嗜热菌和嗜温菌三类。一般来讲，每种微生物都有其最适生长温度、最高生长温度和最低生长温度三个点。最适温度条件下其生长繁殖活动最活跃，低于最低温度和高于最高温度其生长活动受到抑制。但低温一般不易导致微生物的死亡，微生物在低温条件下可以较长时间存活。高温可使得微生物胞内的核酸、蛋白质等遭受不可逆损坏，导致微生物死亡。

不同温度保存的食品适于不同微生物的生长，一般 5~46℃ 是致病菌易生长的范围，如食品必须在此温度区间保存，则需严格控制保存时间。温度对微生物的影响见表 2-5。

表2-5 温度对微生物的影响

温度/℃	对微生物的影响
121	蒸汽在 15~20min 内杀死绝大多数微生物，包括芽孢
116	蒸汽在 30~40min 内杀死绝大多数微生物，包括芽孢
110	蒸汽在 60~80min 内杀死绝大多数微生物，包括芽孢
100	很快杀死营养细胞，但不包括芽孢
82~93	杀死细菌、酵母和霉菌的生长细胞
66~82	嗜热菌生长
60~77	牛乳 30min 巴氏杀菌，杀死所有主要致病菌（芽孢菌除外）
16~38	大多数细菌、酵母和霉菌生长旺盛
10~16	大多数微生物生长迟缓
4~10	嗜冷菌适度生长，个别致病菌生长
0	普通微生物停止生长

（2）氧气　氧气对微生物生命活动有重要影响。根据微生物与氧的关系，可将微生物分为好氧、厌氧两大类。好氧菌又分专性好氧、兼性厌氧和微好氧；厌氧菌分为专性厌氧菌和耐氧菌。一般来讲，有氧环境下，微生物进行有氧呼吸，生长代谢速度快，食品变质速度也快。缺氧条件下，由厌氧微生物导致的食品变质速度较慢。多数兼性厌氧菌在有氧条件下生长繁殖速度较快。因此可通过控制食品包装或者食品贮存环境的氧浓度来防止食品腐败，延长食品保质期。

（三）微生物生长的控制和食品保藏

为避免或尽可能减少污染微生物对食品的影响，需根据引起食品污染微生物的种类和特性，有针对性地采取相应的措施，抑制污染微生物的生长繁殖，控制其在食品中的数量，以延长食品保存期限，并减少微生物对人体的危害。

控制食品污染微生物生长的措施主要如下。

1. 降低食品水分含量：日晒、阴干、热风干燥、喷雾干燥由于微生物的生长需要一定的水分活度，降低食品水分含量是控制污染微生物生长繁殖的有效手段。根据食品基质，通常采用的措施有日晒、阴干、热风干燥、喷雾干燥、真空冷冻干燥等。

2. 降低食品的贮藏温度：冷藏、冷冻

微生物在一定温度范围内才能生长繁殖。降低环境温度可有效控制污染微生物的生长活动，而又不会过多影响食品营养及口味。冷藏和冷冻是食品保藏最常用的方式之一。

（1）冷藏 预冷后的食品在稍高于冰点温度（0℃）中进行贮藏的方法，最常用温度为 -1 ~ 10℃，适于短期保藏食品。还可采用冰块接触、空气冷却（吹冷风）、水冷却（井水、循环水）、真空冷却等方法。

（2）冷冻 冷冻又包括缓冻：3 ~ 72h 内使食品温度降至所需温度（-5 ~ -2℃），令其缓慢冻结，食物中大部分水可冻成冰晶；速冻：30min 内食品温度迅速降至 -20℃ 左右，完全冻结，结冰率近 100%（-18℃ 结冰率 >98%）。

另外，需特殊贮存的食品还可使用致冷剂冻结：如液氮、液态 CO_2、固态 CO_2（干冰）、超低温致冷，还有食盐加冰（按不同的比例达到所需温度）；机械式冷冻：如吹风冻结、接触冻结。

3. 提高食品渗透压：盐腌或糖渍

微生物生长繁殖需一定的渗透压，渗透压过高、过低都不利于微生物生长。通常利用盐腌、糖渍等方法来提高食品渗透压，控制微生物生长，延长食品保存期限。

4. 化学防腐和生物防腐：防腐剂

防腐剂的抑菌原理：①能使微生物的蛋白质凝固或变性，从而干扰其生长和繁殖；②对微生物细胞壁、细胞膜产生作用；③作用于遗传物质或遗传微粒结构，进而影响到遗传物质的复制、转录、蛋白质的翻译等；④作用于微生物体内的酶系，抑制酶的活性，干扰其正常代谢。

常用的食品防腐剂有山梨酸及其盐类、丙酸、硝酸盐和亚硝酸盐、苯甲酸、苯甲酸钠和对羟基苯甲酸酯、乳酸链球菌素、溶菌酶。

5. 酸渍、发酵作用降低酸度（控制 pH）

由于微生物生长都需要一定 pH 范围，因此可以通过酸渍（实际上很多食品防腐剂如乳酸、苯甲酸等也是调节食品 pH 以部分控制微生物生长），或者通过自然发酵改变食品 pH，以控制污染微生物生长。如泡菜的腌制，利用乳酸菌发酵产生乳酸，有效防止了蔬菜的腐烂，延长了保存时间。

6. 隔绝氧气：气调保藏

气调包装，国外又称 MAP 或 CAP。根据食品特质及污染微生物对氧气的喜好度，常采用的气体有 N_2、O_2、CO_2、混合气体 $O_2 + N_2$ 或 $CO_2 + N_2 + O_2$（即 MAP）。高浓度的 CO_2 能阻碍需氧细菌与霉菌等微生物的繁殖，延长微生物生长的迟滞期及指数增长期，起防腐防霉作用。O_2 可抑制大多厌氧的腐败细菌生长繁殖，保持鲜肉色泽、维持新鲜果蔬富氧呼吸及鲜度。

三、 食品微生物的杀灭

前文曾有阐述，食品污染微生物的防治可从三个方面着手：①切断微生物污染途径，从源头防止其对食品污染；②抑制微生物的生长，控制食品中污染微生物数量，减缓食品的变质；③在食品加工或保存环节对食品进行有效处理，彻底杀灭污染微生物。食品行业杀灭微生物的常用方法有热处理和辐照灭菌。

1. 热处理

热处理即高温杀菌，其原理是通过高温破坏微生物体内的酶、脂质体和细胞膜，使原生质构造呈现不均一状态，以致蛋白质凝固，细胞内一切反应停止。

由于不同的微生物本身结构和细胞组成、性质有所不同，因此对热的敏感性不一，即有不同的耐热性。当微生物所处的环境温度超过了微生物所适应的最高生长温度，一切较敏感的微生物会立即死亡；另一些对热抵抗力较强的微生物虽不能生长，但尚能生存一段时间。

高温虽然可以杀灭微生物，但会对食品营养、性状产生影响。因此根据食品性质常采用不同的灭菌温度和时间，以杀灭微生物的同时，尽可能地保持食品原有营养和风味。常用的高温灭菌方式如下。

（1）高压蒸汽灭菌法 121℃，15~30min；115℃，30min。该方法可使细菌营养体和芽孢均被杀灭，起到长期保藏食品的目的。罐头类食品一般采用这种方法。

（2）煮沸消毒法 100℃，15min以上。这是食品加工最常用和简单有效的方法。一般微生物营养体细胞均可杀灭，但不能杀灭芽孢。

（3）巴氏消毒法 60~85℃，15~30min。常用作牛乳、啤酒、果汁等的消毒，经巴氏消毒后的食品并非无菌，极少数耐热细菌仍能存活，所以需迅速冷却，经无菌包装后立即冷藏，以防细菌繁殖。

（4）超高温灭菌法（UHT） 一般采用135~137℃，维持3~5s；对于污染严重的材料，灭菌温度可控制在142℃，维持3~5s。超高温瞬时灭菌法也是牛乳常用的灭菌方法，这样能把牛乳中的微生物杀死，而营养却因加热时间短而得以保存。

（5）微波加热 国际规定食品工业用915MHz和2450MHz两种频率。

（6）远红外线加热杀菌。

2. 辐照灭菌

辐照灭菌的原理：利用γ射线具有波长短、穿透力强的特点，对微生物的DNA、RNA、蛋白质、脂类等大分子物质的破坏作用，使食品中微生物失活或者代谢活动减慢，达到食品保鲜及长期保存的目的。常采用的辐照源有^{60}Co和^{137}Cs。常用剂量：5~10kGy消毒（不能杀死芽孢），10~50kGy灭菌。常见食品病原菌及其辐照灭菌剂量见表2-6。

优点：食品营养素损失少，灭菌防腐，确保食品食用安全，减少化学熏染及添加剂的使用，延长货架寿命。

缺点：这种技术可以引起辐照食品的物理、化学变化和生物变化，从而影响食品的营养价值和感官特性。如10kGy以上剂量辐照，食品可产生感官性质变化，出现所谓辐照嗅。

表2-6 食品病原菌及其辐照灭菌剂量

致病菌种类	D 值/kGy	致病菌种类	D 值/kGy
沙门菌	0.5~1.0	金黄色葡萄球菌	0.26~0.45
耶尔森菌	0.1~0.2	大肠杆菌 O157:H7	0.25~0.45
弯曲杆菌	0.12~0.25	肉毒杆菌	3.45~4.30
李斯特菌	0.27~0.77		

注：D 值是指杀灭90%微生物所需的辐射剂量。

第三章

食品微生物检验的质量控制

第一节　食品微生物检验实验室的基本要求

一、　检验人员

（1）应具有相应的微生物专业教育或培训经历，具备相应的资质，能够理解并正确实施检验。

（2）应掌握实验室生物安全操作和消毒知识。

（3）应在检验过程中保持个人整洁与卫生，防止人为污染样品。

（4）应在检验过程中遵守相关安全措施的规定，确保自身安全。

（5）有颜色视觉障碍的人员不能从事涉及辨色的实验。

二、　环境与设施

（1）实验室环境不应影响检验结果的准确性。

（2）实验区域应与办公区域明显分开。

（3）实验室工作面积和总体布局应能满足从事检验工作的需要，实验室布局宜采用单方向工作流程，避免交叉污染。

（4）实验室内环境的温度、湿度、洁净度及照度、噪声等应符合工作要求。

（5）食品样品检验应在洁净区域进行，洁净区域应有明显标示。

（6）病原微生物分离鉴定工作应在二级或以上生物安全实验室进行。

三、　实验设备

（1）实验设备应满足检验工作的需要，常见设备如下。

称量设备：天平等。

消毒灭菌设备：干烤/干燥设备，高压灭菌、过滤除菌、紫外线等装置。

培养基制备设备：pH 计等。

样品处理设备：均质器（剪切式或拍打式均质器）、离心机等。

稀释设备：移液器等。

培养设备：恒温培养箱、恒温水浴等装置。

镜检计数设备：显微镜、放大镜、游标卡尺等。

冷藏冷冻设备：冰箱、冷冻柜等。

生物安全设备：生物安全柜。

其他设备。

（2）实验设备应放置于适宜的环境条件下，便于维护、清洁、消毒与校准，并保持整洁与良好的工作状态。

（3）实验设备应定期进行检查和/或检定（加贴标识）、维护和保养，以确保工作性能和操作安全。

（4）实验设备应有日常监控记录或使用记录。

四、 检验用品

（1）检验用品应满足微生物检验工作的需求，常用检验用品如下：

常规检验用品：接种环（针）、酒精灯、镊子、剪刀、药匙、消毒棉球、硅胶（棉）塞、吸管、吸球、试管、平皿、锥形瓶、微孔板、广口瓶、量筒、玻棒及 L 形玻棒、pH 试纸、记号笔、均质袋等。

现场采样检验用品：无菌采样容器、棉签、涂抹棒、采样规格板、转运管等。

（2）检验用品在使用前应保持清洁和/或无菌。

（3）需要灭菌的检验用品应放置在特定容器内或用合适的材料（如专用包装纸、铝箔纸等）包裹或加塞，应保证灭菌效果。

（4）检验用品的储存环境应保持干燥和清洁，已灭菌与未灭菌的用品应分开存放并明确标识。

（5）灭菌检验用品应记录灭菌的温度与持续时间及有效使用期限。

五、 微生物无菌室基本要求及管理

1. 无菌室的基本建设要求

（1）根据实验室所涉及的生物安全等级，无菌室的设计和建设应符合 GB 50346—2011《生物安全实验室建筑技术规范》和 GB 19489—2008《实验室 生物安全通用要求》的相关要求。

（2）无菌室大小应能够满足检验工作的需要。内墙为浅色，墙面和地面应光滑，墙壁与地面、天花板连接处应呈凹弧形，无缝隙，无死角，易于清洁和消毒。

（3）无菌室入口处应设置缓冲间，缓冲间内应安装非手动式开关的洗手盆。缓冲间应有足够的面积以保证操作人员更换工作服和鞋帽。

（4）无菌室内工作台的高度约80cm，工作台应保持水平，工作台面应无渗漏，耐腐蚀，易于清洁、消毒。

（5）无菌室内光照分布均匀，工作台面的光照度应不低于540lx。

（6）无菌室应具备适当的通风和温度调节的条件。无菌室的推荐温度为20℃，相对湿度为40%~60%。

（7）缓冲间及操作室内均应设置能达到空气消毒效果的紫外灯或其他适宜的消毒装置。

2. 无菌室的管理

（1）无菌室在使用前和使用后应进行有效的消毒。

（2）无菌室的灭菌效果应至少每两周验证一次。

（3）应制定清洁、消毒、灭菌、使用和应急处理程序。

（4）应记录环境监测结果，并归档保存。

（5）不符合规定时应立即停止使用。

六、 微生物实验室消毒处理方法

（一） 无菌室

1. 紫外线消毒

（1）在室温20~25℃时，220V、30W紫外灯下方垂直位置1.0 m处的253.7nm紫外线辐射强度应≥70μW/cm²，低于此值时应更换。适当数量的紫外灯，确保平均每立方米应不少于1.5W。

（2）紫外线消毒时，无菌室内应保持清洁干燥。

（3）在无人条件下，可采取紫外线消毒，作用时间应≥30min，室内温度<20℃或>40℃、相对湿度大于60%时，应适当延长照射时间。

（4）用紫外线消毒物品表面时，应使照射表面受到紫外线的直接照射，且应达到足够的照射剂量。

（5）人员在关闭紫外灯至少30min后方可入内作业。

（6）按照GB 15981—1995《消毒与灭菌效果的评价方法与标准》的规定，评价紫外线的消毒与杀菌效果。

2. 臭氧消毒

（1）封闭无菌室内，无人条件下，采用20mg/m³浓度的臭氧，作用时间应≥30min，消毒后室内臭氧浓度≤0.2mg/m³时方可入内作业。

（2）按照GB/T 18202—2000《室内空气中臭氧卫生标准》的规定，检验室内臭氧的浓度。

3. 无菌室空气灭菌效果验证方法（沉降法）

（1）在消毒处理后与开展检验活动之前的期间采样。

（2）采样位点的选择应基于人员流量情况和做试验的频率。一般情况下，无菌室面积≤30m²时，从所设定的一条对角线上选取3点，即中心1点、两端各距墙1m处各取1点；无菌室面积≥30 m² 时，选取东、南、西、北、中5点，其中东点、南点、西点、北点均距墙1m。

（3）在所选位点，将平板计数琼脂平板（90mm）或水化3M Petrifilm™ 菌落总数测试片置于距地面80cm处，开盖暴露15min，然后，置于（36±1）℃恒温箱培养（48±1）h。如果观察某目标细菌，则可用选择性琼脂平板（如PDA平板）或微生物测试片（如3M Petrifilm™ 环境李斯特菌测试片）。

（4）确认平板上的菌落数，如大于所设定的风险值，应分析原因，并采取适当措施。

（二）培养基和试剂

（1）培养基通常应采用高压湿热灭菌法，121℃灭菌15min，特殊培养基按使用者的特殊要求进行灭菌（如含糖培养基，115℃灭菌20min）。

（2）部分培养基（如嗜盐琼脂培养基、胆硫乳培养基等），只能煮沸灭菌。

（3）对热敏感的培养基或添加物质，应采取膜过滤方法进行过滤除菌。

（4）即用型试剂不需灭菌，应参见相关国际标准或供应商使用说明，直接使用。

（三）器具和设备

（1）湿热灭菌 采用高压灭菌器，121℃灭菌20min，适用于玻璃器皿、移液器吸头、塑料瓶等。按照GB 15981—1995《消毒与灭菌效果的评价方法与标准》的规定，评价高压灭菌器的杀菌效果。

（2）干燥灭菌 采用干燥箱灭菌，160℃灭菌2h，180℃灭菌1h，适用于玻璃器皿、不锈钢器具等。

（3）液体消毒剂消毒 使用适当浓度的自配或商业液体消毒剂（表3-1）对工作台面、器具或设备表面进行消毒。可按照GB 15981—1995的规定，评价自配或商业消毒剂的消毒效果；可按照ISO 18593：2004，监测工作台面、器具或设备表面的消毒效果。

表3-1　　　　　　　　　某些消毒剂的特性　（ISO 7218）

消毒剂	抗活性						被灭活					毒性		
	真菌	细菌	分枝杆菌	孢子	亲脂病毒[c]	非亲脂病毒	蛋白质	天然物质	合成物质	硬水	去垢剂	皮肤	眼睛	肺
次氯酸钠	+	+++	+++	++	++	+	+	+++	+	+	+	C	+	+	+
乙醇	-	+++	+++	+++	-	+	V	+	+	+	-	+	+	+
甲醛	+++	+++	+++	+++	+++[a]	+	+	+	+	+	-	+	+	+
戊二醛	+++	+++	+++	+++	+++[b]	+	+	NA	+	+	+	NA	+++	+++	+++
碘载体	+++	+++	+++	+++	+	+	+	+++	+	+	+	A	+	-	-

注：+++表示良好；++表示一般；+表示轻微；-表示零；V表示取决于病毒；C表示阳离子；A表示阴离子；NA表示不适用。

a表示40℃以上；b表示20℃以上；c表示亲脂病毒。

（四）　实验室废弃物

（1）对于培养物及其污染的物品（如斜面、api20E 测试条、api20NE 测试条、生化鉴定管、血清学鉴定用载玻片、mini－VIDAS 测试条、用过的移液器吸头、细菌培养平皿、注射器等），应使用适当浓度的自配或商业液体消毒剂（表 3－1）处理一定时间，或 121℃ 高压灭菌至少 30min，或者其他有效处理措施。将处理物倒入特殊标识的垃圾袋内，直接送到指定地点。

（2）对于实验动物及相关废弃物，按照 GB 14925—2010《实验动物 环境及设施》的规定进行处理。

（3）记录并保留废弃物和实验动物尸体处理的记录。

七、　质控菌株

（一）　实验室用质控菌株

实验室应保存能满足实验需要的标准菌株；应使用微生物菌种保藏专门机构或专业权威机构保存的、可溯源的标准菌株；对实验室分离菌株（野生菌株），经过鉴定后，可作为实验室内部质量控制的菌株。

（二）　质控菌株的保藏及使用

1. 一般要求

为成功保藏及使用菌株，不同菌株应采用不同的保藏方法，可选择使用冻干保藏、利用多孔磁珠在 －70℃ 保藏、使用液氮保藏或其他有效的保藏方法。

2. 商业来源的质控菌株

对于从标准菌种保藏中心或其他有效的认证的商业机构获得原包装的质控菌株，复苏和使用应按照制造商提供的使用说明进行。

3. 实验室制备的标准储存菌株

用于性能测试的标准储存菌株，在保存和使用时应注意避免交叉污染，减少菌株突变或发生典型的特性变化；标准储备菌株应制备多份，并采用超低温（－70℃）或冻干的形式保存。在较高温度下贮存时间应缩短。

标准储存菌株用作培养基的测试菌株时应在文件中充分描述其生长特性。

标准储存菌株不应用来制备标准菌株。

4. 贮存菌株

贮存菌株通常由冻干或超低温保存的标准贮存菌株进行制备。

制备贮存菌株应避免导致标准贮存菌株的交叉污染和（或）退化。制备贮存菌株时，应将标准贮存菌株制成悬浮液转接到非选择培养基中培养，以获得特性稳定的菌株。

对于商业来源的菌株，应严格按照制造商的说明执行。

贮存菌株不应用来制备标准储存菌株或标准菌株。

5. 工作菌株

工作菌株由贮存菌株或标准贮存菌株制备。

工作菌株不应用来制备标准菌株、标准贮存菌株或贮存菌株。

第二节 实验室生物安全通用要求

一、 病原微生物分级

国际上根据致病微生物对人类和动物不同程度的危害（包括个体危害和群体危害），将微生物分为 4 级。

1. 危害等级 I （低个体危害，低群体危害）

不会导致健康工作者和动物致病的细菌、真菌、病毒和寄生虫等生物因子。如双歧杆菌、乳酸菌。

2. 危害等级 II （中等个体危害，有限群体危害）

能引起人或动物发病，但一般情况下对健康工作者、群体、家畜或环境不会引起严重危害的病原体。实验室感染不导致严重疾病，具备有效治疗和预防措施，并且传播风险有限。如沙门菌、副溶血性弧菌。

3. 危害等级 III （高个体危害，低群体危害）

能引起人类或动物严重疾病，或造成严重经济损失，但通常不能因偶然接触而在个体间传播，或能食用抗生素、抗寄生虫治疗的病原体。如肉毒梭菌（发酵制品、肉制品）、炭疽杆菌（肉类）、肝炎病毒（水产品、肉类）。

4. 危害等级 IV （高个体危害，高群体危害）

能引起人类或动物非常严重的疾病，一般不能治愈，容易直接、间接或偶然接触在人与人，或动物与人，或人与动物，或动物与动物间传播的病原体。如鼠疫耶尔森菌（畜肉）、埃尔托生物型霍乱弧菌（海产品）。

二、 实验室生物安全防护水平分级

实验室生物安全（laboratory biosafety）是指实验室的生物安全条件和状态不低于容许水平，可避免实验室人员、来访人员、社区及环境受到不可接受的损害，符合相关法规、标准等对实验室生物安全责任的要求。根据对所操作生物因子采取的防护措施，将从事体外操作的实验室生物安全防护水平（bio – safety level，BSL）分为一级（BSL – 1）、二级（BSL – 2）、三级（BSL – 3）和四级（BSL – 4），一级防护水平最低，四级防护水平最高。

（1）生物安全防护水平为一级的实验室适用于操作在通常情况下不会引起人类或者动物疾病的微生物。

（2）生物安全防护水平为二级的实验室适用于操作能够引起人类或者动物疾病，但一般情况下对人、动物或者环境不构成严重危害，传播风险有限，实验室感染后很少引起严重疾病，并且具备有效治疗和预防措施的微生物。

（3）生物安全防护水平为三级的实验室适用于操作能够引起人类或者动物严重疾病，比较容易直接或者间接在人与人、动物与人、动物与动物间传播的微生物。

（4）生物安全防护水平为四级的实验室适用于操作能够引起人类或者动物非常严重疾病的微生物，以及我国尚未发现或者已经宣布消灭的微生物。

三、 实验室设施和设备要求

1. BSL – 1 实验室

（1）实验室的门应有可视窗并可锁闭，门锁及门的开启方向应不妨碍室内人员逃生。

（2）应设洗手池，宜设置在靠近实验室的出口处。

（3）在实验室门口处应设存衣或挂衣装置，可将个人服装与实验室工作服分开放置。

（4）实验室的墙壁、天花板和地面应易清洁、不渗水、耐化学品和消毒灭菌剂的腐蚀。地面应平整、防滑，不应铺设地毯。

（5）实验室台柜和座椅等应稳固，边角应圆滑。

（6）实验室台柜等和其摆放应便于清洁，实验台面应防水、耐腐蚀、耐热和坚固。

（7）实验室应有足够的空间和台柜等摆放实验室设备和物品。

（8）应根据工作性质和流程合理摆放实验室设备、台柜、物品等，避免相互干扰、交叉污染，并应不妨碍逃生和急救。

（9）实验室可以利用自然通风。如果采用机械通风，应避免交叉污染。

（10）如果有可开启的窗户，应安装可防蚊虫的纱窗。

（11）实验室内应避免不必要的反光和强光。

（12）若操作刺激或腐蚀性物质，应在30m内设洗眼装置，必要时应设紧急喷淋装置。

（13）若操作有毒、刺激性、放射性挥发物质，应在风险评估的基础上，配备适当的负压排风柜。

（14）若使用高毒性、放射性等物质，应配备相应的安全设施、设备和个体防护装备，应符合国家、地方的相关规定和要求。

（15）若使用高压气体和可燃气体，应有安全措施，应符合国家、地方的相关规定和要求。

（16）应设应急照明装置。

（17）应有足够的电力供应。

（18）应有足够的固定电源插座，避免多台设备使用共同的电源插座。应有可靠的接地系统，应在关键节点安装漏电保护装置或监测报警装置。

（19）供水和排水管道系统应不渗漏，下水应有防回流设计。

（20）应配备适用的应急器材，如消防器材、意外事故处理器材、急救器材等。

（21）应配备适用的通信设备。

（22）必要时，应配备适当的消毒灭菌设备。

2. BSL-2 实验室

（1）适用时，应符合 BSL-1 的要求。

（2）实验室主入口的门、放置生物安全柜实验间的门应可自动关闭；实验室主入口的门应有进入控制措施。

（3）实验室工作区域外应有存放备用物品的条件。

（4）应在实验室工作区配备洗眼装置。

（5）应在实验室或其所在的建筑内配备高压蒸汽灭菌器或其他适当的消毒灭菌设备，所配备的消毒灭菌设备应以风险评估为依据。

（6）应在操作病原微生物样本的实验间内配备生物安全柜。

（7）应按产品的设计要求安装和使用生物安全柜。如果生物安全柜的排风在室内循环，室内应具备通风换气的条件；如果使用需要管道排风的生物安全柜，应通过独立于建筑物其他公共通风系统的管道排出。

（8）应有可靠的电力供应。必要时，重要设备（如培养箱、生物安全柜、冰箱等）应配置备用电源。

3. BSL-3 实验室

（1）平面布局

①实验室应明确区分辅助工作区和防护区，应在建筑物中自成隔离区或为独立建筑物，应有出入控制。

②防护区中直接从事高风险操作的工作间为核心工作间，人员应通过缓冲间进入核心工作间。

③适用于操作通常认为非经传播致病性生物因子的实验室辅助工作区，应至少包括监控室和清洁衣物更换间；防护区应至少包括缓冲间（可兼作脱防护间）及核心工作间。

④适用于可有效利用安全隔离装置（如生物安全柜）操作常规量经空气传播致病性生物因子的实验室辅助工作区，应至少包括监控室、清洁衣物更换间和淋浴间；防护区应至少包括防护服更换间、缓冲间及核心工作间。

⑤适用于可有效利用安全隔离装置（如生物安全柜）操作常规量经空气传播致病性生物因子的实验室核心工作间不宜直接与其他公共区域相邻。

⑥如果安装传递窗，其结构承压力及密闭性应符合所在区域的要求，并具备对传递窗内物品进行消毒灭菌的条件。必要时，应设置具备送排风或自净化功能的传递窗，排风应经高效空气净化（High efficiency particle air，HEPA）过滤器过滤后排出。

（2）围护结构

①围护结构（包括墙体）应符合国家对该类建筑的抗震要求和防火要求。

②天花板、地板、墙间的交角应易清洁和消毒灭菌。

③实验室防护区内围护结构的所有缝隙和贯穿处的接缝都应可靠密封。

④实验室防护区内围护结构的内表面应光滑、耐腐蚀、防水，以易于清洁和消毒灭菌。

⑤实验室防护区内的地面应防渗漏、完整、光洁、防滑、耐腐蚀、不起尘。

⑥实验室内所有的门应可自动关闭，需要时，应设观察窗；门的开启方向不应妨碍逃生。

⑦实验室内所有窗户应为密闭窗，玻璃应耐撞击、防破碎。

⑧实验室及设备间的高度应满足设备的安装要求，应有维修和清洁空间。

⑨在通风空调系统正常运行状态下，采用烟雾测试等目视方法检查实验室防护区内围护结构的严密性时，所有缝隙应无可见泄漏。

（3）通风空调系统

①应安装独立的实验室送排风系统，应确保在实验室运行时气流由低风险区向高风险区流动，同时确保实验室空气只能通过 HEPA 过滤器过滤后经专用的排风管道排出。

②实验室防护区房间内送风口和排风口的布置应符合定向气流的原则，利于减少房间内的涡流和气流死角；送排风应不影响其他设备（如：Ⅱ级生物安全柜）的正常功能。

③不得循环使用实验室防护区排出的空气。

④应按产品的设计要求安装生物安全柜和其排风管道，可以将生物安全柜排出的空气排入实验室的排风管道系统。

⑤实验室的送风应经过 HEPA 过滤器过滤，宜同时安装初效和中效过滤器。

⑥实验室的外部排风口应设置在主导风的下风向（相对于送风口），与送风口的直线距离应大于 12m，应至少高出本实验室所在建筑的顶部 2m，应有防风、防雨、防鼠、防虫设计，但不应影响气体向上空排放。

⑦HEPA 过滤器的安装位置应尽可能靠近送风管道在实验室内的送风口端和排风管道在实验室内的排风口端。

⑧应可以在原位对排风 HEPA 过滤器进行消毒灭菌和检漏。

⑨如在实验室防护区外使用高效过滤器单元，其结构应牢固，应能承受 2500 Pa 的压力；高效过滤器单元的整体密封性应达到在关闭所有通路并维持腔室内的温度在设计范围上限的条件下，若使空气压力维持在 1000 Pa 时，腔室内每分钟泄漏的空气量应不超过腔室净容积的 0.1%。

⑩应在实验室防护区送风和排风管道的关键节点安装生物型密闭阀，必要时，可完全关闭。应在实验室送风和排风总管道的关键节点安装生物型密闭阀，必要时，可完全关闭。

⑪生物型密闭阀与实验室防护区相通的送风管道和排风管道应牢固、易消毒灭菌、耐腐蚀、抗老化，宜使用不锈钢管道；管道的密封性应达到在关闭所有通路并维持管道内的温度在设计范围上限的条件下，若使空气压力维持在 500 Pa 时，管道内每分钟泄漏的空气量应不超过管道内净容积的 0.2%。

⑫应有备用排风机。应尽可能减少排风机后排风管道正压段的长度，该段管道不应穿过其他房间。

⑬不应在实验室防护区内安装分体空调。

（4）供水与供气系统

①应在实验室防护区内的实验间的靠近出口处设置非手动洗手设施；如果实验室不具备供水条件，则应设非手动手消毒灭菌装置。

②应在实验室的给水与市政给水系统之间设防回流装置。

③进出实验室的液体和气体管道系统应牢固、不渗漏、防锈、耐压、耐温（冷或热）、耐腐蚀。应有足够的空间清洁、维护和维修实验室内暴露的管道，应在关键节点安装截止阀、防回流装置或 HEPA 过滤器等。

④如果有供气（液）罐等，应放在实验室防护区外易更换和维护的位置，安装牢固，不应将不相容的气体或液体放在一起。

⑤如果有真空装置，应有防止真空装置的内部被污染的措施；不应将真空装置安装在实验场所之外。

（5）污物处理及消毒灭菌系统

①应在实验室防护区内设置生物安全型高压蒸汽灭菌器。宜安装专用的双扉高压灭菌器，其主体应安装在易维护的位置，与围护结构的连接之处应可靠密封。

②对实验室防护区内不能高压灭菌的物品应有其他消毒灭菌措施。

③高压蒸汽灭菌器的安装位置不应影响生物安全柜等安全隔离装置的气流。

④如果设置传递物品的渡槽，应使用强度符合要求的耐腐蚀性材料，并方便更换消毒灭菌液。

⑤淋浴间或缓冲间的地面液体收集系统应有防液体回流的装置。

⑥实验室防护区内如果有下水系统，应与建筑物的下水系统完全隔离；下水应直接通向本实验室专用的消毒灭菌系统。

⑦所有下水管道应有足够的倾斜度和排量，确保管道内不存水；管道的关键节点应按需要安装防回流装置、存水弯（深度应适用于空气压差的变化）或密闭阀门等；下水系统应符合相应的耐压、耐热、耐化学腐蚀的要求，安装牢固，无泄漏，便于维护、清洁和检查。

⑧应使用可靠的方式处理处置污水（包括污物），并应对消毒灭菌效果进行监测，以确保达到排放要求。

⑨应在风险评估的基础上，适当处理实验室辅助区的污水，并应监测，以确保排放到市政管网之前达到排放要求。

⑩可以在实验室内安装紫外线消毒灯或其他适用的消毒灭菌装置。

⑪应具备对实验室防护区及与其直接相通的管道进行消毒灭菌的条件。

⑫应具备对实验室设备和安全隔离装置（包括与其直接相通的管道）进行消毒灭菌的

条件。

⑬应在实验室防护区内的关键部位配备便携的局部消毒灭菌装置（如：消毒喷雾器等），并备有足够的适用消毒灭菌剂。

（6）电力供应系统

①电力供应应满足实验室的所有用电要求，并应有冗余。

②生物安全柜、送风机和排风机、照明、自控系统、监视和报警系统等应配备不间断备用电源，电力供应应至少维持30min。

③应在安全的位置设置专用配电箱。

（7）照明系统

①实验室核心工作间的照度应不低于350lx，其他区域的照度应不低于200lx，宜采用吸顶式防水洁净照明灯。

②应避免过强的光线和光反射。

③应设不少于30min的应急照明系统。

（8）自控、监视与报警系统

①进入实验室的门应有门禁系统，应保证只有获得授权的人员才能进入实验室。

②需要时，应可立即解除实验室门的互锁；应在互锁门的附近设置紧急手动解除互锁开关。

③核心工作间的缓冲间的入口处应有指示核心工作间工作状态的装置（如：文字显示或指示灯），必要时，应同时设置限制进入核心工作间的连锁机制。

④启动实验室通风系统时，应先启动实验室排风，后启动实验室送风；关停时，应先关闭生物安全柜等安全隔离装置和排风支管密闭阀，再关实验室送风及密闭阀，后关实验室排风及密闭阀。

⑤当排风系统出现故障时，应有机制避免实验室出现正压和影响定向气流。

⑥当送风系统出现故障时，应有机制避免实验室内的负压影响实验室人员的安全、影响生物安全柜等安全隔离装置的正常功能和围护结构的完整性。

⑦应通过对可能造成实验室压力波动的设备和装置实行连锁控制等措施，确保生物安全柜、负压排风柜（罩）等局部排风设备与实验室送排风系统之间的压力关系和必要的稳定性，并应在启动、运行和关停过程中保持有序的压力梯度。

⑧应设装置连续监测送排风系统HEPA过滤器的阻力，需要时，及时更换HEPA过滤器。

⑨应在有负压控制要求的房间入口的显著位置，安装显示房间负压状况的压力显示装置和控制区间提示。

⑩中央控制系统应可以实时监控、记录和存储实验室防护区内有控制要求的参数、关键设施设备的运行状态；应能监控、记录和存储故障的现象、发生时间和持续时间；应随时查看历史记录。

⑪中央控制系统的信号采集间隔时间应不超过1min，各参数应易于区分和识别。

⑫中央控制系统应能对所有故障和控制指标进行报警，报警应区分一般报警和紧急报警。

⑬紧急报警应为声光同时报警，应可以向实验室内外人员同时发出紧急警报；应在实验室核心工作间内设置紧急报警按钮。

⑭应在实验室的关键部位设置监视器，需要时，可实时监视并录制实验室活动情况和实验室周围情况。监视设备应有足够的分辨率，影像存储介质应有足够的数据存储容量。

（9）实验室通信系统

①实验室防护区内应设置向外部传输资料和数据的传真机或其他电子设备。

②监控室和实验室内应安装语音通信系统。如果安装对讲系统，宜采用向内通话受控、向外通话非受控的选择性通话方式。

③通信系统的复杂性应与实验室的规模和复杂程度相适应。

（10）参数要求

①实验室的围护结构应能承受送风机或排风机异常时导致的空气压力载荷。

②适用于操作通常认为非经传播致病性生物因子的实验室核心工作间的气压（负压）与室外大气压的压差值应不小于30Pa，与相邻区域的压差（负压）应不小于10Pa；适用于可有效利用安全隔离装置（如生物安全柜）操作常规量经空气传播致病性生物因子的实验室的核心工作间的气压（负压）与室外大气压的压差值应不小于40Pa，与相邻区域的压差（负压）应不小于15Pa。

③实验室防护区各房间的最小换气次数应不小于12次/h。

④实验室的温度宜控制在18~26℃范围内。

⑤正常情况下，实验室的相对湿度宜控制在30%~70%范围内；消毒状态下，实验室的相对湿度应能满足消毒灭菌的技术要求。

⑥在安全柜开启情况下，核心工作间的噪声应不大于68dB（A）。

⑦实验室防护区的静态洁净度应不低于8级水平。

4. BSL-4实验室

（1）适用时，应符合BSL-3的要求。

（2）实验室应建造在独立的建筑物内或建筑物中独立的隔离区域内。应有严格限制进入实验室的门禁措施，应记录进入人员的个人资料、进出时间、授权活动区域等信息；对与实验室运行相关的关键区域也应有严格和可靠的安保措施，避免非授权进入。

（3）实验室的辅助工作区应至少包括监控室和清洁衣物更换间。适用于可有效利用安全隔离装置（如生物安全柜）操作常规量经空气传播致病性生物因子的实验室防护区，应至少包括防护走廊、内防护服更换间、淋浴间、外防护服更换间和核心工作间，外防护服更换间应为气锁。

（4）适用于利用具有生命支持系统的正压服操作常规量经空气传播致病性生物因子的

实验室的防护区，应包括防护走廊、内防护服更换间、淋浴间、外防护服更换间、化学淋浴间和核心工作间。化学淋浴间应为气锁，具备对专用防护服或传递物品的表面进行清洁和消毒灭菌的条件，具备使用生命支持供气系统的条件。

（5）实验室防护区的围护结构应尽量远离建筑外墙；实验室的核心工作间应尽可能设置在防护区的中部。

（6）应在实验室的核心工作间内配备生物安全型高压灭菌器；如果配备双扉高压灭菌器，其主体所在房间的室内气压应为负压，并应设在实验室防护区内易更换和维护的位置。

（7）如果安装传递窗，其结构承压力及密闭性应符合所在区域的要求；需要时，应配备符合气锁要求的并具备消毒灭菌条件的传递窗。

（8）实验室防护区围护结构的气密性应达到在关闭受测房间所有通路并维持房间内的温度在设计范围上限的条件下，当房间内的空气压力上升到500Pa后，20min内自然衰减的气压小于250Pa。

（9）符合利用具有生命支持系统的正压服操作常规量经空气传播致病性生物因子的实验室，应同时配备紧急支援气罐，紧急支援气罐的供气时间应不少于60min/人。

（10）生命支持供气系统应有自动启动的不间断备用电源供应，供电时间应不少于60min。

（11）供呼吸使用的气体的压力、流量、含氧量、温度、相对湿度、有害物质的含量等应符合职业安全的要求。

（12）生命支持系统应具备必要的报警装置。

（13）实验室防护区内所有区域的室内气压应为负压，实验室核心工作间的气压（负压）与室外大气压的压差值应不小于60Pa，与相邻区域的压差（负压）应不小于25Pa。

（14）适用于可有效利用安全隔离装置（如生物安全柜）操作常规量经空气传播致病性生物因子的实验室，应在Ⅲ级生物安全柜或相当的安全隔离装置内操作致病性生物因子；同时应具备与安全隔离装置配套的物品传递设备以及生物安全型高压蒸汽灭菌器。

（15）实验室的排风应经过两级HEPA过滤器处理后排放。

（16）应可以在原位对送风HEPA过滤器进行消毒灭菌和检漏。

（17）实验室防护区内所有需要运出实验室的物品或其包装的表面应经过可靠消毒灭菌。

（18）化学淋浴消毒灭菌装置应在无电力供应的情况下仍可以使用，消毒灭菌剂储存器的容量应满足所有情况下对消毒灭菌剂使用量的需求。

第三节　生物安全实验室良好工作行为

一、生物安全实验室标准的良好工作行为

（1）建立并执行准入制度。所有进入人员要知道实验室的潜在危险，符合实验室的进入规定。

（2）确保实验室人员在工作地点可随时得到生物安全手册。

（3）建立良好的内务规程。对个人日常清洁和消毒进行要求，如洗手、淋浴（适用时）等。

（4）规范个人行为。在实验室工作区不要饮食、抽烟、处理隐形眼镜、使用化妆品、存放食品等；工作前，掌握生物安全实验室标准的良好操作规程。

（5）正确使用适当的个体防护装备，如手套、护目镜、防护服、口罩、帽子、鞋等。个体防护装备在工作中发生污染时，要更换后才能继续工作。

（6）戴手套工作。每当污染、破损或戴一定时间后，更换手套；每当操作危险性材料的工作结束时，除去手套并洗手；离开实验间前，除去手套并洗手。严格遵守洗手的规程。不要清洗或重复使用一次性手套。

（7）如果有可能发生微生物或其他有害物质溅出，要佩戴防护眼镜。

（8）存在空气传播的风险时需要进行呼吸防护，用于呼吸防护的口罩在使用前要进行适配性试验。

（9）工作时穿防护服。在处理生物危险材料时，穿着适用的指定防护服。离开实验室前按程序脱下防护服。用完的防护服要消毒灭菌后再洗涤。工作用鞋要防水、防滑、耐扎、舒适，可有效保护脚部。

（10）安全使用移液管，要使用机械移液装置。

（11）配备降低锐器损伤风险的装置和建立操作规程。在使用锐器时要注意：

①不要试图弯曲、截断、破损针头等锐器，不要试图从一次性注射器上取下针头或套上针头护套。必要时，使用专用的工具操作；

②使用过的锐器要置于专用的耐扎容器中，不要超过规定的盛放容量；

③重复利用的锐器要置于专用的耐扎容器中，采用适当的方式消毒灭菌和清洁处理；

④不要试图直接用手处理打破的玻璃器具等，尽量避免使用易碎的器具。

（12）按规程小心操作，避免发生溢洒或产生气溶胶，如不正确的离心操作、移液操作等。

（13）在生物安全柜或相当的安全隔离装置中进行所有可能产生感染性气溶胶或飞溅物

的操作。

（14）工作结束或发生危险材料溢洒后，要及时使用适当的消毒灭菌剂对工作表面和被污染处进行处理。

（15）定期清洁实验室设备。必要时使用消毒灭菌剂清洁实验室设备。

（16）不要在实验室内存放或养与工作无关的动植物。

（17）所有生物危险废物在处置前要可靠消毒灭菌。需要运出实验室进行消毒灭菌的材料，要置于专用的防漏容器中运送，运出实验室前要对容器进行表面消毒灭菌处理。

（18）从实验室内运走的危险材料，要按照国家和地方或主管部门的有关要求进行包装。

（19）在实验室入口处设置生物危险标识。

（20）采取有效的防昆虫和啮齿类动物的措施，如防虫纱网、挡鼠板等。

（21）对实验室人员进行上岗培训并评估与确认其能力。需要时，实验室人员要接受再培训，如长期未工作、操作规程或有关政策发生变化等。

（22）制定有关职业禁忌证、易感人群和监督个人健康状态的政策。必要时，为实验室人员提供免疫计划、医学咨询或指导。

二、 生物安全实验室特殊的良好工作行为

（1）经过有控制措施的安全门才能进入实验室，记录所有人员进出实验室的日期和时间并保留记录。

（2）定期采集和保存实验室人员的血清样本。

（3）只要可行，为实验室人员提供免疫计划、医学咨询或指导。

（4）正式上岗前，实验室人员需要熟练掌握标准的和特殊的良好工作行为及微生物操作技术和操作规程。

（5）正确使用专用的个体防护装备，工作前先做培训、个体适配性测试和检查，如对面具、呼气防护装置、正压服等的适配性测试和检查。

（6）不要穿个人衣物和佩戴饰物进入实验室防护区，离开实验室前淋浴。用过的实验防护服按污染物处理，先消毒灭菌再洗涤。

（7）Ⅲ级生物安全柜的手套和正压服的手套有破损的风险，为了防止意外感染事件，需要另戴手套。

（8）定期消毒灭菌实验室设备。仪器设备在修理、维护或从实验室内移出以前，要进行消毒灭菌处理。消毒人员要接受专业的消毒灭菌培训，使用专用个体防护装备和消毒灭菌设备。

（9）如果发生可能引起人员暴露于感染性物质的事件，要立即报告和进行风险评估，并按照实验室安全管理体系的规定采取适当的措施，包括医学评估、监护和治疗。

（10）在实验室内消毒灭菌所有的生物危险废物。

（11）如果需要从实验室内运出具有活性的生物危险材料，要按照国家和地方或主管部门的有关要求进行包装，并对包装进行可靠的消毒灭菌，如采用浸泡、熏蒸等方式消毒灭菌。

（12）包装好的具有活性的生物危险物除非采用经确认有效的方法灭活后，不要在没有防护的条件下打开包装。如果发现包装有破损，立即报告，由专业人员处理。

（13）定期检查防护设施、防护设备、个体防护装备，特别是带生命支持系统的正压服。

（14）建立实验室人员就医或请假的报告和记录制度，评估是否与实验室工作相关。

（15）建立对怀疑或确认发生实验室获得性感染的人员进行隔离和医学处理的方案并保证必要的条件（如隔离室等）。

（16）只将必需的仪器装备运入实验室内。所有运入实验室的仪器装备，在修理、维护或从实验室内移出以前要彻底消毒灭菌，比如生物安全柜的内外表面以及所有被污染的风道、风扇及过滤器等均要采用经确认有效的方式进行消毒灭菌，并监测和评价消毒灭菌效果。

（17）利用双扉高压锅、传递窗、渡槽等传递物品。

（18）制定应急程序，包括可能的紧急事件和急救计划，并对所有相关人员培训和进行演习。

三、 生物安全实验室的清洁

（1）由受过培训的专业人员按照专门的规程清洁实验室。外雇的保洁人员可以在实验室消毒灭菌后负责清洁地面和窗户（高级别生物安全实验室不适用）。

（2）保持工作表面的整洁。每天工作完后都要对工作表面进行清洁并消毒灭菌。宜使用可移动或悬挂式的台下柜，以便于对工作台下方进行清洁和消毒灭菌。

（3）定期清洁墙面，如果墙面有可见污物时，及时进行清洁和消毒灭菌。不宜无目的或强力清洗，避免破坏墙面。

（4）定期清洁易积尘的部位，不常用的物品最好存放在抽屉或箱柜内。

（5）清洁地面的时间视工作安排而定，不在日常工作时间做常规清洁工作。清洗地板最常用的工具是浸有清洁剂的湿拖把；家用型吸尘器不适用于生物安全实验室使用；不要使用扫帚等扫地。

（6）可以用普通废物袋收集塑料或纸制品等非危险性废物。

（7）用专用的耐扎容器收集带针头的注射器、碎玻璃、刀片等锐利性废弃物。

（8）用专用的耐高压蒸汽消毒灭菌的塑料袋收集任何具有生物危险性或有潜在生物危险性的废物。

（9）根据废弃物的特点选用可靠的消毒灭菌方式，如是否包含基因改造生物、是否混有放射性等危险物、是否易形成胶状物堵塞灭菌器的排水孔等，要监测和评价消毒灭菌效果。

第四节　试剂与培养基的质量控制

一、　培养基及试剂质量保证

（一）　证明文件

1. 生产企业提供的文件

生产企业应提供以下资料（可提供电子文本）：

①培养基或试剂的各种成分、添加成分名称及产品编号；

②批号；

③最终 pH（适用于培养基）；

④贮存信息和有效期；

⑤标准要求及质控报告；

⑥必要的安全和（或）危害数据。

2. 产品的交货验收

对每批产品，应记录接收日期，并检查：

①产品合格证明；

②包装的完整性；

③产品的有效期；

④文件的提供。

（二）　贮存

1. 一般要求

应严格按照供应商提供的贮存条件、有效期和使用方法进行培养基和试剂的保存和使用。

2. 脱水合成培养基及其添加成分的质量管理和质量控制

脱水合成培养基一般为粉状或颗粒状形式包装于密闭的容器中。用于微生物选择或鉴定的添加成分通常为冻干物或液体。培养基的购买应有计划，以利于存货的周转（即掌握先购先用的原则）。实验室应保存有效的培养基目录清单，清单应包括以下内容：

①容器密闭性检查；

②记录首次开封日期；

③内容物的感官检查。

开封后的脱水合成培养基，其质量取决于贮存条件。通过观察粉末的流动性、均匀性、结块情况和色泽变化等判断脱水培养基的质量变化。若发现培养基受潮或物理性状发生明显改变，则不应再使用。

3. 商品化即用型培养基和试剂

应严格按照供应商提供的贮存条件、有效期和使用方法进行保存和使用。

4. 实验室自制的培养基

在保证其成分不会改变的条件下保存，即避光、干燥保存，必要时在（5±3）℃冰箱中保存，通常建议平板不超过 2~4 周，瓶装及试管装培养基不超过 3~6 个月，除非某些标准或实验结果表明保质期比上述的更长。

建议需在培养基中添加的不稳定的添加剂应即配即用，除非某些标准或实验结果表明保质期更长；含有活性化学物质或不稳定性成分的固体培养基也应即配即用，不可二次融化。

培养基的贮存应建立经验证的有效期。观察培养基是否有颜色变化、蒸发（脱水）或微生物生长的情况，当培养基发生这类变化时，应禁止使用。

培养基使用或再次加热前，应先取出平衡至室温。

（三）　培养基的实验室制备

1. 一般要求

正确制备培养基是微生物检验的最基础步骤之一，使用脱水培养基和其他成分，尤其是含有有毒物质（如胆盐或其他选择剂）的成分时，应遵守良好实验室规范和生产厂商提供的使用说明。

使用商品化脱水合成培养基制备培养基时，应严格按照厂商提供的使用说明配制。如质量（体积）、pH、制备日期、灭菌条件和操作步骤等。

实验室使用各种基础成分制备培养基时，应按照配方准确配制，并记录相关信息，如：培养基名称和类型及试剂级别、每个成分物质含量、制造商、批号、pH、培养基体积（分装体积）、无菌措施（包括实施的方式、温度及时间）、配制日期、人员等，以便溯源。

2. 水

实验用水的电导率在25℃时不应超过25μS/cm（相当于电阻率 >0.4 MΩ/cm），除非另有规定要求。

水的微生物污染不应超过 10^3 cfu/mL。应按 GB 4789.2—2010《食品微生物学检验》采用平板计数琼脂培养基，在（36±1）℃培养（48±2）h 进行定期检查微生物污染。

3. 称重和溶解

小心称量所需量的脱水合成培养基（必要时佩戴口罩或在通风柜中操作，以防吸入含有有毒物质的培养基粉末），先加入适量的水，充分混合（注意避免培养基结块），然后加水至所需的量后适当加热，并重复或连续搅拌使其快速分散，必要时应完全溶解。含琼脂的培养基在加热前应浸泡几分钟。

4. pH 的测定和调整

用 pH 计测 pH，必要时在灭菌前进行调整，除特殊说明外，培养基灭菌后冷却至 25℃ 时，pH 应在标准 pH ±0.2 范围内。一般使用浓度约为 40g/L（约 1mol/L）的氢氧化钠溶液或浓度约为 36.5g/L（约 1mol/L）的盐酸溶液调整培养基的 pH。如需灭菌后进行调整，则使用灭菌或除菌的溶液。

5. 分装

将配好的培养基分装到适当的容器中，容器的体积应比培养基体积最少大 20%。

6. 灭菌

（1）一般要求培养基应采用湿热灭菌法或过滤除菌法　某些培养基不能或不需要高压灭菌，可采用煮沸灭菌，如 SC 肉汤等特定的培养基中含有对光和热敏感的物质，煮沸后应迅速冷却，避光保存；有些试剂则不需灭菌，可直接使用（参见相关标准或供应商使用说明）。

（2）湿热灭菌　湿热灭菌在高压锅或培养基制备器中进行，高压灭菌一般采用（121±3）℃灭菌 15min，具体培养基按食品微生物学检验标准中的规定进行灭菌。培养基体积不应超过 1000mL，否则灭菌时可能会造成过度加热。所有的操作应按照标准或使用说明的规定进行。

灭菌效果的控制是关键问题。加热后采用适当的方式冷却，以防加热过度，这对于大容量和敏感培养基十分重要，例如含有煌绿的培养基。

（3）过滤除菌　过滤除菌可在真空或加压的条件下进行。使用孔径为 0.2μm 的无菌设备和滤膜。消毒过滤设备的各个部分或使用预先消毒的设备。一些滤膜上附着有蛋白质或其他物质（如抗生素），为了达到有效过滤，应事先将滤膜用无菌水润湿。

7. 检查

应对经湿热灭菌或过滤除菌的培养基进行检查，尤其要对 pH、色泽、灭菌效果和均匀度等指标进行检查。

8. 添加成分的制备

制备含有有毒物质的添加成分（尤其是抗生素）时应小心操作（必要时在通风柜中操作），避免因粉尘的扩散造成实验人员过敏或发生其他不良反应；制备溶液时应按产品使用说明操作。

不要使用过期的添加剂；抗生素工作溶液应现用现配；批量配制的抗生素溶液可分装后冷冻贮存，但解冻后的贮存溶液不能再次冷冻；厂商应提供冷冻对抗生素活性影响的有关资料，也可由使用者自行测定。

（四）　培养基的使用

1. 琼脂培养基的融化

将培养基放到沸水浴中或采用有相同效果的方法（如高压锅中的层流蒸汽）使之融化。经过高压的培养基应尽量减少重新加热时间，融化后避免过度加热。融化后应短暂置于室温中（如 2min）以避免玻璃瓶破碎。

融化后的培养基放入47～50℃的恒温水浴锅中冷却保温（可根据实际培养基凝固温度适当提高水浴锅温度），直至使用，培养基达到47～50℃的时间与培养基的品种、体积、数量有关。融化后的培养基应尽快使用，放置时间一般不应超过4h，未用完的培养基不能重新凝固留待下次使用。敏感的培养基尤应注意，融化后保温时间应尽量缩短，如有特定要求可参考指定的标准。

倾注到样品中的培养基温度应控制在45℃左右。

2. 培养基的脱氧

必要时，将培养基在使用前放到沸水浴或蒸汽浴中加热15min；加热时松开容器的盖子；加热后盖紧，并迅速冷却至使用温度（如FT培养基）。

3. 添加成分的加入

对热不稳定的添加成分应在培养基冷却至47～50℃时再加入。无菌的添加成分在加入前应先放置到室温，避免冷的液体造成琼脂凝结或形成片状物。将加入添加成分的培养基缓慢充分混匀，尽快分装到待用的容器中。

4. 平板的制备和贮存

倾注融化的培养基到平皿中，使之在平皿中形成厚度至少为3mm（直径90mm的平皿，通常要加入18～20mL琼脂培养基）。将平皿盖好皿盖后放到水平平面使琼脂冷却凝固。如果平板需贮存，或者培养时间超过48h或培养温度高于40℃，则需要倾注更多的培养基。凝固后的培养基应立即使用或存放于暗处和（或）（5±3）℃冰箱的密封袋中，以防止培养基成分的改变。在平板底部或侧边做好标记，标记的内容包括名称、制备日期和（或）有效期。也可使用适宜的培养基编码系统进行标记。

将倒好的平板放在密封的袋子中冷藏保存可延长贮存期限。为了避免冷凝水的产生，平板应冷却后再装入袋中。储存前不要对培养基表面进行干燥处理。

对于采用表面接种形式培养的固体培养基，应先对琼脂表面进行干燥：揭开平皿盖，将平板倒扣于烘箱或培养箱中（温度设为25～50℃）；或放在有对流的无菌净化台中，直到培养基表面的水滴消失为止。注意不要过度干燥。商品化的平板琼脂培养基应按照厂商提供的说明使用。

5. 培养基的弃置

所有污染和未使用的培养基的弃置应采用安全的方式，并且要符合相关法律法规的规定。

二、　培养基和试剂的质量要求

（一）　基本要求

1. 培养基和试剂

培养基和试剂的质量由基础成分的质量、制备过程的控制、微生物污染的消除及包装和贮存条件等因素所决定。

供应商或制备者应确保培养基和试剂的理化特性满足相关标准的要求，以下特性的质量评估结果应符合相应的规定：

①分装的量和（或）厚度；

②外观、色泽和均一性；

③琼脂凝胶的硬度；

④水分含量；

⑤20~25℃的pH；

⑥缓冲能力；

⑦微生物污染。

培养基和试剂的各种成分、添加剂或选择剂应进行适当的质量评价。

2. 基础成分

国家标准中提到的培养基通常可以直接使用。但因其中一些培养基成分（如蛋白胨、浸膏、琼脂等）质量不稳定，可允许对其用量进行适当的调整，如：

①根据营养需要改变蛋白胨、牛肉浸出物、酵母浸出物的用量；

②根据所需凝胶作用的效果改变琼脂的用量；

③根据缓冲要求决定缓冲物质的用量；

④根据选择性要求决定胆盐、胆汁抽提物和脱氧胆酸盐、抗菌染料的用量；

⑤根据抗生素的效价决定其用量。

（二）微生物学要求

1. 概论

培养基和试剂应达到GB 4789.28—2013中生产商及实验室自制培养基和试剂的质量控制标准的要求，其性能测试方法按GB 4789.28—2013中培养基和试剂性能测试方法执行。实验室使用商品化培养基和试剂时，应保留生产商提供的资料，并制定验收程序，如需进行验证，可按GB 4789.28—2013中实验室使用商品化培养基和试剂的质量控制的测试方法执行，并应达到实验室使用商品化培养基和试剂的质量控制标准。

2. 微生物污染的控制

按批量的不同选择适量的培养基在适当条件下培养，测定其微生物污染。生产商应根据每种平板或液体培养基的数量，规定或建立其污染限值，并记录培养基成分、制备要素和包装类型。

对于适用于即用型培养基，分别从初始和最终制备的培养基中抽取或制备至少一个（或1%）平板或试管，置于37℃培养18h或按特定标准中规定的温度、时间进行培养。

3. 生长特性

（1）一般要求 选择下列方法对每批成品培养基或试剂进行评价：

①定量方法；

②半定量方法；

③定性方法。

采用定量方法时，应使用参考培养基（见 GB 4789.28—2013 中生产商及实验室自制培养基和试剂的质量控制标准）进行对照；采用半定量和定性方法时，使用参考培养基或能得到"阳性"结果的培养基进行对照有助于结果的解释。参考培养基应选择近期批次中质量良好的培养基或是来自其他供应商的具有长期稳定性的批次培养基或即用型培养基。

（2）测试菌株　测试菌株是具有其代表种的稳定特性并能有效证明实验室特定培养基最佳性能的一套菌株。测试菌株主要购置于标准菌种保藏中心，也可以是实验室自己分离的具有良好特性的菌株。实验室应检验和记录标准储备菌株的特性；或选择具有典型特性的新菌株；最好使用从食品或水中分离的菌株。

对不含指示剂或选择剂的培养基，只需采用一株阳性菌株进行测试；对含有指示剂或选择剂的培养基或试剂，应使用能证明其指示或选择作用的菌株进行试验；复合培养基（如需要加入添加成分的培养基）需要以下列菌株进行验证：

①具典型反应特性的生长良好的阳性菌株；

②弱阳性菌株（对培养基中选择剂等试剂敏感性强的菌株）；

③不具有该特性的阴性菌株；

④部分或完全受抑制的菌株。

（3）生长率　按规定用适当方法将适量测试菌株的工作培养物接种至固体、半固体和液体培养基中。每种培养基上菌的生长率应达到所规定的最低限值（参见 GB 4789.28—2013 中生产商及实验室自制培养基和试剂的质量控制标准、实验室使用商品化培养基和试剂的质量控制标准）。

（4）选择性　为定量评估培养基的选择性，应按照规定以适当方法将适量测试菌株的工作培养物接种至选择性培养基和参考培养基中，培养基的选择性应达到规定值（参考 GB 4789.28—2013）。

（5）生理生化特性（特异性）　确定培养基的菌落形态学、鉴别特性和选择性，或试剂的鉴别特性，以获得培养基或试剂的基本特性（参考 GB 4789.28—2013）。

（6）性能评价和结果解释　若按照规定的所有测试菌株的性能测试达到标准，则该批培养基或试剂的性能测试结果符合规定。若基本要求和微生物学要求均符合规定，则该批培养基或试剂可被接受。

食品微生物检验的基本程序

应用食品微生物检验技术确定食品中是否存在微生物、微生物的数量，甚至微生物的种类，是评估食品卫生质量的一种科学手段。但正确的样品采集与处理直接影响到检验结果，也是食品微生物检验工作非常重要的环节。如果样品在采集、运送、保存或制备等过程中的任一环节出现操作不当，都会使微生物的检验结果毫无意义，甚至产生负面影响。总之，对特定批次食品所抽取样品的数量、样品的状态、样品的代表性及随机性等，对产品质量的评价及质量控制具有重要意义。

食品微生物种类繁多，检验方法也各不相同，但总体来说包括样品采集前的准备、样品的采集、样品的前处理、样品的检验以及检验报告等基本程序。

第一节　采样前准备

为了保证检验的顺利完成及检验结果的准确性，在对食品进行采集之前，必须做好充分的前期准备工作。这些工作看似简单，但必须严格按照规程执行，否则，会造成检验结果不能真实反映，甚至造成整个检验工作无效。

检验前的准备工作通常包括以下几个方面。

一、准备检验项目所需的实验设备

食品微生物实验室应具备的基本仪器：培养箱、生化培养箱、离心机、高压灭菌锅、超净工作台、显微镜、振荡器、高速离心机、天平、电位 pH 计、普通冰箱、低温冰箱等所必需的实验设备。这些实验设备应放置于适宜的环境条件下，便于维护、清洁、消毒与校准，并保持整洁与良好的工作状态。实验设备应定期进行检查、检定（加贴标识）、维护和保养，以确保工作性能和操作安全。实验设备应有日常性监控记录和使用记录。

二、　检验用品

常规检验用品主要有接种环（针）、酒精灯、镊子、剪刀、药匙、消毒棉球、硅胶（棉）塞、微量移液器、吸管、吸球、试管、平皿、微孔板、广口瓶、量筒、玻棒及 L 形玻棒等。这些检验用品在使用前应保持清洁和/或无菌。常用的灭菌方法包括湿热法、干热法、化学法等。所需要灭菌的检验用品应放置在特定容器内或用合适的材料（如专用包装纸、铝箔纸等）包裹或加塞，应保证灭菌效果。目前也可选择适用于微生物检验的一次性用品来替代反复使用的物品与材料（如培养皿、吸管、吸头、试管、接种环等）。检验用品的贮存环境应保持干燥和清洁，且已灭菌与未灭菌的用品应分开存放并明确标识。对灭菌检验用品应记录灭菌/消毒的温度与持续时间。

三、　所需各种试剂、　药品的准备及培养基的制备

食品检验时，试剂的质量、各种培养基的配方及制备应适用于相关检验，如严格按照国标要求进行，对检验结果有重要影响的关键试剂应进行适用性验证。科学研究时，培养基的制备可以按照具体需要做改动，但是检验结果仅为科研所用。通常，使用不在国标之列的培养基进行的检验，不能作为检验机构提供检验报告的依据。

四、　防护用品

对于食品微生物的检验样品，取样时防护用品主要是用于对样品的防护，即保护生产环境、原料、成品等不会在取样过程中被污染。主要的防护用品有工作服、口罩、工作帽、手套、雨鞋等。这些防护用品应事先消毒灭菌备用或使用无菌的一次性物品。工作人员进入无菌室时，须更换工作服，实验没有完成之前不得随便出入无菌室。

第二节　食品样品采集方案与方法

在食品微生物检验中，样品的采集是一个极其重要的环节。所采集的样品必须具有代表性，这就要求检验人员不仅要选择正确的采样方法，而且要了解食品加工的批号、原料的来源、加工方法、保藏条件、运输及销售中的各个环节。特定批次食品所抽取的样品数量、样品状况、样品代表性及随机性等，对检验的准确性及食品质量控制具有重要意义。

一、　样品采集原则

（1）样品的采集应遵循随机性、代表性的原则。

（2）采样过程遵循无菌操作程序，防止一切可能的外来污染。

二、 抽样方案

微生物检验的特点是以小份样品的检验结果来说明一大批食品卫生质量，因此，用于分析样品的代表性至关重要。一般来说，若进出口贸易合同中对食品抽样量有明确的规定，按合同规定抽样；若进出口贸易合同中没有具体抽样规定的，可根据检验的目的、产品及被抽样品批次的性质和分析方法确定抽样方案。目前最为流行的抽样方案为ICMSF推荐的抽样方案和随机抽样方案，有时也可参照同一产品的品质检验抽样数量进行抽样，或按单位包装件数 N 的开平方值抽样。无论采取任何方法抽样，每批货物的抽样数量不得少于 5 件。对于需要检验沙门菌等致病菌的食品，抽样数量应适当增加，最低不少于 8 件。

（一）ICMSF 的取样方案

国际食品微生物标准委员会（International Committee on Microbiologial Specification for Food，简称 ICMSF）所建议的取样计划是目前世界各国在食品微生物工作中常用的取样计划。我国 2009 年 3 月 1 日实施的 GB/T 4789.1—2008《食品卫生微生物学检验 总则》吸纳了 ICMSF 1986 年出版第二版《食品微生物2 微生物检验的抽样原理及特殊应用》的抽样理论，这将对我国食品卫生微生物学监管和确保食品安全具有"划时代"的影响。该方案是依据事先给食品进行的危害程度划分来确定的，并将所有的食品分成三种危害度。Ⅰ类危害：老人和婴幼儿食品及在食用前危害可能会增加的食品；Ⅱ类危害：立即食用的食品，在食用前危害基本不变；Ⅲ类危害：食用前经加热处理、危害减小的食品。另外，将检验指标按对食品卫生的重要程度分成一般、中等及严重，并根据危害度的分类，又可以将取样方案分为二级法与三级法。

1. ICMSF 的采样设想及其基本原则

用于分析所抽检样品的数量、大小和性质对检验结果会产生很大的影响。在某些情况下，用于检验分析的样品可能代表所抽取的"一批"（lot）样品的真实情况，这适合于可以充分混合的液体食品，如牛乳、液体饮料和水等。但是在"多批"（lots 或 batchers）食品的情况下就不能这样抽样了，因为"一批"容易包含在微生物的质量上差异很大的多个单元。因此在选择抽样方案之前，必须考虑诸多因素，例如检验目的、产品及被抽检食品的性质、分析方法等。

ICMSF 提出的采样基本原则的依据如下：

（1）各种微生物本身对人的危害程度各有不同。

（2）食品经不同条件处理后，其危害变化情况，即危害度降低、危害度未变及危害度增加，来设计采样方案并规定其不同采样数。

2. ICMSF 的采样方案

ICMSF 采样方案是从统计学原理来考虑的，针对一批产品，采用统计学抽样进行检验分析，使得分析结果更具有代表性，也更能客观地反映该产品的质量，从而避免了以个别样品检验结果来评价整批产品质量的不科学做法。

ICMSF 采样方案分为二级和三级采样方案。二级采样方案设有 n，c 和 m 值，三级采样方案设有 n，c，m 和 M 值。

n：指同一批次产品应采集的样品件数；

c：指最大可允许超出 m 值的样品数；

m：指微生物指标可接受水平的限量值（三级采样方案）或最高安全限量值（二级采样方案）；

M：微生物指标的最高安全限量值。

（1）二级采样方案　按照二级采样方案设定的指标，在 n 个样品中，允许有 $\leqslant c$ 个样品，其相应微生物指标检验值大于 m 值。这个取样方案的前提是假设食品中微生物的分布曲线为正态分布，并以其一点作为食品微生物的限量值，只设合格判定标准 m 值，超过 m 值的，则为不合格品。通过检查在检样中是否有超过 m 值的，以此来判断该批是否合格。以生食海鲜产品鱼为例，按二级取样方案设定的指标为：$n=5$，$c=0$，$m=100\mathrm{cfu/g}$，其含义是从一批产品采集 5 个样品，若 5 个样品的检验结果均小于或等于 m 值（$\leqslant 100\mathrm{cfu/g}$），$c=0$，即在该批检样中，未见到有超过 m 值的检样，此批货物为合格品。

（2）三级采样方案　按照三级采样方案设定的指标，在 n 个样品中，允许全部样品中相应微生物指标检验值小于或等于 m 值；允许有 $\leqslant c$ 个样品其相应微生物指标检验值介于 m 值和 M 值之间；不允许有样品相应微生物指标检验值大于 M 值。设有微生物标准 m 及 M 值两个限量，超过 m 值的检样，即算为不合格品，其中以 m 值到 M 值的范围内的检样数，作为 c 值，如果在此范围内，即为附加条件合格，超过 M 值者，则为不合格。以冷冻生虾为例，按三级取样方案设定的指标为：$n=5$，$c=2$，$m=100\mathrm{cfu/g}$，$M=1000\mathrm{cfu/g}$，其含义是从一批产品采集 5 个样品，若 5 个样品的检验结果均小于或等于 m 值（$\leqslant 100\mathrm{cfu/g}$），这种情况是允许的，则判定该批产品为合格品；若 $\leqslant 2$ 个样品的结果（X）位于 m 值和 M 值之间（$100\mathrm{cfu/g} < X \leqslant 1000\mathrm{cfu/g}$），这种情况也是允许的，则判定该批产品为合格品；若有 3 个及以上样品的检验结果位于 m 值和 M 值之间，这种情况是不允许的，则判定该批产品为不合格品；若有任一样品的检验结果大于 M 值（$> 1000\mathrm{cfu/g}$），则这种情况也是不允许的，也被判定该批产品为不合格品。

3. 对食品中微生物危害度分类与抽样方案说明

为了强调抽样与检样之间的关系，ICMSF 已经阐述了把严格的抽样计划与食品危害程度相关的概念（ICMSF，1986）。在中等或严重危害的情况下使用二级抽样方案，对健康危害低的则建议使用三级抽样方案。ICMSF 按微生物指标的重要性和食品危害度分类后确定的取样方法见表 4 - 1。

表 4 – 1　　　ICMSF 按微生物指标的重要性和食品危害度分类后确定的取样方法

取样方法	指标重要性	指示菌	食品危害程度		
			Ⅲ（轻）	Ⅱ（中）	Ⅰ（重）
三级法	一般	菌落总数	$n = 5$	$n = 5$	$n = 5$
		大肠菌群	$c = 3$	$c = 2$	$c = 1$
		大肠杆菌			
		葡萄球菌			
	中等	金黄色葡萄球菌	$n = 5$	$n = 5$	$n = 5$
		副溶血性弧菌	$c = 2$	$c = 1$	$c = 1$
		致病性大肠杆菌			
二级法	中等	沙门菌	$n = 5$	$n = 10$	$n = 20$
		副溶血性弧菌	$c = 0$	$c = 0$	$c = 0$
		致病性大肠杆菌			
	严重	肉毒梭菌	$n = 15$	$n = 30$	$n = 60$
		霍乱弧菌	$c = 0$	$c = 0$	$c = 0$
		伤寒沙门菌			
		副伤寒沙门菌			

（二）　随机抽样方案

在现场抽样时，可利用随机抽样表进行随机抽样。随机抽样表系用计算机随机编制而成，包括一万个数字。其使用方法如下。

（1）先将一批产品的各单位产品（如箱、包、盒等）按顺序编号。如将一批 600 包的产品编为 1、2、…、600。

（2）随意在表上点出一个数。查看数字所在原行和列。如点在第 48 行、第 10 列的数字上。

（3）根据单位产品编号的最大位数（如 A1，最大为三位数），查出所在行的连续数字（如 A2 所在为第 48 行的第 10、11 和 12 列，其数字为 245），则编号与该数相同的那一份单位产品，即为一件应抽取的样品。

（4）继续查下一行的相同连续数字（如按 A3，即第 49 行的第 10、11 和 12 列的数字，为 608）。该数字所代表的单位产品为另一件应抽取的样品。

（5）依次按 A4 所述方法查下去。当遇到所查数超过最大编号数量（如第 50 行的第 10、11 和 12 列数字为 931，大于 600）则舍去此数，继续查下一行相同列数，直到完成应抽样品件数为止。

三、　采样方法

正确的采样方法能够保证采样方案的有效执行，以及样品的有效性和代表性。采样必须遵循无菌操作程序，剪刀、镊子、容器等取样工具要高压灭菌，防止一切可能的外来污染。取样全过程应采取必要的措施防止食品中微生物的数量和生产能力发生变化。确定检验批，应注意产品的均质性和来源，确保采样的代表性。

进行食品微生物检验时，针对不同的食品，取样方法各不相同。ICMSF对食品的混合、加工类型、贮存方法及微生物检验项目的抽样方法都有详细的规定。

（一）液体食品的采样方法

通常情况下，液体食品较容易获得代表性样品。液体食品如牛乳、奶昔等一般盛放在大罐中，取样时，可连续或间歇搅拌，对于较小的容器，可在取样前将液体上下颠倒，使其完全混匀，然后取出样品。

（二）固体食品的采样方法

取样材料不同，所使用的取样工具也不同。一般取样工具有灭菌的解剖刀、勺子、软木钻、锯子、钳子等。

对于面粉、乳粉等易于混匀的食品，其成品质量均匀、稳定，可以抽取小样品如100g检验。但散装样品必须从多个点取大样，且每个样品都要单独处理，在检验前要彻底混匀，并从中取一份样品进行检验。

对于肉类、鱼类或类似的食品，既要在表皮取样，又要在深层取样。深层取样时要小心，不要被表面污染。有些食品，如鲜肉或熟肉，可用灭菌的解剖刀和钳子取样；冷冻食品可在不解冻的状态下用锯子或电钻等获取样品；粉末状样品取样时，可用灭菌的取样器斜角插入箱底，样品填满取样器后提出箱外，再用灭菌小勺从上、中、下部位采样。

（三）水样品采集

取水样时，最好选用带有防尘磨口瓶塞的广口瓶。对于氯气处理的水，取样后在每100mL的水样中加入0.1mL的20g/L硫代硫酸钠溶液。

取样时应特别注意防止样品的污染，如果样品是从水龙头上取得，水龙头嘴的里外都应擦干净。打开水龙头让水流几分钟，关上水龙头并用酒精灯灼烧，再次打开水龙头让水流1~2min后再接水样并装满取样瓶。这样的取样方法能确保供水系统的细菌学分析的质量，但是如果检验的目的是用于追踪微生物的污染源，建议还应在水龙头灭菌之前取水样或水龙头的里边和外边用棉拭子涂抹取样，以检验水龙头自身污染的可能性。

从水库、池塘、井水、河流等取水样时，用无菌的器械或工具拿取瓶子和打开瓶塞。在流动水中取样品时，瓶嘴应直接对着水流。大多数国家的官方取样程序中已明确规定了取样所用器械。如果不具备适当的取样仪器或临时取样工具，只能用手操作，但取样时应特别小心，防止用手接触水样或取样瓶内壁。

（四）生产工序检验采样

（1）车间用水　自来水样从车间各水龙头上采取冷却水，汤料从车间容器不同部位用100mL无菌注射器抽样。

（2）车间台面、用具及加工人员手的卫生检验　用板孔5cm²的无菌采样板及5支无菌

棉签擦拭 $25cm^2$，若所采集样品的表面干燥，则用无菌稀释液湿润棉签后再擦拭，若表面有水，则直接用干棉签擦拭，擦拭后立即将棉签用无菌剪刀剪入盛样容器。

（3）车间空气采样　将5个直径 90mm 的普通营养琼脂平板分别置于车间的四角和中部，打开平皿 5min，然后盖上平皿送检。

（五）食物中毒微生物检验的取样

当怀疑发生食物中毒时，应及时收集可疑中毒源食品或餐具等，同时收集病人的呕吐物、粪便或血液等。

（六）人畜共患病原微生物检验的取样

当怀疑某一动物产品可能带来人畜共患病病原体时，应结合畜禽传染病学的基础知识，采取病原体最集中、最易检出的组织或体液送检验室检验。

四、采样标签的填写或标记

应对采集的样品进行及时、准确的记录和标记，采样人应清晰填写采样单（包括采样人、采样地点、时间、样品名称、来源、批号、数量、保存条件等信息）。样品应尽可能在原有状态下运送到实验室。采样标签记录表如表 4-2 所示。

表 4-2　　　　　　　　采样标签记录表　（引自何国庆）

<u>×××××采样单</u>

样品编号：_____产品名称（产品名称）：_____规格型：_____注册商标：_____

生产厂家：_____通讯地址：_____邮政编码 □□□□□□

受检地点：_____通讯地址：_____邮政编码 □□□□□□

采样地点：_____采样日期：_____采样基数：_____

生产日期：_____批　号：_____

产品依据标准：_____有效成分含量：_____

检验目的：_____检验项目：_____

采样人仔细阅读以下内容，然后签字

我认真负责地填写了该样品采样单，承认以上填写内容的合法性，被该采样单位所证实的样品系按照采样方法取样所得，该样品具有代表性、真实性和公正性。

代表单位（章）	代表单位（章）
签字：	签字：
日期：　年　月　日	日期：　年　月　日
备注：	

五、样品的送检

（1）抽样结束后应尽快将样品送往实验室检验。如不能及时运送，冷冻样品应存放在 -15℃以下冰箱或冷藏库内；冷却和易腐食品存放在 0~4℃ 冰箱或冷却库内；其他食品可放在常温冷暗处。

（2）运送冷冻和易腐食品应在包装容器内加适量的冷却剂或冷冻剂，保证途中样品不升温或不融化，必要时可于途中补加冷却剂或冷冻剂。

（3）如不能由专人携带送样时，也可托运。托运前必须将样品包装好，应能防破损，防冻结或防易腐和冷冻样品升温或融化。在包装上应注明"防碎""易腐""冷藏"等字样。

（4）做好样品运送记录，写明运送条件、日期、到达地点及其他需要说明的情况，并由运送人签字。

（5）样品送检时，必须认真填写申请单，以供检验人员参考。

（6）检验人员接到送检单后，应立即登记，填写序号，并按检验要求放在冰箱或冰盒中积极做好准备工作进行检验。

送检流程见图 4-1。

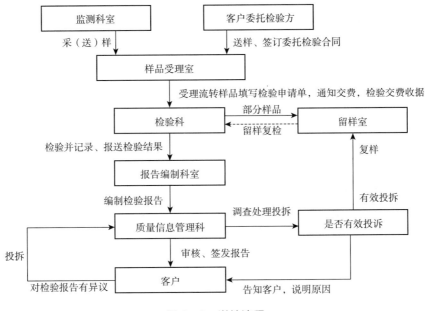

图 4-1　送检流程

第三节　食品样品的检验

一、样品处理

（一）液体样品的处理

1. 瓶装液体样品的处理

用酒精棉球灼烧瓶口灭菌，接着用石炭酸或来苏尔消毒后的纱布盖好，再用灭菌开瓶器将盖打开；对于含有二氧化碳的样品，可倒入 500mL 磨口瓶内，口不要盖紧，且覆盖灭菌纱布，轻轻摇荡，待气体全部逸出后，取样 25mL 检验。

2. 盒装或软装塑料包装样品的处理

将其开口处用75%酒精棉擦拭消毒，用灭菌剪子剪开包装，覆盖上灭菌纱布或浸有消毒液的纱布在剪开部分，直接吸取样品 25mL，或先倒入另一灭菌容器中再取样 25mL。

（二）固体或黏性液体样品的处理

用灭菌容器称取检样 25g，加至预温 45℃的灭菌生理盐水或蒸馏水 225mL 中，摇荡融化尽快检验。从样品稀释到接种培养，一般不超过 15min。

1. 固体食品的处理

固体食品处理相对复杂，常采用捣碎均质法、剪碎振摇法、研磨法及整粒振摇法处理被检样品。

2. 冷冻样品的处理

冷冻样品在检验前要进行解冻，一般在 0~4℃下解冻，时间不能超过 18h；也可在 45℃下解冻，时间不超过 15min。样品解冻后，无菌操作称取样品 25g，置于 225mL 无菌稀释液中，制备成均匀1:10 稀释液。

3. 粉状或颗粒状样品的处理

用灭菌勺或其他适用工具将样品搅拌均匀后，无菌操作称取检样 25g，置于 225mL 灭菌生理盐水中，充分振摇混匀或使用振摇器混匀，制成 1:10 稀释液。

4. 棉拭采样法检样处理

每支棉拭取样后应立即剪断或烧断后放入盛有 50mL 灭菌水的三角瓶或大试管中，立即送检。检验时先充分振摇，吸取瓶或管中液体作为原液，再按要求作 10 倍递增稀释。

二、检验方法的选择

（1）应选择现行有效的国家标准方法。

（2）食品微生物检验方法标准中对同一检验项目有 2 个或 2 个以上定性检验方法时，

应以常规培养方法为基准方法。

（3）食品微生物检验方法标准中对同一检验项目有 2 个或 2 个以上定量检验方法时，应以平板计数法为基准方法。

第四节　检验结果报告与样品的处理

一、检验结果的报告

实验室应按照检验方法中规定的要求，准确、客观地报告每一项检验结果。具体做法如下。

（1）经审核后的报告底稿、样品卡、原始记录上交，打印正式报告两份。

（2）将报告正本交审核人及批准人签名，并在报告书上盖上"检验专用章"和检验机构公章后对外发文。

（3）收文科室或收文人要在检验申请书上收件人一栏签字，以示收到该报告的正式文本。

（4）在报告正式文本发出前，任何有关检验的数据、结果、原始记录都不得外传，否则作为违反保密制度论处。

（5）样品检验完毕后，检验人员应及时填写报告单，签名后送主管人核实签字，加盖单位印章以示生效，并立即交给食品卫生监督人员处理。

二、检验后样品的处理

食品微生物检验通常分为型式检验、例行检验和确认检验。型式检验的依据是产品标准，为了认证目的所进行的型式检验必须依据产品国家标准。一般的型式检验为现场检验，可以是全检，也可以是单项检验。对于批量生产的定型产品，为检查其质量稳定性，往往要进行定期抽样检验（在某些行业称"例行检验"）。例行检验包括工序检验和出厂检验。例行检验允许用经过验证后确定的等效、快速的方法进行。确认检验是为验证产品持续符合标准要求而进行的经例行检验后的合格品中随机取样品依据检验文件进行的检验。

无论是何种检验，处理方法根据具体情况进行选择。

（1）阴性样品　在发出报告后，可及时处理。破坏性的全检，样品在检验后销毁即可。

（2）阳性样品　检出致病菌的样品还要经过无害化处理。一般阳性样品，发出报告 3d（特殊情况可以适当延长）后，方能处理样品。

（3）进口食品的阳性样品　需保存 6 个月，方能处理。

（4）检验结果报告以后，剩余样品或同批样品通常不进行微生物项目的复检。

第五章

食品微生物常规检验方法

第一节 菌落总数测定

一、 实验目的

（1）学习并掌握细菌的分离和活菌计数的基本方法和原理。

（2）了解菌落总数测定在对被检样品进行卫生学评价中的意义。

二、 实验原理

菌落总数是食品检样经过处理，在一定条件下（如培养基、培养温度和培养时间等）培养后，所得每克（毫升）检样中形成的微生物菌落总数。

菌落总数主要作为判别食品被污染程度的标志，也可以应用这一方法观察细菌在食品中繁殖的动态，以便对被检样品进行卫生学评价时提供依据，菌落总数的多少在一定程度上标志着食品卫生质量的优劣。

三、 实验材料

（一） 设备和材料

除微生物实验室常规灭菌及培养设备外，其他设备和材料如下：

（1）恒温培养箱 （36±1）℃，（30±1）℃。

（2）冰箱 2~5℃。

（3）恒温水浴箱 （46±1）℃。

（4）天平 感量0.1g。

（5）均质器。

（6）振荡器。

（7）无菌吸管 1mL（具0.01mL刻度）、10mL（具0.1mL刻度）或微量移液器及吸头。

（8）无菌锥形瓶 容量 250mL 和 500mL。

（9）无菌培养皿 直径 90mm。

（10）pH 计或 pH 比色管或精密 pH 试纸。

（11）放大镜和/或菌落计数器。

（二）培养基和试剂

（1）平板计数琼脂培养基。

（2）磷酸盐缓冲液。

（3）无菌生理盐水。

四、实验方法和步骤

（一）检验程序

菌落总数的检验程序见图 5-1。

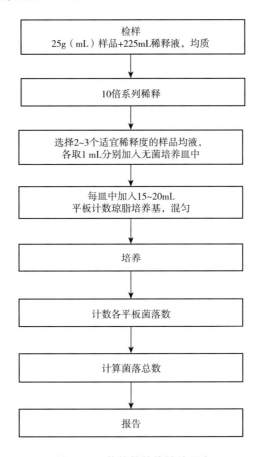

图 5-1 菌落总数的检验程序

（二）操作步骤

1. 样品的稀释

（1）固体和半固体样品　称取 25g 样品置于盛有 225mL 磷酸缓冲液或生理盐水的无菌均质杯内，8000~10000r/min 均质 1~2min，或放入盛有 225mL 稀释液的无菌均质袋中，用拍击式均质器拍打 1~2min，制成 1∶10 的样品匀液。

（2）液体样品　以无菌吸管吸取 25mL 样品置于盛有 225mL 磷酸缓冲液或生理盐水的无菌锥形瓶（瓶内预置适当数量的无菌玻璃珠）中，充分混匀，制成 1∶10 的样品匀液。

（3）用 1mL 无菌吸管或微量移液器吸取 1∶10 样品匀液 1mL，沿管壁缓缓注入 9mL 稀释液的无菌试管中（注意吸管或吸头尖端不要触及稀释液面），振摇试管或换用 1 支 1mL 无菌吸管反复吹打使其混合均匀，制成 1∶100 的样品匀液。

（4）按上述（3）操作程序，制备 10 倍系列稀释样品匀液。每递增稀释 1 次，换用 1 支 1mL 无菌吸管或吸头。

（5）根据对样品污染状况的估计，选择 2~3 个适宜稀释度的样品匀液（液体样品可包括原液），在进行 10 倍递增稀释时，吸取 1mL 样品匀液于无菌平皿内，每个稀释度做两个平皿。同时，分别吸取 1mL 空白稀释液加入两个无菌平皿内作空白对照。

（6）及时将 15~20mL 冷却至 46℃的平板计数琼脂培养基［可放置于（46±1）℃恒温水浴箱中保温］倾注平皿，并转动平皿使其混合均匀。

2. 培养

待琼脂凝固后，将平板翻转，（36±1）℃培养（48±2）h。水产品（30±1）℃培养（72±3）h。

如果样品中可能含有在琼脂培养基表面弥漫生长的菌落时，可在凝固后的琼脂表面覆盖一薄层琼脂培养基（约 4mL），凝固后翻转平板，同上培养。

3. 菌落计数

（1）可用肉眼观察，必要时用放大镜或菌落计数器，记录稀释倍数和相应的菌落数量。菌落计数以菌落形成单位（colong – forming units，cfu）表示。

（2）选取菌落数在 30~300cfu、无蔓延菌落生长的平板计数菌落总数。低于 30cfu 的平板记录具体菌落数，大于 300cfu 的可记录为多不可计。每个稀释度的菌落数应采用两个平板的平均数。

（3）其中一个平板有较大片状菌落生长时，则不宜采用，而应以无片状菌落生长的平板作为该稀释度的菌落数；若片状菌落不到平板的一半，而其余一半中菌落分布又很均匀，即可计算半个平板后乘以 2，代表一个平板菌落数。

（4）当平板上出现菌落间无明显界线的链状生长时，则将每条单链作为一个菌落计数。

五、 结果与报告

（一）实验结果

（1）若只有一个稀释度平板上的菌落数在适宜计数范围内，计算两个平板菌落数的平均值乘以相应的稀释倍数，作为每克（毫升）样品中菌落总数结果。

（2）若有两个连续稀释度的平板菌落数在适宜计数范围内，按式（5－1）计算：

$$N = \frac{\sum C}{(n_1 + 0.1 n_2)d} \qquad (5-1)$$

式中　N——样品中菌落数；

$\sum C$——平板（含适宜范围菌落数的平板）菌落数之和；

n_1——第一稀释度（低稀释度倍数）平板个数；

n_2——第二稀释度（低稀释度倍数）平板个数；

d——稀释因子（第一稀释度）。

（3）若所有稀释度的平板上菌落数均大于300cfu，则对稀释度最高的平板进行计数，其他平板可记录为多不可计，结果按平均菌落数乘以最高稀释倍数计算。

（4）若所有稀释度的平板菌落数均小于30cfu，则应按稀释度最低的平均菌落数乘以稀释倍数计算。

（5）若所有稀释度（包括液体样品原液）平板上均无菌落生长，则以小于1乘以最低稀释倍数计算。

（6）若所有稀释度的平板菌落数均不在30～300cfu，其中一部分小于30cfu或大于300cfu时，则以最接近30cfu或300cfu的平均菌落数乘以稀释倍数计算。

（二）　菌落总数的报告

（1）菌落数小于100cfu时，按"四舍五入"原则修约，以整数报告。

（2）菌落数大于或等于100cfu时，第3位数字采用"四舍五入"原则修约后，取前2位数字，后面用0代替位数；也可用10的指数形式来表示，按"四舍五入"原则修约后，采用两位有效数字。

（3）若所有平板上为蔓延菌落而无法计数，则报告菌落蔓延。

（4）若空白对照上有菌落生长，则此次检验结果无效。

（5）称重取样以 cfu/g 为单位报告，体积取样以 cfu/mL 为单位报告。

第二节　大肠菌群测定

一、　实验目的

（1）学习和掌握大肠菌群的测定方法。

（2）了解测定过程中每一步的反应原理。

二、 实验原理

大肠菌群是一群能在 37℃ 下培养 48h 发酵乳糖产酸、产气的需氧或兼氧革兰染色阴性无芽孢杆菌。以大肠杆菌为主，包括肠杆菌属、柠檬酸杆菌属、埃希菌属和克雷伯菌属等。大肠菌群数可用来判断水源或食品被粪便污染的可能性和程度。因为大肠菌群在肠道和粪便中数量非常高，且与肠道和粪便中的病原菌生活习性相近，抗逆能力稍强，在数量上两者具有一定相关性，且大肠菌群易于培养和检验，所以非常适合用来作为判断样品是否被人、畜粪便污染的标志。

大肠菌群的测定方法一般采用多管发酵法。此法是根据大肠菌群具有发酵乳糖产酸、产气的特性，利用含乳糖的培养基培养不同稀释度的样品，经初发酵、平板分离和复发酵 3 个检验步骤，最后根据结果查最可能数表，计算出食品中的大肠菌群数。

此外，大肠菌群也可采用平板计数法计数。

三、 实验材料

（1）设备和材料

①恒温培养箱　（36 ± 1）℃。

②冰箱　2 ~ 5℃。

③恒温水浴箱　（46 ± 1）℃。

④天平　感量 0.1g。

⑤均质器。

⑥振荡器。

⑦无菌吸管　1mL（具 0.01mL 刻度）、10mL（具 0.1mL 刻度）或微量移液器及吸头。

⑧无菌锥形瓶　容量 500mL。

⑨无菌培养皿　直径 90mm。

⑩pH 计或 pH 比色管或精密 pH 试纸。

⑪菌落计数器。

（2）培养基和试剂

①月桂基硫酸盐胰蛋白胨（lauryl sulfate tryptose，LST）肉汤。

②煌绿乳糖胆盐（brilliant green lactose bile，BGLB）肉汤。

③结晶紫中性红胆盐琼脂（violet red bile agar，VRBA）。

④无菌磷酸盐缓冲液。

⑤无菌生理盐水。

⑥无菌 1mol/L NaOH 溶液。

⑦无菌 1mol/L HCl 溶液。

四、 实验操作过程

(一) 第一法　大肠菌群 MPN 计数法

1. 检验程序

大肠菌群 MPN 计数的检验程序见图 5 - 2。

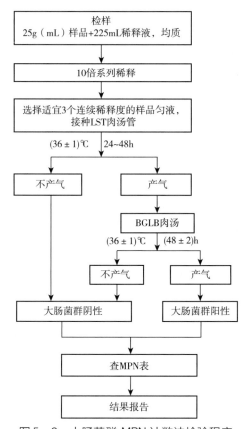

图 5 - 2　大肠菌群 MPN 计数法检验程序

2. 操作步骤

（1）样品的稀释

①固体和半固体样品：称取 25g 样品，放入盛有 225mL 磷酸盐缓冲液或生理盐水的无菌均质杯内，8000 ~ 10000r/min 均质 1 ~ 2min，或放入盛有 225mL 磷酸盐缓冲液或生理盐水的无菌均质袋中，用拍击式均质器拍打 1 ~ 2min，制成 1 : 10 的样品匀液。

②液体样品：以无菌吸管吸取 25mL 样品置于盛有 225mL 磷酸盐缓冲液或生理盐水的无菌锥形瓶（瓶内预置适当数量的无菌玻璃珠）或其他无菌容器中充分振摇或置于机械振荡器中振摇，充分混匀，制成 1 : 10 的样品匀液。

③样品匀液的 pH 在 6.5 ~ 7.5，必要时分别用 1mol/L NaOH 或 1mol/L HCl 调节。

④用 1mL 无菌吸管或微量移液器吸取 1∶10 样品匀液 1mL，沿管壁缓缓注入 9mL 磷酸盐缓冲液或生理盐水的无菌试管中（注意吸管或吸头尖端不要触及稀释液面），振摇试管或换用 1 支 1mL 无菌吸管反复吹打，使其混合均匀，制成 1∶100 的样品匀液。

⑤根据对样品污染状况的估计，按上述操作，依次制成 10 倍递增系列稀释样品匀液。每递增稀释 1 次，换用 1 支 1mL 无菌吸管或吸头。从制备样品匀液至样品接种完毕，全过程不得超过 15min。

（2）初发酵试验　每个样品，选择 3 个适宜的连续稀释度的样品匀液（液体样品可以选择原液），每个稀释度接种 3 管月桂基硫酸盐胰蛋白胨（LST）肉汤，每管接种 1mL（如接种量超过 1mL，则用双料 LST 肉汤），（36±1）℃培养（24±2）h，观察倒管内是否有气泡产生，（24±2）h 产气者进行复发酵试验（证实试验），如未产气则继续培养至（48±2）h，产气者进行复发酵试验。未产气者为大肠菌群阴性。

（3）复发酵试验（证实试验）　用接种环从产气的 LST 肉汤管中分别取培养物 1 环，移种于煌绿乳糖胆盐肉汤（BGLB）管中，（36±1）℃培养（48±2）h，观察产气情况。产气者，计为大肠菌群阳性管。

3. 大肠菌群最可能数（MPN）的报告

按复发酵确证的大肠菌群 BGLB 阳性管数，检索 MPN 表，报告每克（毫升）样品中大肠菌群的 MPN 值。

（二）　第二法　大肠菌群平板计数法

1. 检验程序

大肠菌群平板计数法的检验程序见图 5-3。

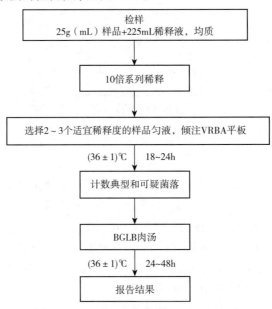

图 5-3　大肠菌群平板计数法检验程序

2. 操作步骤

（1）样品的稀释　同第一法。

（2）平板计数

①选取 2~3 个适宜的连续稀释度，每个稀释度接种 2 个无菌平皿，每皿 1mL。同时取 1mL 生理盐水加入无菌平皿作空白对照。

②及时将 15~20mL 融化并恒温至 46℃的结晶紫中性红胆盐琼脂（VRBA）倾注于每个平皿中。小心旋转平皿，将培养基与样液充分混匀，待琼脂凝固后，再加 3~4mL VRBA 覆盖平板表层。翻转平板，置于（36±1）℃培养 18~24h。

（3）平板菌落数的选择　选取菌落数在 15~150cfu 的平板，分别计数平板上出现的典型和可疑大肠菌群菌落（如菌落直径较典型菌落小）。典型菌落为紫红色，菌落周围有红色的胆盐沉淀环，菌落直径为 0.5mm 或更大，最低稀释度平板低于 15cfu 的记录具体菌落数。

（4）证实试验　从 VRBA 平板上挑取 10 个不同类型的典型和可疑菌落，少于 10 个菌落的挑取全部典型和可疑菌落。分别移种于 BGLB 肉汤管内，（36±1）℃培养 24~48h，观察产气情况。凡 BGLB 肉汤管产气，即可报告为大肠菌群阳性。

（三）　大肠菌群平板计数的报告

经最后证实为大肠菌群阳性的试管比例乘以计数的典型和可疑菌落，再乘以稀释倍数，即为每克（毫升）样品中大肠菌群数。例：10^{-4} 样品稀释液 1mL，在 VRBA 平板上有 100 个典型和可疑菌落，挑取其中 10 个接种 BGLB 肉汤管，证实有 6 个阳性管，则该样品的大肠菌群数为：$100 \times 6/10 \times 10^4/g$（mL）$= 6.0 \times 10^5$ cfu/g（mL）。若所有稀释度（包括液体样品原液）平板均无菌落生长，则以小于 1 乘以最低稀释倍数计算。

第三节　金黄色葡萄球菌检验

一、　实验目的

（1）了解金黄色葡萄球菌检验原理。

（2）掌握金黄色葡萄球菌鉴定要点和检验方法。

二、　实验原理

金黄色葡萄球菌能产生凝固酶，使血浆凝固，多数致病菌株能产生溶血毒素，使血琼脂平板菌落周围出现溶血环，在试管中出现溶血反应，这些是鉴定致病性金黄色葡萄球菌的重要指标。

三、 实验材料

除微生物实验室常规灭菌及培养设备外，其他设备和材料如下。

（一） 设备和材料

（1） 恒温培养箱　　（36±1）℃。

（2） 冰箱　2~5℃。

（3） 恒温水浴箱　36~56℃。

（4） 电子天平　感量0.1g。

（5） 均质器。

（6） 振荡器。

（7） 无菌吸管　1mL（具0.01mL刻度）、10mL（具0.1mL刻度）或微量移液器及吸头。

（8） 无菌锥形瓶　容量100mL，500mL。

（9） 无菌培养皿　直径90mm。

（10） 涂布棒。

（11） pH计或pH比色管或精密pH试纸。

（二） 培养基和试剂

（1） 75g/L氯化钠肉汤。

（2） 血琼脂平板。

（3） Baird-Parker琼脂平板。

（4） 脑心浸出液肉汤（BHI）。

（5） 兔血浆。

（6） 稀释液　磷酸盐缓冲液。

（7） 营养琼脂小斜面。

（8） 无菌生理盐水。

四、 实验操作过程

（一） 第一法　金黄色葡萄球菌定性检验

本法适用于食品中金黄色葡萄球菌的定性检验。

1. 实验方法和步骤

（1） 检验程序　金黄色葡萄球菌定性检验程序见图5-4。

（2） 操作步骤

①样品的处理：称取25g样品至盛有225mL 75g/L氯化钠肉汤的无菌均质杯内，8000~10000r/min均质1~2min，或放入盛有225mL 75g/L氯化钠肉汤的无菌均质袋中，用拍击式均质器拍打1~2min。若样品为液态，吸取25mL样品至盛有225mL 75g/L氯化钠肉汤的无

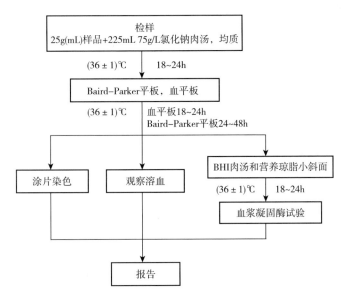

图5－4　金黄色葡萄球菌检验程序

菌锥形瓶（瓶内可预置适当数量的无菌玻璃珠）中，振荡混匀。

②增菌：将上述样品匀液于（36±1）℃培养18~24h。金黄色葡萄球菌在75g/L氯化钠肉汤中呈浑浊生长。

③分离：将增菌后的培养物，分别划线接种到Baird－Parker平板和血平板，血平板（36±1）℃培养18~24h。Baird－Parker平板（36±1）℃培养24~48h。

④初步鉴定：金黄色葡萄球菌在Baird－Parker平板上呈圆形，表面光滑、凸起、湿润，菌落直径为2~3mm，颜色呈灰黑色至黑色，有光泽，常有浅色（非白色）的边缘，周围绕以不透明圈（沉淀），其外常有一清晰带。当用接种针触及菌落时具有黄油样黏稠感。有时可见到不分解脂肪的菌株，除没有不透明圈和清晰带外，其他外观基本相同。在血平板上，形成菌落较大，圆形、光滑凸起、湿润、金黄色（有时为白色），菌落周围可见完全透明溶血圈。挑取上述可疑菌落进行革兰染色镜检及血浆凝固酶试验。

⑤确证鉴定

a. 染色镜检：金黄色葡萄球菌为革兰阳性球菌，排列呈葡萄球状，无芽孢，无荚膜，直径为0.5~1μm。

b. 血浆凝固酶试验：挑取Baird－Parker平板或血平板上至少5个可疑菌落（小于5个全选），分别接种到5mL BHI和营养琼脂小斜面，（36±1）℃培养18~24h。

取新鲜配制兔血浆0.5mL，放入小试管中，再加入BHI培养物0.2~0.3mL，振摇均匀，置（36±1）℃恒温箱或水浴箱内，每半小时观察1次，观察6h，如呈现凝固（即将试管倾斜或倒置时，呈现凝块）或凝固体积大于原体积的一半，被判定为阳性结果。同时以血浆凝固酶试验阳性或阴性葡萄球菌菌株的肉汤培养物作为对照。也可用商品化的试剂，按说明书操作，进行血浆凝固酶试验。

结果如可疑，挑取营养琼脂小斜面的菌落到 5mL BHI，（36±1）℃培养 18~48h，重复试验。

2. 结果与报告

（1）结果判定　初步鉴定和确证鉴定的菌株，可判定为金黄色葡萄球菌。

（2）结果报告　在 25g（mL）样品中检出或未检出金黄色葡萄球菌。

（二）第二法　金黄色葡萄球菌平板计数法

本法适用于金黄色葡萄球菌含量较高的食品中金黄色葡萄球菌的计数。

1. 实验方法和步骤

（1）检验程序　金黄色葡萄球菌平板计数法检验程序见图 5-5。

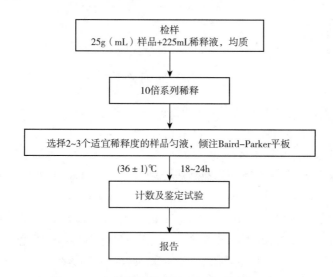

图 5-5　金黄色葡萄球菌平板计数法检验程序

（2）操作步骤

①样品的稀释

a. 固体和半固体样品：称取 25g 样品置于盛有 225mL 磷酸盐缓冲液或生理盐水的无菌均质杯内，8000~10000r/min 均质 1~2min，或置于盛有 225mL 稀释液的无菌均质袋中，用拍击式均质器拍打 1~2min，制成 1:10 的样品匀液。

b. 液体样品：以无菌吸管吸取 25mL 样品置于盛有 225mL 磷酸盐缓冲液或生理盐水的无菌锥形瓶（瓶内预置适当数量的无菌玻璃珠）中，充分混匀，制成 1:10 的样品匀液。

c. 用 1mL 无菌吸管或微量移液器吸取 1:10 样品匀液 1mL，沿管壁缓慢注于盛有 9mL 磷酸盐缓冲液或生理盐水的无菌试管中（注意吸管或吸头尖端不要触及稀释液面），振摇试管或换用 1 支 1mL 无菌吸管反复吹打使其混合均匀，制成 1:100 的样品匀液。

d. 按 c. 操作程序，制备 10 倍系列稀释样品匀液。每递增稀释 1 次，换用 1 次 1mL 无菌吸管或吸头。

②样品的接种：根据对样品污染状况的估计，选择 2 ~ 3 个适宜稀释度的样品匀液（液体样品可包括原液），在进行 10 倍递增稀释的同时，每个稀释度分别吸取 1mL 样品匀液以 0.3、0.3、0.4mL 接种量分别加入三块 Baird – Parker 平板，然后用无菌涂布棒涂布整个平板，注意不要触及平板边缘。使用前，如 Baird – Parker 平板表面有水珠，可放在 25 ~ 50℃ 的培养箱里干燥，直到平板表面的水珠消失。

③培养：在通常情况下，涂布后，将平板静置 10min，如样液不易吸收，可将平板放在培养箱（36 ± 1）℃ 培养 1h；等样品匀液吸收后翻转平板，倒置后于（36 ± 1）℃ 培养 24 ~ 48h。

④典型菌落计数和确认

a. 金黄色葡萄球菌在 Baird – Parker 平板上呈圆形，表面光滑、凸起、湿润，菌落直径为 2 ~ 3mm，颜色呈灰黑色至黑色，有光泽，常有浅色（非白色）的边缘，周围绕以不透明圈（沉淀），其外常有一清晰带。当用接种针触及菌落时具有黄油样黏稠感。有时可见到不分解脂肪的菌株，除没有不透明圈和清晰带外，其他外观基本相同。从长期贮存的冷冻或脱水食品中分离的菌落，其黑色常较典型菌落浅些，且外观可能较粗糙，质地较干燥。

b. 选择有典型的金黄色葡萄球菌菌落的平板，且同一稀释度 3 个平板所有菌落数合计在 20 ~ 200cfu 的平板，计数典型菌落数。

c. 从典型菌落中至少选 5 个可疑菌落（小于 5 个全选）进行鉴定试验。分别做染色镜检、血浆凝固酶试验（同第一法）；同时划线接种到血平板，（36 ± 1）℃ 培养 18 ~ 24h 后观察菌落形态，金黄色葡萄球菌菌落较大，圆形、光滑凸起、湿润、金黄色（有时为白色），菌落周围可见完全透明溶血圈。

2. 结果计算

①若只有一个稀释度平板的典型菌落数在 20 ~ 200cfu，计数该稀释度平板上的典型菌落，按式（5 – 2）计算。

②若最低稀释度平板的典型菌落数小于 20cfu，计数该稀释度平板上的典型菌落，按式（5 – 2）计算。

③若某一稀释度平板的典型菌落数大于 200cfu，但下一稀释度平板上没有典型菌落，计数该稀释度平板上的典型菌落，按式（5 – 2）计算。

④若某一稀释度平板的典型菌落数大于 200cfu，而下一稀释度平板上虽有典型菌落但不在 20 ~ 200cfu 范围内，应计数该稀释度平板上的典型菌落，按式（5 – 2）计算。

⑤若 2 个连续稀释度的平板典型菌落数均在 20 ~ 200cfu，按式（5 – 3）计算。

⑥计算公式

$$T = \frac{AB}{Cd} \tag{5 – 2}$$

式中　T——样品中金黄色葡萄球菌菌落数；

  A——某一稀释度典型菌落的总数；

  B——某一稀释度鉴定为阳性的菌落数；

  C——某一稀释度用于鉴定试验的菌落数；

  d——稀释因子。

$$T = \frac{A_1 B_1 / C_1 + A_2 B_2 / C_2}{1.1d} \tag{5-3}$$

式中 T——样品中金黄色葡萄球菌菌落数；

  A_1——第一稀释度（低稀释倍数）典型菌落的总数；

  B_1——第一稀释度（低稀释倍数）鉴定为阳性的菌落数；

  C_1——第一稀释度（低稀释倍数）用于鉴定试验的菌落数；

  A_2——第二稀释度（高稀释倍数）典型菌落的总数；

  B_2——第二稀释度（高稀释倍数）鉴定为阳性的菌落数；

  C_2——第二稀释度（高稀释倍数）用于鉴定试验的菌落数；

1.1——计算系数；

  d——稀释因子（第一稀释度）。

2. 结果与报告

根据上面公式计算结果，报告每克（毫升）样品中金黄色葡萄球菌数，以 cfu/g 或（cfu/mL）表示；如 T 值为 0，则以小于 1 乘以最低稀释倍数报告。

（三）第三法　金黄色葡萄球菌 MPN 计数

本法适用于金黄色葡萄球菌含量较低的食品中金黄色葡萄球菌的计数。

1. 实验方法和步骤

金黄色葡萄球菌 MPN 计数检验程序见图 5-6。

2. 操作步骤

（1）样品的稀释　同第二法。

（2）接种和培养

①根据对样品污染状况的估计，选择 3 个适宜稀释度的样品匀液（液体样品可包括原液），在进行 10 倍递增稀释的同时，每个稀释度分别接种 1mL 样品匀液至 75g/L 氯化钠肉汤管（如接种量超过 1mL，则用双料 75g/L 氯化钠肉汤），每个稀释度接种 3 管，将上述接种物（36±1）℃培养 18~24h。

②用接种环从培养后的 75g/L 氯化钠肉汤管中分别取培养物 1 环，移种于 Baird-Parker 平板（36±1）℃培养 24~48h。

（3）典型菌落确认　同第二法。

2. 结果与报告

根据证实为金黄色葡萄球菌阳性的试管管数，查 MPN 检索表，报告每克（毫升）样品中金黄色葡萄球菌的最可能数，以 MPN/g（mL）表示。

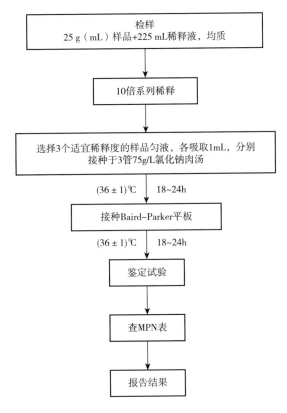

图 5-6 金黄色葡萄球菌 MPN 法检验程序

第四节 沙门菌检验

一、 实验目的

(1) 理解沙门菌属生化反应及其原理。

(2) 掌握沙门菌属的系统检验方法及血清因子使用方法。

二、 实验原理

食品中沙门菌的检验方法有 5 个基本步骤：①前增菌；②选择性增菌；③选择性平板分离沙门菌；④生化试验，鉴定到属；⑤血清学分型鉴定。通过沙门菌在特定培养基的菌落形态、特定的生化试验特性及血清学试验来确定食品中是否含有沙门菌。

三、　实验材料

（一）　设备和材料

除微生物实验室常规灭菌及培养设备外，其他设备和材料如下。

（1）冰箱　2～5℃。

（2）恒温培养箱　（36±1）℃，（42±1）℃。

（3）均质器。

（4）振荡器。

（5）电子天平　感量0.1g。

（6）无菌锥形瓶　容量500mL，250mL。

（7）无菌吸管　1mL（具0.01mL刻度）、10mL（具0.1mL刻度）或微量移液器及吸头。

（8）无菌培养皿　直径60mm，90mm。

（9）无菌试管　3mm×50mm，10mm×75mm。

（10）pH计或pH比色管或精密pH试纸。

（11）全自动微生物生化鉴定系统。

（12）无菌毛细管。

（二）　培养基和试剂

（1）缓冲蛋白胨水（BPW）。

（2）四硫磺酸钠煌绿（TTB）增菌液。

（3）亚硒酸盐胱氨酸（SC）增菌液。

（4）亚硫酸铋（BS）琼脂。

（5）HE琼脂。

（6）木糖赖氨酸脱氧胆盐（XLD）琼脂。

（7）沙门菌属显色培养基。

（8）三糖铁（TSI）琼脂。

（9）蛋白胨水、靛基质试剂。

（10）尿素琼脂（pH7.2）。

（11）氰化钾（KCN）培养基。

（12）赖氨酸脱羧酶试验培养基。

（13）糖发酵管。

（14）邻硝基酚 β-D-半乳糖苷（ONPG）培养基。

（15）半固体琼脂。

（16）丙二酸钠培养基。

（17）沙门菌O、H和Vi诊断血清。

（18）生化鉴定试剂盒。

四、 实验方法和步骤

（一） 检验程序

沙门菌检验程序见图 5 - 7。

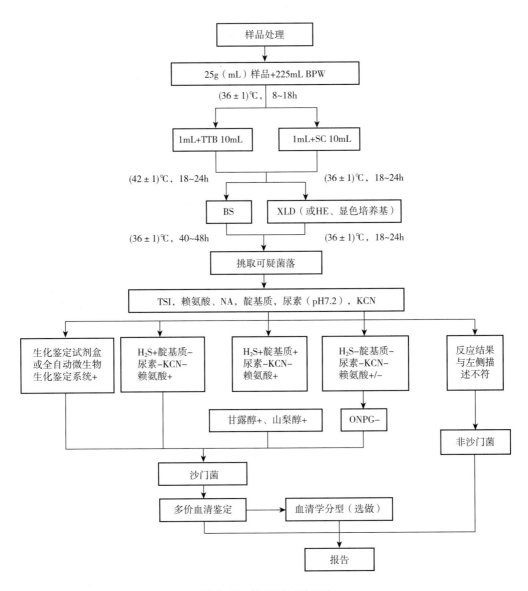

图 5 -7　沙门菌检验程序

（二）操作步骤

1. 预增菌

无菌操作称取 25g（mL）样品，置于盛有 225mL BPW 的无菌均质杯或合适容器内，以 8000~10000r/min 均质 1~2min，或置于盛有 225mL BPW 的无菌均质袋中，用拍击式均质器拍打 1~2min。若样品为液态，不需要均质，振荡混匀。如需调整 pH，用 1mol/mL 无菌 NaOH 或 HCl 调 pH 至 6.8 ± 0.2。无菌操作将样品转至 500mL 锥形瓶或其他合适容器内（如均质杯本身具有无孔盖，可不转移样品），如使用均质袋，可直接进行培养，于（36 ± 1）℃ 培养 8~18h。

如为冷冻产品，应在 45℃以下不超过 15min，或 2~5℃不超过 18h 解冻。

2. 增菌

轻轻摇动培养过的样品混合物，移取 1mL，转种于 10mLTTB 内，于（42 ± 1）℃ 培养 18~24h。同时，另取 1mL，转种于 10mL SC 内，于（36 ± 1）℃ 培养 18~24h。

3. 分离

分别用直径 3mm 的接种环取增菌液 1 环，划线接种于一个 BS 琼脂平板和一个 XLD 琼脂平板（或 HE 琼脂平板或沙门菌属显色培养基平板），于（36 ± 1）℃ 分别培养 40~48h（BS 琼脂平板）或 18~24h（XLD 琼脂平板、HE 琼脂平板、沙门菌属显色培养基平板），观察各个平板上生长的菌落，各个平板上的菌落特征见表 5-1。

表 5-1　　　　　　　　　　沙门菌属在不同选择性琼脂平板上的菌落特征

选择性琼脂平板	沙门菌
BS 琼脂	菌落为黑色有金属光泽、棕褐色或灰色，菌落周围培养基可呈黑色或棕色；有些菌株形成灰绿色的菌落，周围培养基不变
HE 琼脂	蓝绿色或蓝色，多数菌落中心黑色或几乎全黑色；有些菌株为黄色，中心黑色或几乎全黑色
XLD 琼脂	菌落呈粉红色，带或不带黑色中心，有些菌株可呈现大的带光泽的黑色中心，或呈现全部黑色的菌落；有些菌株为黄色菌落，带或不带黑色中心
沙门菌属显色培养基	按照显色培养基的说明进行判定

4. 生化试验

（1）自选择性琼脂平板上分别挑取 2 个以上典型或可疑菌落，接种三糖铁琼脂，先在斜面划线，再于底层穿刺；接种针不要灭菌，直接接种赖氨酸脱羧酶试验培养基和营养琼脂平板，于（36 ± 1）℃ 培养 18~24h，必要时可延长至 48h。在三糖铁琼脂和赖氨酸脱羧酶试验培养基内，沙门菌属的反应结果见表 5-2。

表5-2　　　沙门菌属在三糖铁琼脂和赖氨酸脱羧酶试验培养基内的反应结果

三糖铁琼脂				赖氨酸脱羧酶试验培养基	初步判断
斜面	底层	产气	硫化氢		
K	A	+ （-）	+ （-）	+	可疑沙门菌属
K	A	+ （-）	+ （-）	-	可疑沙门菌属
A	A	+ （-）	+ （-）	+	可疑沙门菌属
A	A	+／-	+／-	-	非沙门菌
K	K	+／-	+／-	+／-	非沙门菌

注：K表示产碱，A表示产酸；+表示阳性，-表示阴性；+（-）表示多数阳性，少数阴性；+／-表示阳性或阴性。

（2）接种三糖铁琼脂和赖氨酸脱羧酶试验培养基的同时，可直接接种蛋白胨水（供做靛基质试验）、尿素琼脂（pH 7.2）、氰化钾（KCN）培养基，也可在初步判断结果后从营养琼脂平板上挑取可疑菌落接种。于（36±1）℃培养18~24h，必要时可延长至48h，按表5-3判定结果。将已挑菌落的平板贮存于2~5℃或室温至少保留24h，以备必要时复查。

表5-3　　　　　　　　沙门菌属生化反应初步鉴定表

反应序号	硫化氢（H₂S）	靛基质	pH 7.2 尿素	氰化钾（KCN）	赖氨酸脱羧酶
A1	+	-	-	-	+
A2	+	+	-	-	+
A3	-	-	-	-	+／-

注：+表示阳性；-表示阴性；+／-表示阳性或阴性。

①反应序号A1：典型反应判定为沙门菌属。如尿素、KCN和赖氨酸脱羧酶3项中有1项异常，按表5-4可判定为沙门菌。如有2项异常为非沙门菌。

表5-4　　　　　　　　沙门菌属生化反应初步鉴定表

pH 7.2 尿素	氰化钾（KCN）	赖氨酸脱羧酶	判定结果
-	-	-	甲型副伤寒沙门菌（要求血清学鉴定结果）
-	+	+	沙门菌Ⅳ或Ⅴ（要求符合本群生化特性）
+	-	+	沙门菌个别变体（要求血清学鉴定结果）

注：+表示阳性；-表示阴性。

②反应序号A2：补做甘露醇和山梨醇试验，沙门菌靛基质阳性变体两项试验结果均为阳性，但需要结合血清学鉴定结果进行判定。

③反应序号 A3：补做 ONPG。ONPG 阴性为沙门菌，同时赖氨酸脱羧酶阳性，甲型副伤寒沙门菌为赖氨酸脱羧酶阴性。

④必要时按表 5 – 5 进行沙门菌生化群的鉴别。

表 5 –5　　　　　　　　　　沙门菌属各生化群的鉴定

项目	I	II	III	IV	V	VI
卫矛醇	+	+	–	–	+	–
山梨醇	+	+	+	+	+	+
水杨苷	–	–	–	+	–	–
ONPG	–	–	+	–	+	–
丙二酸盐	–	+	+	–	–	–
KCN	–	–	–	+	+	–

注：+ 表示阳性；– 表示阴性。

（3）如选择生化鉴定试剂盒或全自动微生物生化鉴定系统，可根据前文［4. 生化试验，步骤（1）］的初步判断结果，从营养琼脂平板上挑取可疑菌落，用生理盐水制备成浊度适当的菌悬液，使用生化鉴定试剂盒或全自动微生物生化鉴定系统进行鉴定。

5. 血清学鉴定

（1）检查培养物有无自凝性　一般采用 1.2% ~1.5% 琼脂培养物作为玻片凝集试验用的抗原。首先排除自凝集反应，在洁净的玻片上滴加一滴生理盐水，将待试培养物混合于生理盐水滴内，使成为均一性的混浊悬液。将玻片轻轻摇动 30 ~60s，在黑色背景下观察反应（必要时用放大镜观察），若出现可见的菌体凝集，即认为有自凝性，反之无自凝性。对无自凝的培养物参照下面方法进行血清学鉴定。

（2）多价菌体抗原（O）鉴定　在玻片上划出 2 个约 1cm×2cm 的区域，挑取 1 环待测菌，各放 1/2 环于玻片上的每一区域上部，在其中一个区域下部加 1 滴多价菌体（O）抗血清，在另一区域下部加入 1 滴生理盐水，作为对照。再用无菌的接种环或针分别将两个区域内的菌苔研磨成乳状液。将玻片倾斜摇动混合 1min，并对着黑暗背景进行观察，任何程度的凝集现象皆为阳性反应。O 血清不凝集时，将菌株接种在琼脂量较高的（如 20 ~30g/L）培养基上再检查；如果是由于 Vi 抗原的存在而阻止了 O 凝集反应时，可挑取菌苔于 1mL 生理盐水中做成浓菌液，于酒精灯火焰上煮沸后再检查。

（3）多价鞭毛抗原（H）鉴定　操作同前文［5. 血清学鉴定，步骤（2）］。H 抗原发育不良时，将菌株接种在 5.5 ~6.5g/L 半固体琼脂平板的中央，待菌落蔓延生长时，在其边缘部分取菌检查；或将菌株通过接种装有 3 ~4g/L 半固体琼脂的小玻管 1 ~2 次，自远端取菌培养后再检查。

五、 结果与报告

综合以上生化试验和血清学鉴定的结果，报告 25g（mL）样品中检出或未检出沙门菌。

第五节 致泻大肠埃希菌检验

一、 实验目的

致泻大肠埃希菌（Diarrheagenic *Escherichia coli*，DEC）是一类能引起人体以腹泻症状为主的大肠埃希菌，可经过污染食物引起人类发病。

常见的致病性大肠埃希菌主要包括肠道致病性大肠埃希菌（Enteropathogenic *Escherichia coli*，EPEC）、肠道侵袭性大肠埃希菌（Enteroinvasive *Escherichia coli*，EIEC）、产肠毒素大肠埃希菌（Enterotoxigenic *Escherichia coli*，ETEC）、产志贺毒素大肠埃希菌（Shiga toxin - producing *Escherichia coli*，STEC）、肠道出血性大肠埃希菌（Enterohemorrhagic *Escherichia coli*，EHEC）、肠道集聚性大肠埃希菌（Enteroaggregative *Escherichia coli*，EAEC）。

本实验目的是使学生掌握致泻性大肠埃希菌的检验步骤，特别是在形态学观察和生化实验后，通过 PCR 方法确认及血清学抗原鉴定，全面了解致病菌检验方法。

二、 实验原理

EPEC 是能够引起宿主肠黏膜上皮细胞黏附及擦拭性损伤，且不产生志贺毒素的大肠埃希菌。该菌是婴幼儿腹泻的主要病原菌，有高度传染性，严重者可致死。

EIEC 是能够侵入肠道上皮细胞而引起痢疾样腹泻的大肠埃希菌。该菌无动力、不发生赖氨酸脱羧反应、不发酵乳糖，生化反应和抗原结构均近似痢疾志贺菌。侵入上皮细胞的关键基因是侵袭性质粒上的抗原编码基因及其调控基因，如 *ipaH* 基因、*ipaR* 基因（又称为 *invE* 基因）。

ETEC 是能够分泌热稳定性肠毒素或/和热不稳定性肠毒素的大肠埃希菌。该菌可引起婴幼儿和旅游者腹泻，一般呈轻度水样腹泻，也可呈严重的霍乱样症状，低热或不发热。腹泻常为自限性，一般 2~3d 即自愈。

STEC 是能够分泌志贺毒素、引起宿主肠黏膜上皮细胞黏附及擦拭性损伤的大肠埃希菌。有些产志贺毒素大肠埃希菌在临床上引起人类出血性结肠炎（HC）或血性腹泻，并可进一步发展为溶血性尿毒综合征（HUS），这类产志贺毒素大肠埃希菌为肠道出血性大肠埃希菌。

EAEC 不侵入肠道上皮细胞，但能引起肠道液体蓄积。不产生热稳定性肠毒素或热不稳定性肠毒素，也不产生志贺毒素。唯一特征是能对 Hep – 2 细胞形成集聚性黏附，也称 Hep – 2 细胞黏附性大肠埃希菌。

初步使用筛选培养基和生理生化特征初筛目标菌种。而后依据五种致泻性大肠杆菌（EPEC、EIEC、ETEC、STEC、EAEC）共含有 13 种特征基因和一种共有基因 *uidA*（见表 5 – 6），设计特异引物。与样本中基因组的相应靶位点特异性结合，PCR 反应后，不同类型的样本产生不同的扩增片段，从而达到对五种致泻性大肠杆菌快速分型检验的目的。

三、 实验材料

（一） 设备和材料

（1）恒温培养箱 （36 ± 1）℃，（42 ± 1）℃。

（2）冰箱 2 ~ 5℃。

（3）恒温水浴箱 （50 ± 1）℃，100℃或适配 1.5mL 或 2.0mL 金属浴（95 ~ 100℃）。

（4）电子天平 感量为 0.1g 和 0.01g。

（5）显微镜 10 ~ 100 倍。

（6）均质器。

（7）振荡器。

（8）无菌吸管 1mL（具 0.01mL 刻度），10mL（具 0.1mL 刻度）或微量移液器及吸头。

（9）无菌均质杯或无菌均质袋 容量 500mL。

（10）无菌培养皿 直径 90mm。

（11）pH 计或精密 pH 试纸。

（12）微量离心管 1.5mL 或 2.0mL。

（13）接种环 1μL。

（14）低温高速离心机 转速 ≥13000r/min，控温 4 ~ 8℃。

（15）微生物鉴定系统。

（16）PCR 仪。

（17）微量移液器及吸头 0.5 ~ 2，2 ~ 20，20 ~ 200，200 ~ 1000μL。

（18）水平电泳仪 包括电源、电泳槽、制胶槽（长度 > 10cm）和梳子。

（19）8 联排管和 8 联排盖（平盖/凸盖）。

（20）凝胶成像仪。

（二） 培养基和试剂

（1）营养肉汤。

（2）肠道菌增菌肉汤。

（3）麦康凯琼脂（MAC）。

（4）伊红美蓝琼脂（EMB）。

（5）三糖铁（TSI）琼脂。

（6）蛋白胨水、靛基质试剂。

（7）半固体琼脂。

（8）尿素琼脂（pH 7.2）。

（9）氰化钾（KCN）培养基。

（10）氧化酶试剂。

（11）BHI 肉汤。

（12）福尔马林（含 38% ~40% 甲醛）。

（13）鉴定试剂盒。

（14）大肠埃希菌诊断血清。

（15）灭菌去离子水。

（16）8.5g/L 灭菌生理盐水。

（17）TE（pH 8.0）。

（18）10 × PCR 反应缓冲液。

（19）25mmol/L $MgCl_2$。

（20）dNTPs　dATP、dTTP、dGTP、dCTP 每种浓度为 2.5mmol/L。

（21）5U/LTaq 酶。

（22）引物。

（23）50 × TAE 电泳缓冲液。

（24）琼脂糖。

（25）溴化乙锭（EB）或其他核酸染料。

（26）6 × 上样缓冲液。

（27）Marker　分子质量包含 100，200，300，400，500，600，700，800，900，1000，1500bp 条带。

（28）致泻大肠埃希菌 PCR 试剂盒。

四、　实验方法与步骤

（一）　检验程序
致泻大肠埃希菌检验程序如图 5-8 所示。

（二）　操作步骤

1. 样品制备

（1）固态或半固态样品　固态或半固态样品，以无菌操作称取检样 25g，加入装有 225mL 营养肉汤的均质杯中，用旋转刀片式均质器以 8000 ~10000r/min 均质 1 ~2min；或加入装有 225mL 营养肉汤的均质袋中，用拍击式均质器均质 1 ~2min。

（2）液态样品　以无菌操作量取检样 25mL，加入装有 225mL 营养肉汤的无菌锥形瓶

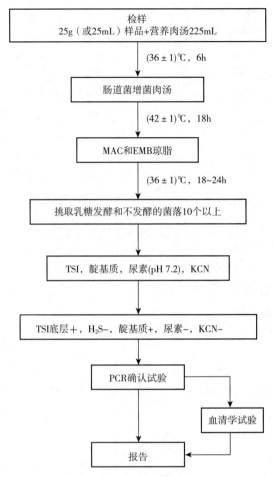

图 5-8 致泻大肠埃希菌检验程序

（瓶内可预置适当数量的无菌玻璃珠），振荡混匀。

2. 增菌

将上述制备的样品匀液于（36±1）℃培养6h。取10μL，接种于30mL肠道菌增菌肉汤管内，于（42±1）℃培养18h。

3. 分离

将增菌液划线接种 MAC 和 EMB 琼脂平板，于（36±1）℃培养 18～24h，观察菌落特征。在 MAC 琼脂平板上，分解乳糖的典型菌落为砖红色至桃红色，不分解乳糖的菌落为无色或淡粉色；在 EMB 琼脂平板上，分解乳糖的典型菌落为中心紫黑色、带或不带金属光泽，不分解乳糖的菌落为无色或淡粉色。

4. 生化试验

（1）选取平板上可疑菌落 10～20 个（10 个以下全选），应挑取乳糖发酵，以及乳糖不发酵和迟缓发酵的菌落，分别接种 TSI 斜面。同时将这些培养物分别接种蛋白胨水、尿素琼脂（pH 7.2）和 KCN 肉汤。于（36±1）℃培养 18～24h。

（2）TSI 斜面产酸或不产酸，底层产酸，靛基质阳性，H_2S 阴性和尿素酶阴性的培养物为大肠埃希菌。TSI 斜面底层不产酸，或 H_2S、KCN、尿素有任一项为阳性的培养物，均非大肠埃希菌。必要时做革兰染色和氧化酶试验。大肠埃希菌为革兰阴性杆菌，氧化酶阴性。

（3）如选择生化鉴定试剂盒或微生物鉴定系统，可从营养琼脂平板上挑取经纯化的可疑菌落，用无菌稀释液制备成浊度适当的菌悬液，使用生化鉴定试剂盒或微生物鉴定系统进行鉴定。

5. PCR 确认试验

（1）取生化反应符合大肠埃希菌特征的菌落进行 PCR 确认试验。

（2）使用 1μL 接种环刮取营养琼脂平板或斜面上培养 18～24h 的菌落，悬浮在 200μL 8.5g/L 灭菌生理盐水中，充分打散制成菌悬液，于 13000r/min 离心 3min，弃掉上清液。加入 1mL 灭菌去离子水充分混匀菌体，于 100℃ 水浴或者金属浴维持 10min；冰浴冷却后，13000r/min 离心 3min，收集上清液；按 1∶10 的比例用灭菌去离子水稀释上清液，取 2μL 作为 PCR 检验的模板；所有处理后的 DNA 模板直接用于 PCR 反应或暂存于 4℃ 并当天进行 PCR 反应；否则，应在 −20℃ 以下保存备用（1 周内）。也可用细菌基因组提取试剂盒提取细菌 DNA，操作方法按照细菌基因组提取试剂盒说明书进行。

（3）每次 PCR 反应使用 EPEC、EIEC、ETEC、STEC/EHEC、EAEC 标准菌株作为阳性对照。同时，使用大肠埃希菌 ATCC 25922 或等效标准菌株作为阴性对照，以灭菌去离子水作为空白对照，控制 PCR 体系污染。致泻大肠埃希菌特征性基因见表 5-6。

表 5-6　　　　　　　　　　五种致泻大肠埃希菌特征基因

致泻大肠埃希菌类别	特征性基因	共有基因
EPEC	*escV* 或 *eae*、*bfpB*	
STEC/EHEC	*escV* 或 *eae*、*stx1*、*stx2*	
EIEC	*invE* 或 *ipaH*、	*uidA*
ETEC	*lt*、*stp*、*sth*	
EAEC	*astA*、*aggR*、*pic*	

（4）PCR 反应体系配制　每个样品初筛需配置 12 个 PCR 扩增反应体系，对应检验 12 个目标基因，具体操作如下：使用 TE 溶液（pH 8.0）将合成的引物干粉稀释成 100μmol/L 储备液。根据表 5-7 中每种目标基因对应 PCR 体系内引物的终浓度，使用灭菌去离子水配制 12 种目标基因扩增所需的 10× 引物工作液（以 *uidA* 基因为例，如表 5-8）。将 10× 引物工作液、10× PCR 反应缓冲液、25mmol/L $MgCl_2$、2.5mmol/L dNTPs、灭菌去离子水从 −20℃ 冰箱中取出，融化并平衡至室温，使用前混匀；5U/μL Taq 酶在加样前从 −20℃ 冰箱中取出。每个样品按照表 5-9 的加液量配制 12 个 25μL 反应体系，分别使用 12 种目标

基因对应的 10 × 引物工作液。

表 5 - 7   五种致泻大肠埃希菌目标基因引物序列及每个 PCR 体系内的终浓度[c]

引物名称	引物序列	菌株编号及对应 Genbank 编码	引物所在位置	终浓度 /(μmol/L)	PCR 产物长度/bp
uidA – F	5′ – ATG CCA GTC CAG CGT TTT TGC – 3′	*Escherichia coli* DH1Ec169 (accession no. CP012127. 1)	1673870 – 1673890	0. 2	1 487
uidA – R	5′ – AAA GTG TGG GTC AAT AAT CAG GAA GTG – 3′		1675356 – 1675330	0. 2	
escV – F	5′ – ATT CTG GCT CTC TTC TTC TTT ATG GCT G – 3′	*Escherichia coli* E2348/69 (accession no. FM180568. 1)	4122765 – 4122738	0. 4	544
escV – R	5′ – CGT CCC CTT TTA CAA ACT TCA TCG C – 3′		4122222 – 4122246	0. 4	
eae – F[a]	5′ – ATT ACC ATC CAC ACA GAC GGT – 3′	EHEC (accession no. Z11541. 1)	2651 – 2671	0. 2	397
eae – R[a]	5′ – ACA GCG TGG TTG GAT CAA CCT – 3′		3047 – 3027	0. 2	
bfpB – F	5′ – GAC ACC TCA TTG CTG AAG TCG – 3′	*Escherichia coli* E2348/69 (accession no. FM180569. 1)	3796 – 3816	0. 1	910
bfpB – R	5′ – CCA GAA CAC CTC CGT TATGC – 3′		4702 – 4683	0. 1	
*stx*1 – F	5′ – CGA TGT TAC GGT TTG TTA CTG TGA CAG C – 3′	*Escherichia coli* EDL933 (accession no. AE005174. 2)	2996445 – 2996418	0. 2	244
*stx*1 – R	5′ – AAT GCC ACG CTT CCC AGA ATT G – 3′		2996202 – 2996223	0. 2	
*stx*2 – F	5′ – GTT TTG ACC ATC TTC GTC TGA TTA TTG AG – 3′	*Escherichia coli* EDL933 (accession no. AE005174. 2)	1352543 – 1352571	0. 4	324
*stx*2 – R	5′ – AGC GTA AGG CTT CTG CTG TGA C – 3′		1352866 – 1352845	0. 4	

续表

引物名称	引物序列	菌株编号及对应 Genbank 编码	引物所在位置	终浓度 /(μmol/L)	PCR 产物长度/bp
lt – F	5′ – GAA CAG GAG GTT TCT GCG TTA GGT G – 3′	Escherichia coli E24377A (accession no. CP000795. 1)	17030 – 17054	0.1	655
lt – R	5′ – CTT TCA ATG GCT TTT TTT TGG GAG TC – 3′		17684 – 17659	0.1	
stp – F	5′ – CCT CTT TTA GYC AGA CAR CTG AAT CAS TTG – 3′	Escherichia coli EC2173 (accession no. AJ555214. 1) ///Escherichia coli F7682 (accession no. AY342057. 1)	1979 – 1950///14 – 43	0.4	157
stp – R	5′ – CAG GCA GGA TTA CAA CAA AGT TCA CAG – 3′		1823 – 1849/// 170 – 144	0.4	
sth – F	5′ – TGT CTT TTT CAC CTT TCG CTC – 3′	Escherichia coli E24377A (accession no. CP000795. 1)	11389 – 11409	0.2	171
sth – R	5′ – CGG TAC AAG CAG GAT TAC AAC AC – 3′		11559 – 11537	0.2	
invE – F	5′ – CGA TAG ATG GCG AGA AAT TAT ATC CCG – 3′	Escherichia coli serotype O164 (accession no. AF283289. 1)	921 – 895	0.2	766
invE – R	5′ – CGA TCA AGA ATC CCT AAC AGA AGA ATC AC – 3′		156 – 184	0.2	
ipaH – F[b]	5′ – TTG ACC GCC TTT CCG ATA CC – 3′	Escherichia coli 53638 (accession no. CP001064. 1)	11471 – 11490	0.1	647
ipaH – R[b]	5′ – ATC CGC ATC ACC GCT CAG AC – 3′		12117 – 12098	0.1	
aggR – F	5′ – ACG CAG AGT TGC CTG ATA AAG – 3′	Escherichia coli enteroaggregative 17 – 2 (accession no. Z18751. 1)	59 – 79	0.2	400
aggR – R	5′ – AAT ACA GAA TCG TCA GCA TCA GC – 3′		458 – 436	0.2	

续表

引物名称	引物序列	菌株编号及对应Genbank 编码	引物所在位置	终浓度/(μmol/L)	PCR 产物长度/bp
pic – F	5′ – AGC CGT TTC CGC AGA AGC C – 3′	*Escherichia coli* 042（accession no. AF097644.1）	3700 – 3682	0.2	1111
pic – R	5′ – AAA TGT CAG TGA ACC GAC GAT TGG – 3′		2590 – 2613	0.2	
astA – F	5′ – TGC CAT CAA CAC AGT ATA TCC G – 3′	*Escherichia coli* ECOR 33（accession no. AF161001.1）	2 – 23	0.4	102
astA – R	5′ – ACG GCT TTG TAG TCC TTC CAT – 3′		103 – 83	0.4	
16S rDNA – F	5′ – GGA GGC AGC AGT GGG AAT A – 3′	*Escherichia coli* strain ST2747（accession no. CP007394.1）	149585 – 149603	0.25	1062
16S rDNA – R	5′ – TGA CGG GCG GTG TGT ACA AG – 3′		150645 – 150626	0.25	

注：a表示 *escV* 和 *eae* 基因选作其中一个；

b表示 *invE* 和 *ipaH* 基因选作其中一个；

c表示表中不同基因的引物序列可采用可靠性验证的其他序列代替。

表 5 – 8　　　　　　　每种目标基因扩增所需 10 ×引物工作液配制表

引物名称	体积/ μL	引物名称	体积/ μL
100μmol/L *uidA* – F	10 × *n*	灭菌去离子水	100 – 2 × （10 × *n*）
100μmol/L *uidA* – R	10 × *n*	总体积	100

注：*n* 表示每条引物在反应体系内的终浓度（详见表 5 – 7）。

表 5 – 9　　　　　　　五种致泻大肠埃希菌目标基因扩增体系配制表

试剂名称	加样体积/ μL	试剂名称	加样体积/ μL
灭菌去离子水	12.1	10 ×引物工作液	2.5
10 ×PCR 反应缓冲液	2.5	5 U/μLTaq 酶	0.4
25mmol/L MgCl$_2$	2.5	DNA 模板	2.0
2.5mmol/L dNTPs	3.0	总体积	25

（5）PCR 循环条件　　预变性 94℃、5min；变性 94℃、30s，复性 63℃、30s，延伸 72℃、1.5min，30 个循环；72℃延伸 5min。将配制完成的 PCR 反应管放入 PCR 仪中，核查

PCR 反应条件正确后，启动反应程序。

（6）琼脂糖凝胶电泳　称量 4.0g 琼脂糖粉，加入 200mL 的 1×TAE 电泳缓冲液中，充分混匀。使用微波炉反复加热至沸腾，直到琼脂糖粉完全融化形成清亮透明的溶液。待琼脂糖溶液冷却至 60℃ 左右时，加入溴化乙锭（EB）至终浓度为 0.5μg/mL，充分混匀后，轻轻倒入已放置好梳子的模具中，凝胶长度要大于 10cm，厚度宜为 3~5mm。检查梳齿下或梳齿间有无气泡，用一次性吸头小心排掉琼脂糖凝胶中的气泡。当琼脂糖凝胶完全凝结硬化后，轻轻拔出梳子，小心将胶块和胶床放入电泳槽中，样品孔放置在阴极端。向电泳槽中加入 1×TAE 电泳缓冲液，液面高于胶面 1~2mm。将 5μLPCR 产物与 1μL6× 上样缓冲液混匀后，用微量移液器吸取混合液垂直伸入液面下胶孔，小心上样于孔中；阳性对照的 PCR 反应产物加入到最后一个泳道；第一个泳道中加入 2μL 分子质量 Marker。接通电泳仪电源，根据公式 ［电压 = 电泳槽正负极间的距离（cm）×5V/cm］ 计算并设定电泳仪电压数值；启动电压开关，电泳开始以正负极铂金丝出现气泡为准。电泳 30~45min 后，切断电源。取出凝胶放入凝胶成像仪中观察结果，拍照并记录数据。

（7）结果判定　电泳结果中空白对照应无条带出现，阴性对照仅有 *uidA* 条带扩增，阳性对照中出现所有目标条带，PCR 试验结果成立。根据电泳图中目标条带大小，判断目标条带的种类，记录每个泳道中目标条带的种类，在表 5-10 中查找不同目标条带种类及组合所对应的致泻大肠埃希菌类别。

表 5-10　　　　　　　　　　五种致泻大肠埃希菌目标条带与型别对照表

致泻大肠埃希菌类别	目标条带的种类组合	共有基因
EAEC	*aggR*，*astA*，*pic* 中一条或一条以上阳性	
EPEC	*bfpB*（+/-），*escV*[a]（+），*stx*1（-），*stx*2（-）	
	escV[a]（+/-），*stx*1（+），*stx*2（-），*bfpB*（-）	
STEC/EHEC	*escV*[a]（+/-），*stx*1（-），*stx*2（+），*bfpB*（-）	*uidA*[c]（+/-）
	escV[a]（+/-），*stx*1（+），*stx*2（+），*bfpB*（-）	
ETEC	*lt*，*stp*，*sth* 中一条或一条以上阳性	
EIEC	*invE*[b]（+）	

注：a 表示在判定 EPEC 或 SETC/EHEC 时，*escV* 与 *eae* 基因等效；

　　b 表示在判定 EIEC 时，*invE* 与 *ipaH* 基因等效；

　　c 表示 97% 以上大肠埃希菌为 *uidA* 阳性。

（8）如用商品化 PCR 试剂盒或多重聚合酶链反应（MPCR）试剂盒，应按照试剂盒说明书进行操作和结果判定。

6. 血清学试验（选做项目）

取 PCR 试验确认为致泻大肠埃希菌的菌株进行血清学试验（应按照生产商提供的使用

说明进行 O 抗原和 H 抗原的鉴定。当生产商的使用说明与下面的描述可能有偏差时，按生产商提供的使用说明进行）。

（1）O 抗原鉴定

①假定试验：挑取经生化试验和 PCR 试验证实为致泻大肠埃希菌的营养琼脂平板上的菌落，根据致泻大肠埃希菌的类别，选用大肠埃希菌单价或多价 OK 血清做玻片凝集试验。当与某一种多价 OK 血清凝集时，再与该多价血清所包含的单价 OK 血清做凝集试验。致泻大肠埃希菌所包括的 O 抗原群见表 5 – 11。如与某一单价 OK 血清呈现凝集反应，即为假定试验阳性。

②证实试验：用 8.5g/L 灭菌生理盐水制备 O 抗原悬液，稀释至与 MacFarland3 号比浊管相当的浓度。原效价为 1∶160 ~ 1∶320 的 O 血清，用 5g/L 盐水稀释至 1∶40。将稀释血清与抗原悬液于 10mm×75mm 试管内等量混合，做单管凝集试验。混匀后放于（50±1）℃水浴箱内，经 16h 后观察结果。如出现凝集，可证实为该 O 抗原。

表 5 – 11 致泻大肠埃希菌主要的 O 抗原

DEC 类别	DEC 主要的 O 抗原
EPEC	O26 O55 O86 O111ab O114 O119 O125ac O127 O128ab O142 O158 等
STEC/EHEC	O4 O26 O45 O91 O103 O104 O111 O113 O121 O128 O157 等
EIEC	O28ac O29 O112ac O115 O124 O135 O136 O143 O144 O152 O164 O167 等
ETEC	O6 O11 O15 O20 O25 O26 O27 O63 O78 O85 O114 O115 O128ac O148 O149 O159 O166 O167 等
EAEC	O9 O62 O73 O101 O134 等

（2）H 抗原鉴定

①取菌株穿刺接种半固体琼脂管，（36±1）℃培养 18 ~ 24h，取顶部培养物 1 环接种至 BHI 液体培养基中，于（36±1）℃培养 18 ~ 24h。加入福尔马林至终浓度为 0.5%，做玻片凝集或试管凝集试验。

②若待测抗原与血清均无明显凝集，应从首次穿刺培养管中挑取培养物，再进行 2 ~ 3 次半固体管穿刺培养，按照①进行试验。

五、 结果与报告

（1）根据生化试验、PCR 确认试验的结果，报告 25g（或 25mL）样品中检出或未检出某类致泻大肠埃希菌。

（2）如果进行血清学试验，根据血清学试验的结果，报告 25g（或 25mL）样品中检出的某类致泻大肠埃希菌血清型别。

第六节　志贺菌检验

一、　实验目的

了解食品的质量与志贺菌（*Shigella*）检验的意义；掌握志贺菌的生物学特性；掌握志贺菌检验的生化试验的操作方法和结果的判断；掌握志贺菌属血清学试验方法；掌握食品中志贺菌检验的方法和技术。

二、　实验原理

志贺菌属是细菌性痢疾的病原菌。临床上能引起痢疾症状的病原生物很多，有志贺菌、沙门菌、变形杆菌、大肠杆菌等，还有阿米巴原虫、鞭毛虫，以及病毒等均可引起人类痢疾，其中以志贺菌引起的细菌性痢疾最为常见。人类对痢疾杆菌有很高的易感性。在幼儿可引起急性中毒性菌痢，死亡率甚高。所以在食物和饮用水的卫生检验时，常以是否含有志贺菌作为指标。

志贺菌属细菌的形态与一般肠道杆菌无明显区别，为革兰阴性杆菌，长 $2 \sim 3 \mu m$，宽 $0.5 \sim 0.7 \mu m$。不形成芽孢，无荚膜，无鞭毛，不运动，有菌毛。志贺菌属的主要鉴别特征为：无鞭毛，不运动，对各种糖的利用能力较差，并且在含糖的培养基内一般不产生气体。根据生化反应和 O 抗原结构的差异，将志贺菌属分为 A 群（痢疾志贺菌，*Sh. dysenteriae*）、B 群（鲍氏志贺菌，*Sh. boydii*）、C 群（福氏志贺菌，*Sh. flexneri*）及 D 群（宋内氏志贺菌，*Sh. sonnei*）。

三、　实验材料

（一）设备和材料

（1）恒温培养箱　（36 ± 1）℃。

（2）冰箱　2 ~ 5℃。

（3）膜过滤系统。

（4）厌氧培养装置　（41.5 ± 1）℃。

（5）电子天平　感量 0.1g。

（6）显微镜　10 ~ 100 倍。

（7）均质器。

（8）振荡器。

（9）无菌吸管　1mL（具 0.01mL 刻度）、10mL（具 0.1mL 刻度）或微量移液器及吸头。

（10）无菌均质杯或无菌均质袋　容量500mL。

（11）无菌培养皿　直径90mm。

（12）pH计或pH比色管或精密pH试纸。

（13）全自动微生物生化鉴定系统。

（二）培养基和试剂

（1）志贺菌增菌肉汤 - 新生霉素。

（2）麦康凯（MAC）琼脂。

（3）木糖赖氨酸脱氧胆酸盐（XLD）琼脂。

（4）志贺菌显色培养基。

（5）三糖铁（TSI）琼脂。

（6）营养琼脂斜面。

（7）半固体琼脂。

（8）葡萄糖铵培养基。

（9）尿素琼脂。

（10）β - 半乳糖苷酶培养基。

（11）氨基酸脱羧酶试验培养基。

（12）糖发酵管。

（13）西蒙氏柠檬酸盐培养基。

（14）黏液酸盐培养基。

（15）蛋白胨水、靛基质试剂。

（16）志贺菌属诊断血清。

（17）生化鉴定试剂盒。

四、实验方法和步骤

（一）检验程序

志贺菌检验程序如图5-9所示。

（二）操作步骤

1. 增菌

以无菌操作取检样25g（mL），加入装有灭菌225mL志贺菌增菌肉汤的均质杯，用旋转刀片式均质器以8000~10000r/min均质；或加入装有225mL志贺菌增菌肉汤的均质袋中，用拍击式均质器连续均质1~2min，液体样品振荡混匀即可。于（41.5±1）℃，厌氧培养16~20h。

2. 分离

取增菌后的志贺增菌液分别划线接种于XLD琼脂平板和MAC琼脂平板或志贺菌显色

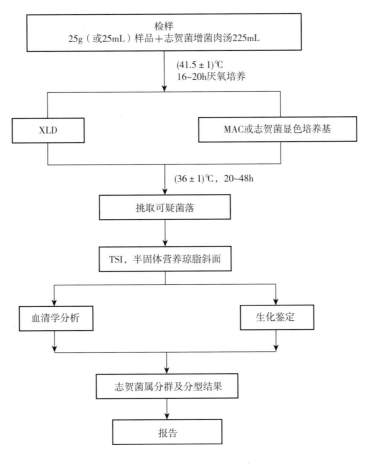

图5-9 志贺菌检验程序

培养基平板上，于（36±1）℃培养20～24h，观察各个平板上生长的菌落形态。宋内氏志贺菌的单个菌落直径大于其他志贺菌。若出现的菌落不典型或菌落较小不易观察，则继续培养至48h再进行观察。志贺菌在不同选择性琼脂平板上的菌落特征见表5-12。

表5-12　　　　　　　　志贺菌在不同选择性琼脂平板上的菌落特征

选择性琼脂平板	志贺菌的菌落特征
MAC 琼脂	无色至浅粉红色，半透明、光滑、湿润、圆形、边缘整齐或不齐
XLD 琼脂	粉红色至无色，半透明、光滑、湿润、圆形、边缘整齐或不齐
志贺菌显色培养基	按照显色培养基的说明进行判定

3. 初步生化试验

（1）自选择性琼脂平板上分别挑取2个以上典型或可疑菌落，分别接种TSI、半固体和营养琼脂斜面各一管，置（36±1）℃培养20~24h，分别观察结果。

（2）凡是三糖铁琼脂中斜面产碱、底层产酸（发酵葡萄糖，不发酵乳糖、蔗糖）、不产气（福氏志贺菌6型可产生少量气体）、不产硫化氢、半固体管中无动力的菌株，挑取其上述（1）中已培养的营养琼脂斜面上生长的菌苔，进行生化试验和血清学分型。

4. 生化试验及附加生化试验

（1）生化试验　用初步生化试验（1）中已培养的营养琼脂斜面上生长的菌苔，进行生化试验，即β-半乳糖苷酶、尿素、赖氨酸脱羧酶、鸟氨酸脱羧酶以及水杨苷和七叶苷的分解试验。除宋内氏志贺菌、鲍氏志贺菌13型的鸟氨酸阳性；宋内氏菌和痢疾志贺菌1型、鲍氏志贺菌13型的β-半乳糖苷酶为阳性以外，其余生化试验志贺菌属的培养物均为阴性结果。另外由于福氏志贺菌6型的生化特性和痢疾志贺菌或鲍氏志贺菌相似，必要时还需加做靛基质、甘露醇、棉子糖、甘油试验，也可做革兰染色检查和氧化酶试验，应为氧化酶阴性的革兰阴性杆菌。生化反应不符合的菌株，即使能与某种志贺菌分型血清发生凝集，仍不得判定为志贺菌属。志贺菌属生化特性见表5-13。

表5-13　　　　　　　　　　　志贺菌属四个群的生化特征

生化反应	A群：痢疾志贺菌	B群：福氏志贺菌	C群：鲍氏志贺菌	D群：宋内氏志贺菌
β-半乳糖苷酶	- [a]	-	- [a]	+
尿素	-	-	-	-
赖氨酸脱羧酶	-	-	-	-
鸟氨酸脱羧酶	-	-	- [b]	+
水杨苷	-	-	-	-
七叶苷	-	-	-	-
靛基质	-/+	（+）	-/+	-
甘露醇	-	+ [c]	+	+
棉子糖	-	+	-	+
甘油	（+）	-	（+）	d

注：+表示阳性；-表示阴性；-/+表示多数阴性；+/-表示多数阳性；（+）表示迟缓阳性；d表示有不同生化型。

a（上角标）表示痢疾志贺1型和鲍氏13型为阳性。

b（上角标）表示鲍氏13型为鸟氨酸阳性。

c（上角标）表示福氏4型和6型常见甘露醇阴性变种。

（2）附加生化实验　由于某些不活泼的大肠埃希菌（anaerogenic *E. coli*）、A-D（Alkalescens-D isparbiotypes 碱性-异型）菌的部分生化特征与志贺菌相似，并能与某种志贺菌分型血清发生凝集；因此前面生化实验符合志贺菌属生化特性的培养物还需另加葡萄糖胺、西蒙氏柠檬酸盐、黏液酸盐试验（36℃培养24～48h）。志贺菌属和不活泼大肠埃希菌、A－D菌的生化特性区别见表5－14。

表5－14　　　志贺菌属和不活泼大肠埃希菌、A－D菌的生化特性区别

生化反应	A群：痢疾志贺菌	B群：福氏志贺菌	C群：鲍氏志贺菌	D群：宋内氏志贺菌	大肠埃希菌	A－D菌
葡萄糖铵	－	－	－	－	＋	＋
西蒙氏柠檬酸盐	－	－	－	－	d	d
黏液酸盐	－	－	－	d	＋	d

注：＋表示阳性；－表示阴性；d表示有不同生化型。

在葡萄糖铵、西蒙氏柠檬酸盐、黏液酸盐试验三项反应中志贺菌一般为阴性，而不活泼的大肠埃希菌、A－D（碱性－异型）菌至少有一项反应为阳性。

（3）如选择生化鉴定试剂盒或全自动微生物生化鉴定系统，可根据初步生化试验（2）的初步判断结果，用初步生化试验（1）中已培养的营养琼脂斜面上生长的菌苔，使用生化鉴定试剂盒或全自动微生物生化鉴定系统进行鉴定。

5. 血清学鉴定

（1）抗原的准备　志贺菌属没有动力，所以没有鞭毛抗原。志贺菌属主要有菌体（O）抗原。菌体O抗原又可分为型和群的特异性抗原。一般采用1.2%～1.5%琼脂培养物作为玻片凝集试验用的抗原。

K抗原去除方法：一些志贺菌如果因为K抗原的存在而不出现凝集反应时，可挑取菌苔于1mL生理盐水做成浓菌液，100℃煮沸15～60min去除K抗原后再检查。

D群志贺菌既可能是光滑型菌株，也可能是粗糙型菌株，与其他志贺菌群抗原不存在交叉反应。与肠杆菌科不同，宋内氏志贺菌粗糙型菌株不一定会自凝。宋内氏志贺菌没有K抗原。

（2）凝集反应　在玻片上划出2个约1cm×2cm的区域，挑取一环待测菌，各放1/2环于玻片上的每一区域上部，在其中一个区域下部加1滴抗血清，在另一区域下部加入1滴生理盐水，作为对照。再用无菌的接种环或针分别将两个区域内的菌落研磨成乳状液。将玻片倾斜摇动混合1min，并对着黑色背景进行观察，如果抗血清中出现凝结成块的颗粒，而且生理盐水中没有发生自凝现象，那么凝集反应为阳性。如果生理盐水中出现凝集，视作为自凝。这时，应挑取同一培养基上的其他菌落继续进行试验。

如果待测菌的生化特征符合志贺菌属生化特征，而其血清学试验为阴性，则按抗原的准备部分K抗原去除方法进行试验。

（3）血清学分型（选做项目）　先用四种志贺菌多价血清检查，如果呈现凝集，则再用相应各群多价血清分别试验。先用B群福氏志贺菌多价血清进行实验，如呈现凝集，再

用其群和型因子血清分别检查。如果 B 群多价血清不凝集，则用 D 群宋内氏志贺菌血清进行实验，如呈现凝集，则用其 I 相和 II 相血清检查；如果 B、D 群多价血清都不凝集，则用 A 群痢疾志贺菌多价血清及 1~12 各型因子血清检查，如果上述三种多价血清都不凝集，可用 C 群鲍氏志贺菌多价检查，并进一步用 1~18 各型因子血清检查。福氏志贺菌各型和亚型的型抗原和群抗原鉴别见表 5−15。

表 5−15 福氏志贺菌各型和亚型的型抗原和群抗原的鉴别表

型和亚型	型抗原	群抗原	在群因子血清中的凝集		
			3，4	6	7，8
1a	I	4	+	−	−
1b	I	(4)，6	(+)	+	−
2a	II	3，4	+	−	−
2b	II	7，8	−	−	+
3a	III	(3，4)，6，7，8	(+)	+	+
3b	III	(3，4)，6	(+)	+	−
4a	IV	3，4	+	−	−
4b	IV	6	−	+	−
4c	IV	7，8	−	−	+
5a	V	(3，4)	(+)	−	−
5b	V	7，8	−	−	+
6	VI	4	+	−	−
X	−	7，8	−	−	+
Y	−	3，4	+	−	−

注：+表示凝集；−表示不凝集；( )表示有或无。

五、 结果与报告

综合以上生化试验和血清学鉴定的结果，报告 25g（mL）样品中检出或未检出志贺菌。

第七节　单核细胞增生李斯特菌检验

一、实验目的

熟悉和掌握食品中单核细胞增生李斯特菌（*Listeriamonocytogenes*）的检验方法。第一法适用于食品中单核细胞增生李斯特菌的定性检验；第二法适用于单核细胞增生李斯特菌含量较高的食品中单核细胞增生李斯特菌的计数；第三法适用于单核细胞增生李斯特菌含量较低（<100cfu/g）而杂菌含量较高的食品中单核细胞增生李斯特菌的计数，特别是牛乳、水以及含干扰菌落计数的颗粒物质的食品。

二、实验原理

单核细胞增生李斯特菌（单增李斯特菌，*L. monocytogenes*）归属于李斯特菌属（*Listeria*）。单增李斯特菌是李斯特菌属中唯一对人致病的病菌。李斯特菌不仅可能存在于肉类产品中，也可能存在于乳制品、蔬菜、沙拉及海产品等日常食物里面。该菌接触酶阳性，氧化酶阴性，能发酵多种糖类，产酸不产气，如发酵葡萄糖、乳糖、水杨素、麦芽糖、鼠李糖、七叶苷、蔗糖（迟发酵）、山梨醇、海藻糖、果糖，不发酵木糖、甘露醇、肌醇、阿拉伯糖、侧金盏花醇、棉子糖、卫矛醇和纤维二糖，不利用枸橼酸盐，40%胆汁不溶解，吲哚、硫化氢、尿素、明胶液化、硝酸盐还原、赖氨酸、鸟氨酸均阴性，VP、甲基红试验和精氨酸水解阳性。

国际上公认的李斯特菌共有十个种：单增李斯特菌（*L. monocytogenes*）、伊氏李斯特菌（*L. ivanovii*）、无害李斯特菌（*L. innocua*）、威氏李斯特菌（*L. welshimeri*）、斯氏李斯特菌（*L. seeligeri*）、格氏李斯特菌（*L. grayi*）、莫氏李斯特菌（*L. murrayi*）、*L. rocourtiae*、*L. fleischmannii*、*L. weihenstephanensis*。常见的单增李斯特菌生化特征与其他李斯特菌的区别见表5-16。

三、实验材料

（一）设备和材料

（1）冰箱　2~5℃。

（2）恒温培养箱　（30±1）℃、（36±1）℃。

（3）均质器。

（4）显微镜　10~100倍。

（5）电子天平　感量0.1g。

（6）锥形瓶 100mL，500mL。

（7）无菌吸管 1mL（具 0.01mL 刻度）、10mL（具 0.1mL 刻度）或微量移液器及吸头。

（8）无菌平皿 直径 90mm。

（9）无菌试管 16mm×160mm。

（10）离心管 30mm×100mm。

（11）无菌注射器 1mL。

（12）单增李斯特菌（*L. monocytogenes*）ATCC19111 或 CMCC54004，或其他等效标准菌株。

（13）英诺克李斯特菌（*L. innocua*）ATCC33090，或其他等效标准菌株。

（14）伊氏李斯特菌（*L. ivanovii*）ATCC19119，或其他等效标准菌株。

（15）斯氏李斯特菌（*L. seeligeri*）ATCC35967，或其他等效标准菌株。

（16）金黄色葡萄球菌（*Staphylococcus aureus*）ATCC25923 或其他产 β - 溶血环金葡菌，或其他等效标准菌株。

（17）马红球菌（*Rhodococcus equi*）ATCC6939 或 NCTC1621，或其他等效标准菌株。

（18）小白鼠 ICR 体重 18～22g。

（19）全自动微生物生化鉴定系统。

（二）培养基和试剂

（1）含 6g/L 酵母浸膏的胰酪胨大豆肉汤（TSB - YE）。

（2）含 6g/L 酵母浸膏的胰酪胨大豆琼脂（TSA - YE）。

（3）李氏增菌肉汤 LB（LB$_1$，LB$_2$）。

（4）10g/L 盐酸吖啶黄（acriflavine HCl）溶液。

（5）10g/L 萘啶酮酸钠盐（naladixic acid）溶液。

（6）PALCAM 琼脂。

（7）革兰染液。

（8）SIM 动力培养基。

（9）缓冲葡萄糖蛋白胨水［甲基红（MR）和 V - P 试验用］。

（10）50～80g/L 羊血琼脂。

（11）糖发酵管。

（12）过氧化氢试剂。

（13）李斯特菌显色培养基。

（14）生化鉴定试剂盒或全自动微生物鉴定系统。

（15）缓冲蛋白胨水。

四、 单核细胞增生李斯特菌定性检验法

（一） 检验程序

单增李斯特菌定性检验程序见图 5 - 10。

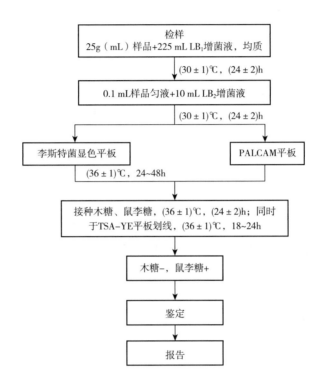

图 5 - 10 单增李斯特菌定性检验程序

（二） 操作步骤

1. 增菌

以无菌操作取样品 25g（mL）加入到含有 225mL LB₁ 增菌液的均质袋中，在拍击式均质器上连续均质 1～2min；或放入盛有 225mL LB₁ 增菌液的均质杯中，以 8000～10000r/min 均质 1～2min。于（30±1）℃ 培养（24±2）h，移取 0.1mL，转种于 10mL LB₂ 增菌液内，于（30±1）℃ 培养（24±2）h。

2. 分离

取 LB₂ 二次增菌液划线接种于李斯特菌显色平板和 PALCAM 琼脂平板，于（36±1）℃培养 24～48h，观察各个平板上生长的菌落。典型菌落在 PALCAM 琼脂平板上为小的圆形灰绿色菌落，周围有棕黑色水解圈，有些菌落有黑色凹陷；在李斯特菌显色平板上的菌落特征，参照产品说明进行判定。

3. 初筛

自选择性琼脂平板上分别挑取 3 ~ 5 个典型或可疑菌落，分别接种木糖、鼠李糖发酵管，于（36±1）℃培养（24±2）h，同时在 TSA - YE 平板上划线，于（36±1）℃培养 18 ~ 24h，然后选择木糖阴性、鼠李糖阳性的纯培养物继续进行鉴定。

4. 鉴定（或选择生化鉴定试剂盒或全自动微生物鉴定系统等）

（1）染色镜检 李斯特菌为革兰阳性短杆菌，大小为（0.4 ~ 0.5μm）×（0.5 ~ 2.0μm）；用生理盐水制成菌悬液，在油镜或相差显微镜下观察，该菌出现轻微旋转或翻滚样的运动。

（2）动力试验 挑取纯培养的单个可疑菌落穿刺半固体或 SIM 动力培养基，于 25 ~ 30℃培养48h，李斯特菌有动力，在半固体或 SIM 培养基上方呈伞状生长，如伞状生长不明显，可继续培养5d，再观察结果。

（3）生化鉴定 挑取纯培养的单个可疑菌落，进行过氧化氢酶试验，过氧化氢酶阳性反应的菌落继续进行糖发酵试验和 MR - VP 试验。单增李斯特菌的主要生化特征见表 5 - 16。

表 5 - 16 单增李斯特菌生化特征与其他李斯特菌的区别

菌种	溶血反应	葡萄糖	麦芽糖	MR - VP	甘露醇	鼠李糖	木糖	七叶苷
单增李斯特菌	+	+	+	+/+	-	+	-	+
格氏李斯特菌	-	+	+	+/+	+	-	-	+
斯氏李斯特菌	+	+	+	+/+	-	-	+	+
威氏李斯特菌	-	+	+	+/+	-	V	+	+
伊氏李斯特菌	+	+	+	+/+	-	-	+	+
英诺克李斯特菌	-	+	+	+/+	-	V	-	+

注：+表示阳性；-表示阴性；V 表示反应不定。

（4）溶血试验 将新鲜的羊血琼脂平板底面划分为 20 ~ 25 个小格，挑取纯培养的单个可疑菌落刺种到血平板上，每格刺种一个菌落，并刺种阳性对照菌（单增李斯特菌、伊氏李斯特菌和斯氏李斯特菌）和阴性对照菌（英诺克李斯特菌），穿刺时尽量接近底部，但不要触到底面，同时避免琼脂破裂，（36±1）℃培养 24 ~ 48h，于明亮处观察，单增李斯特菌呈现狭窄、清晰、明亮的溶血圈，斯氏李斯特菌在刺种点周围产生弱的透明溶血圈，英诺克李斯特菌无溶血圈，伊氏李斯特菌产生宽的、轮廓清晰的 β - 溶血区域，若结果不明显，可置 4℃冰箱 24 ~ 48h 再观察。该试验也可用划线接种法。

（5）协同溶血试验 cAMP（可选项目） 在羊血琼脂平板上平行划线接种金黄色葡萄球菌和马红球菌，挑取纯培养的单个可疑菌落垂直划线接种于平行线之间，垂直线两端不要触及平行线，距离 1 ~ 2mm，同时接种单增李斯特菌、英诺克李斯特菌、伊氏李斯特菌和斯氏李斯特菌，于（36±1）℃培养24~48h。单增李斯特菌在靠近金黄色葡萄球菌处出现约2mm的β-溶血增强区域，斯氏李斯特菌也出现微弱的溶血增强区域，5%~8%的单增李斯特菌在马红球菌一端有溶血增强现象，伊氏李斯特菌在靠近马红球菌处出现5~10mm的"箭头状"β-溶血增强区域，英诺克李斯特菌不产生溶血现象。若结果不明显，可置4℃冰箱24~48h再观察。

5. 小鼠毒力试验（可选项目）

将符合上述特性的纯培养物接种于TSB-YE中，于（36±1）℃培养24h，4000r/min离心5min，弃上清液，用无菌生理盐水制备成浓度为 10^{10} cfu/mL的菌悬液，取此菌悬液对3~5只小鼠进行腹腔注射，每只0.5mL，同时观察小鼠死亡情况。接种致病株的小鼠于2~5d内死亡。试验设单增李斯特菌致病株和灭菌生理盐水对照组。单增李斯特菌、伊氏李斯特菌对小鼠有致病性。

（三）结果与报告

综合以上生化试验和溶血试验的结果，报告25g（mL）样品中检出或未检出单增李斯特菌。

五、单核细胞增生李斯特菌平板计数法

（一）检验程序

单增李斯特菌平板计数程序见图5-11。

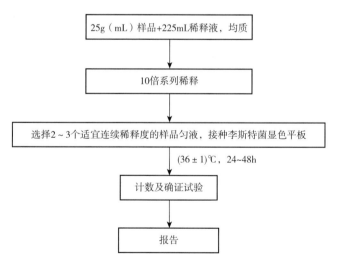

图5-11 单增李斯特菌平板计数程序

（二）操作步骤

1. 样品的稀释

（1）以无菌操作称取样品25g（mL），放入盛有225mL缓冲蛋白胨水或无添加剂的 LB

肉汤的无菌均质袋（或均质杯）内，在拍击式均质器上连续均质 1~2min 或以 8000~10000r/min 均质 1~2min。液体样品，振荡混匀，制成 1:10 的样品匀液。

（2）用 1mL 无菌吸管或微量移液器吸取 1:10 样品匀液 1mL，沿管壁缓慢注于盛有 9mL 缓冲蛋白胨水或无添加剂的 LB 肉汤的无菌试管中（注意吸管或吸头尖端不要触及稀释液面），振摇试管或换用 1 支 1mL 无菌吸管反复吹打使其混合均匀，制成 1:100 的样品匀液。

（3）按上述（2）操作程序，制备 10 倍系列稀释样品匀液。每递增稀释 1 次，换用 1 支 1mL 无菌吸管或吸头。

2. 样品的接种

根据对样品污染状况的估计，选择 2~3 个适宜连续稀释度的样品匀液（液体样品可包括原液），每个稀释度的样品匀液分别吸取 1mL 以 0.3、0.3、0.4mL 的接种量分别加入 3 块李斯特菌显色平板，用无菌 L 棒涂布整个平板，注意不要触及平板边缘。使用前，如琼脂平板表面有水珠，可放在 25~50℃ 的培养箱里干燥，直到平板表面的水珠消失。

3. 培养

在通常情况下，涂布后，将平板静置 10min，如样液不易吸收，可将平板放在培养箱（36±1）℃培养 1h；等样品匀液吸收后翻转平皿，倒置于培养箱，（36±1）℃培养 24~48h。

4. 典型菌落计数和确认

（1）单增李斯特菌在李斯特菌显色平板上的菌落特征以产品说明为准。

（2）选择有典型单增李斯特菌菌落的平板，且同一稀释度 3 个平板所有菌落数合计在 15~150cfu 的平板上，计数典型菌落数。如果：

①只有一个稀释度的平板菌落数在 15~150cfu 且有典型菌落，计数该稀释度平板上的典型菌落；

②所有稀释度的平板菌落数均小于 15cfu 且有典型菌落，应计数最低稀释度平板上的典型菌落；

③某一稀释度的平板菌落数大于 150cfu 且有典型菌落，但下一稀释度平板上没有典型菌落，应计数该稀释度平板上的典型菌落；

④所有稀释度的平板菌落数大于 150cfu 且有典型菌落，应计数最高稀释度平板上的典型菌落；

⑤所有稀释度的平板菌落数均不在 15~150cfu 且有典型菌落，其中一部分小于 15cfu 或大于 150cfu 时，应计数最接近 15cfu 或 150cfu 的稀释度平板上的典型菌落。

以上按式（5-4）计算。

2 个连续稀释度的平板菌落数均在 15~150cfu，按式（5-5）计算。

（3）从典型菌落中任选 5 个菌落（小于 5 个全选），分别按定性检验法中步骤 3，4 进行鉴定。

（三）结果计数

$$T = \frac{AB}{Cd}$$

（5-4）

式中　*T*——样品中单增李斯特菌菌落数；

　　　A——某一稀释度典型菌落的总数；

　　　B——某一稀释度确证为单增李斯特的菌落数；

　　　C——某一稀释度用于单增李斯特菌确证试验的菌落数；

　　　d——稀释因子。

$$T = \frac{A_1 B_1 / C_1 + A_1 B_2 / C_2}{1.1d} \tag{5-5}$$

式中　*T*——样品中单增李斯特菌菌落数；

　　　A_1——第一稀释度（低稀释倍数）典型菌落的总数；

　　　B_1——第一稀释度（低稀释倍数）确证为单增李斯特菌的菌落数；

　　　C_1——第一稀释度（低稀释倍数）用于单增李斯特菌确证试验的菌落数；

　　　A_2——第二稀释度（高稀释倍数）典型菌落的总数；

　　　B_2——第二稀释度（高稀释倍数）确证为单增李斯特菌的菌落数；

　　　C_2——第二稀释度（高稀释倍数）用于单增李斯特菌确证试验的菌落数；

　　　1.1——计算系数；

　　　d——稀释因子（第一稀释度）。

（四）结果与报告

报告每克（毫升）样品中单增李斯特菌菌数，以 cfu/g（mL）表示；如 *T* 值为 0，则以小于 1 乘以最低稀释倍数报告。

六、单核细胞增生李斯特菌 MPN 计数法

（一）检验程序

单增李斯特菌 MPN 计数法检验程序见图 5-12。

（二）操作步骤

1. 样品的稀释

按单增李斯特菌平板计数法中步骤 1 进行。

2. 接种和培养

（1）根据对样品污染状况的估计，选取 3 个适宜连续稀释度的样品匀液（液体样品可包括原液），接种于 10mL LB_1 肉汤，每一稀释度接种 3 管，每管接种 1mL（如果接种量需要超过 1mL，则用双料 LB_1 增菌液），于（30±1）℃培养（24±2）h。每管各移取 0.1mL，转种于 10mL LB_2 增菌液内，于（30±1）℃培养（24±2）h。

（2）用接种环从各管中移取 1 环，接种李斯特菌显色平板，（36±1）℃培养 24~48h。

3. 确证试验

自每块平板上挑取 5 个典型菌落（5 个以下全选），按照前文（四、单核细胞增生李斯特菌定性检验法步骤 3 和步骤 4）进行鉴定。

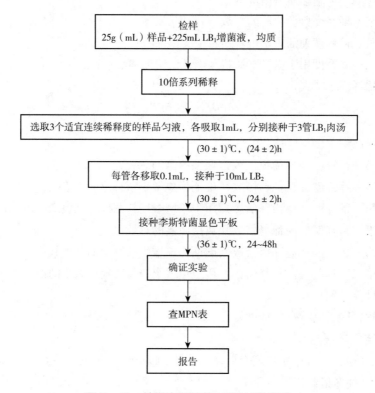

图 5-12 单增李斯特菌 MPN 计数程序

（三） 结果与报告

根据证实为单增李斯特菌阳性的试管管数，查 MPN 检索表，报告每克（毫升）样品中单增李斯特菌的最可能数，以 MPN/g（mL）表示。

第八节　致病性弧菌的定性检验

一、 实验目的

初步掌握食品中副溶血性弧菌、霍乱弧菌、创伤弧菌等致病性弧菌检验方法；大致了解三种主要弧菌的生理生化特点和主要流行菌株。

二、 实验原理

副溶血性弧菌属于弧菌科弧菌属。为一种圆头短杆菌或中间胖的革兰阴性杆菌，

（0.3~0.7）μm×（1~2）μm。无芽孢，无荚膜，在液体环境下生有一根极生鞭毛，运动活跃。在琼脂上有的产生周生鞭毛。在液体培养基上浑浊生长，形成菌膜。培养 1d 后在显微镜下易成为多形态者。有棒状、弧状、卵圆、球状、丝状体出现。需氧或兼性厌氧，嗜盐畏酸，在含盐 30~35g/L 的培养基中，37℃，pH 7.5~8.5 时生长最好。在含盐 30~60g/L 时繁殖迅速，每 8~9min 为 1 周期，盐低于 5g/L 或高于 80g/L 时停止生长。副溶血性弧菌的主要生理及生化特征见表 5 - 17。葡萄糖、麦芽糖、甘露糖、甘露醇分解均阳性；蔗糖、乳糖、纤维二糖、木糖、肌醇、水杨苷均阴性。氧化酶阳性区别于肠道杆菌；葡萄糖氧化 - 发酵试验为发酵型，区别于假单胞菌（氧化型）；液化明胶；分解淀粉；硝酸盐还原阳性。

霍乱弧菌为革兰阴性菌，菌体弯曲呈弧状或逗点状，菌体一端有单根鞭毛和菌毛，无荚膜与芽孢。经人工培养后，易失去弧形而呈杆状。霍乱弧菌能分解蔗糖、甘露醇，产酸不产气，不能分解阿拉伯胶糖。霍乱弧菌能还原硝酸盐为亚硝酸盐，靛基质反应阳性，当培养在含硝酸盐及色氨酸的培养基中，产生靛基质与亚硝酸盐，在浓硫酸存在时，生成红色，称为霍乱红反应。霍乱弧菌有两个生物型，一为埃尔托（ElTor）生物型，一为古典生物型。埃尔托型霍乱弧菌与古典型霍乱弧菌生化反应有所不同。前者 V - P 试验阳性而后者为阴性。前者能产生强烈的溶血素，溶解羊红细胞，在血平板上生长的菌落周围出现明显的透明溶血环，古典型霍乱弧菌则不溶解羊红细胞。个别埃尔托型霍乱弧菌株也不溶血。根据弧菌 O 抗原不同，分成 VI 个血清群，第 I 群包括霍乱弧菌的两个生物型。第 I 群 A、B、C 三种抗原成分可将霍乱弧菌分为三个血清型：含 AC 者为原型（又称稻叶型），含 AB 者为异型（又称小川型），A、B、C 均有者称中间型（彦岛型）。

创伤弧菌属革兰阴性菌，呈逗点状，菌体长 1.4~2.6μm，宽 0.5~0.8μm，单极端生鞭毛、无芽孢、无异染颗粒，氧化酶阳性、接触酶阳性，需氧和厌氧条件下均能生长。最适合该菌生长的条件为 30℃、10~20g/L NaCl、pH 7.0。

三、　实验材料

（一）　设备和材料

（1）恒温培养箱　（36±1）℃。

（2）冰箱　2~5℃、7~10℃。

（3）恒温水浴箱　（36±1）℃。

（4）均质器或无菌乳钵。

（5）天平　感量 0.1g。

（6）无菌试管　18mm×180mm、15mm×100mm。

（7）无菌吸管　1mL（具 0.01mL 刻度）、10mL（具 0.1mL 刻度）或微量移液器及吸头。

（8）无菌锥形瓶　容量 250、500、1000mL。

（9）无菌培养皿　直径 90mm。

（10）全自动微生物生化鉴定系统。

（11）无菌手术剪、镊子。

（二）培养基和试剂

（1）30g/L 氯化钠碱性蛋白胨水。

（2）硫代硫酸盐 – 柠檬酸盐 – 胆盐 – 蔗糖（TCBS）琼脂。

（3）30g/L 氯化钠胰蛋白胨大豆琼脂。

（4）30g/L 氯化钠三糖铁琼脂。

（5）改良纤维二糖 – 多黏菌素 B – 多黏菌素 E（mCPC）琼脂。

（6）纤维二糖 – 多黏菌素 E（CC）琼脂。

（7）嗜盐性试验培养基。

（8）30g/L 氯化钠甘露醇试验培养基。

（9）30g/L 氯化钠赖氨酸脱羧酶试验培养基。

（10）30g/L 氯化钠 MR – VP 培养基。

（11）30g/L 氯化钠溶液。

（12）我妻氏血琼脂。

（13）氧化酶试剂。

（14）革兰染色液。

（15）ONPG 试剂。

（16）Voges – Proskauer（V – P）试剂。

（17）弧菌显色培养基。

（18）生化鉴定试验试剂。

（19）血清鉴定试验试剂。

四、实验方法与步骤

（一）检验程序

副溶血性弧菌、霍乱弧菌、创伤弧菌检验程序见图 5 – 13。

（二）操作步骤

1. 样品制备

（1）非冷冻样品采集后应立即置 7 ~ 10℃冰箱保存，尽可能及早检验；冷冻样品应在 45℃以下不超过 15min 或在 2 ~ 5℃不超过 18h 解冻。

（2）鱼类和头足类动物取表面组织、肠或鳃。贝类取全部内容物，包括贝肉和体液；甲壳类取整个动物，或者动物的中心部分，包括肠和鳃。如为带壳贝类或甲壳类，则应先在自来水中洗刷外壳并甩干表面水分，然后以无菌操作打开外壳，按上述要求取相应部分。

（3）以无菌操作取样品 25g（mL），加入 30g/L 氯化钠碱性蛋白胨水 225mL，用旋转刀片式均质器以 8000r/min 均质 1min，或拍击式均质器拍击 2min，制备成 1∶10 的样品匀液。

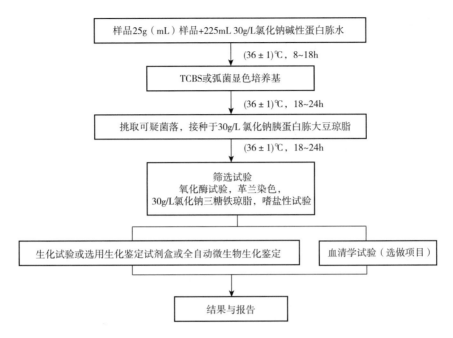

图 5 –13 副溶血性弧菌、霍乱弧菌、创伤弧菌检验程序

如无均质器，则将样品放入无菌乳钵，自 225mL 30g/L 氯化钠碱性蛋白胨水中取少量稀释液加入无菌乳钵，样品磨碎后放入 500mL 无菌锥形瓶，再用少量稀释液冲洗乳钵中的残留样品 1~2 次，洗液放入锥形瓶，最后将剩余稀释液全部放入锥形瓶，充分振荡，制备 1∶10 的样品匀液。

2. 增菌

将上述制备的 1∶10 样品匀液于（36±1）℃培养 8~18h。

通常食品中霍乱弧菌的数量很少，为保证该菌的检出率，可以采用两次增菌方式。第一次选择性增菌采用 30g/L 氯化钠碱性蛋白胨水于（36±1）℃培养（6±1）h；第二次选择性增菌，取 1mL 第一次增菌培养物接种到 10mL 30g/L 氯化钠碱性蛋白胨水于（41.5±1）℃培养（18±1）h。

3. 分离

（1）对所有显示生长的增菌液，用接种环在距离液面以下 1cm 内蘸取一环增菌液，于 TCBS 平板或弧菌显色培养基平板上划线分离。一支试管划线一块平板。于（36±1）℃培养 18~24h。

怀疑创伤弧菌标本可接种于 mCPC 或 CC 平板上划线分离。于 39~40℃培养 18~24h。

（2）典型的副溶血性弧菌在 TCBS 上呈圆形、半透明、表面光滑的绿色菌落，用接种环轻触，有类似口香糖的质感，直径 2~3mm。

创伤弧菌在 mCPC 和 CC 平板上呈圆形、扁平、中心不透明、边缘透明的黄色菌落，直径 1~2mm。

霍乱弧菌在 TCBS 上为表面光滑，黄色，直径为 2 ~ 3mm。

三种致病性弧菌在弧菌显色培养基上的特征按照产品说明进行判定。

从培养箱取出选择性或显色平板后，应尽快（不超过 1h）挑取菌落或标记要挑取的菌落。

4. 纯培养

挑取 3 个或以上可疑菌落，划线接种 30g/L 氯化钠胰蛋白胨大豆琼脂平板，（36 ±1）℃ 培养 18 ~ 24h。霍乱弧菌检验应至少挑取 5 个或以上可疑菌落，如平板上的可疑菌落少于 5 个，则全部挑取传代培养。

5. 初步鉴定

（1）氧化酶试验　挑选纯培养的单个菌落进行氧化酶试验，副溶血性弧菌、创伤弧菌为氧化酶阳性。

（2）涂片镜检　将可疑菌落涂片，进行革兰染色，镜检观察形态。

副溶血性弧菌为革兰阴性，呈棒状、弧状、卵圆状等多形态，无芽孢，有鞭毛。

创伤弧菌革兰阴性，呈棒状、弧状、卵圆状等多形态，无芽孢，有鞭毛。

霍乱弧菌革兰阴性，弧状或弯曲状，无芽孢，动力检查为运动阳性。

（3）挑取纯培养的单个可疑菌落，转种 30g/L 氯化钠三糖铁琼脂斜面并穿刺底层，（36 ±1）℃ 培养 24h 观察结果。

副溶血性弧菌在 30g/L 氯化钠三糖铁琼脂中的反应为底层变黄不变黑，无气泡，斜面颜色不变或红色加深，有动力。

创伤弧菌在 30g/L 氯化钠三糖铁琼脂中的反应为底层变黄不变黑，无气泡，斜面颜色变黄。

霍乱弧菌在 30g/L 氯化钠三糖铁琼脂中的反应为底层黄色，无气泡，斜面颜色变黄。

（4）嗜盐性试验　挑取纯培养的单个可疑菌落，分别接种 0、60、80、100g/L 不同氯化钠浓度的胰胨水，（36 ±1）℃ 培养 24h，观察液体混浊情况。

副溶血性弧菌在无氯化钠和 100g/L 氯化钠的胰胨水中不生长或微弱生长，在 60g/L 氯化钠和 80g/L 氯化钠的胰胨水中生长旺盛。

创伤弧菌在无氯化钠、80g/L 氯化钠和 100g/L 氯化钠的胰胨水中不生长或微弱生长，在 30g/L、60g/L 氯化钠的胰胨水中生长旺盛。

霍乱弧菌在无氯化钠的胰胨水中生长旺盛，在其他氯化钠浓度的胰胨水中不生长或微弱生长。

6. 确定鉴定

取纯培养物分别接种含 30g/L 氯化钠的甘露醇试验培养基、赖氨酸脱羧酶试验培养基、MR – VP 培养基，（36 ±1）℃ 培养 24 ~ 48h 后观察结果；30g/L 氯化钠三糖铁琼脂隔夜培养物进行 ONPG 试验。可选择生化鉴定试剂盒或全自动微生物生化鉴定系统。三种主要致病性弧菌的主要性状与其他弧菌的鉴别特征见表 5 – 17。

表5-17　一些弧菌的主要生化特性

名称	氧化酶	赖氨酸	精氨酸	鸟氨酸	明胶	脲酶	V-P	42℃生长	蔗糖	D-纤维二糖	乳糖	阿拉伯糖	D-甘露糖	D-甘露醇	ONPG	嗜盐性试验 NaCl/(g/L)				
																0	30	60	80	100
副溶血性弧菌 (V. parahaemolyticus)	+	+	-	+	+	V	-	+	-	V	-	+	+	+	-	-	+	+	+	-
创伤弧菌 (V. vulnificus)	+	+	-	+	+	-	-	+	-	+	+	-	+	V	+	-	+	+	-	-
溶藻弧菌 (V. alginolyticus)	+	+	-	+	+	-	+	+	+	-	-	-	+	+	-	-	+	+	+	+
霍乱弧菌 (V. cholerae)	+	+	-	+	+	-	V	+	+	-	-	-	+	+	+	+	+	-	-	-
拟态弧菌 (V. mimicus)	+	+	-	+	+	-	-	+	-	-	-	-	+	+	+	-	+	+	-	-
河弧菌 (V. fluvialis)	+	-	+	-	+	-	-	V	+	+	-	+	+	+	+	-	+	+	V	-
弗氏弧菌 (V. furnissii)	+	+	+	-	+	-	-	+	+	+	-	+	+	+	+	-	+	+	+	-
梅氏弧菌 (V. metschnikovii)	-	+	-	+	+	-	+	V	+	-	-	-	+	+	+	-	+	+	V	-
霍利斯弧菌 (V. hollisae)	+	-	-	-	-	-	-	nd	-	-	-	+	+	-	-	-	+	+	-	-

注：+ 表示阳性；- 表示阴性；nd 表示未试验；V 表示可变。

7. 血清学等分型试验（选做项目）

（1）副溶血弧菌血清学等分型

①制备：接种两管 30g/L 氯化钠胰蛋白胨大豆琼脂试管斜面，（36±1）℃培养 18～24h。用含 30g/L 氯化钠的 50g/L 甘油溶液冲洗 30g/L 氯化钠胰蛋白胨大豆琼脂斜面培养物，获得浓厚的菌悬液。

②K 抗原的鉴定：取一管上述制备好的菌悬液，首先用多价 K 抗血清进行检验，出现凝集反应时再用单个的抗血清进行检验。用蜡笔在一张玻片上划出适当数量的间隔和一个对照间隔。在每个间隔内各滴加一滴菌悬液，并对应加入一滴 K 抗血清。在对照间隔内加一滴 30g/L 氯化钠溶液。轻微倾斜玻片，使各成分相混合，再前后倾动玻片 1min。阳性凝集反应可以立即观察到。

③O 抗原的鉴定：将另外一管的菌悬液转移到离心管内，121℃灭菌 1h。灭菌后 4000r/min 离心 15min，弃去上层液体，沉淀用生理盐水洗三次，每次 4000r/min 离心 15min，最后一次离心后留少许上层液体，混匀制成菌悬液。用蜡笔将玻片划分成相等的间隔。在每个间隔内加一滴菌悬液，将 O 群血清分别加一滴到间隔内，最后一个间隔加一滴生理盐水作为自凝对照。轻微倾斜玻片，使各成分相混合，再前后倾动玻片 1min。阳性凝集反应可以立即观察到。如果未见到与 O 群血清的凝集反应，将菌悬液 121℃再次高压 1h 后，重新检验。如果仍为阴性，则培养物的 O 抗原属于未知。根据表 5 - 18 报告血清学分型结果。

表 5 - 18 副溶血性弧菌的抗原

O 群	K 型
1	1，5，20，25，26，32，38，41，56，58，60，64，69
2	3，28
3	4，5，6，7，25，29，30，31，33，37，43，45，48，54，56，57，58，59，72，75
4	4，8，9，10，11，12，13，34，42，49，53，55，63，67，68，73
5	15，17，30，47，60，61，68
6	18，46
7	19
8	20，21，22，39，41，70，74
9	23，44
10	24，71
11	19，36，40，46，50，51，61
12	19，52，61，66
13	65

（2）神奈川试验（选做项目）　神奈川试验是在我妻氏血琼脂上测试是否存在特定溶血素。神奈川试验阳性结果与副溶血性弧菌分离株的致病性显著相关。

用接种环将测试菌株的30g/L氯化钠胰蛋白胨大豆琼脂18h培养物点种于表面干燥的我妻氏血琼脂平板。每个平板上可以环状点种几个菌。（36±1）℃培养不超过24h，并立即观察。阳性结果为菌落周围呈半透明环的β溶血。

8. 霍乱弧菌血清学等分型

（1）血清分群试验　自分离培养基上挑取可疑菌落与O1群及O139群霍乱弧菌诊断血清做玻片凝集试验。如可疑菌落在诊断血清中很快（一般在10s内）出现肉眼可见的明显凝集，在生理盐水中不凝集者判断O1群或O139群阳性。

与O1群、O139群霍乱弧菌诊断血清及生理盐水均不凝集，且生化反应符合霍乱弧菌特性的为非O1群霍乱弧菌。

与O1群霍乱弧菌多价血清或O139群霍乱弧菌诊断血清及生理盐水均凝集，且用胰胨水大豆琼脂或心浸液琼脂传代，再进行凝集试验。

（2）血清分型试验　与O1群多价血清阳性的霍乱弧菌可进一步用小川型、稻叶型的单价抗血清分型。

与小川型单价血清凝集，但与稻叶型单价血清不凝集者为小川型。

与小川型单价血清不凝集，但与稻叶型单价血清凝集者为稻叶型。

与小川型、稻叶型单价血清均呈明显凝集者为彦岛型。

（3）试管凝集试验　对玻片凝集反应不典型的菌株应做试管凝集试验。用生理盐水自1:20开始对倍连续稀释O1群霍乱弧菌多价血清，每管含稀释血清0.5mL。将被检菌在营养琼脂的16~18h培养物用2g/L甲醛生理盐水制成约含菌1.8×10^9个/mL（相当于细菌标准比浊管浓度）的悬液，每稀释血清管加入0.5mL；另将菌悬液0.5mL加入0.5mL生理盐水中作为对照。摇匀，置37℃、3h观察初步结果。再放4℃或室温过夜，观察最后结果。生理盐水对照不出现自然凝集，能使菌凝于管底成伞状，上清半透明判为＋＋；能使试验菌出现＋－凝集的血清最高稀释倍数为凝集滴度。凝集滴度达到或超过血清原效价一半即确定为O1群霍乱弧菌。

（4）O1群霍乱弧菌生物分型试验　多黏菌素B敏感试验：在胰酪胨大豆胨琼脂平板背面用玻璃笔划出若干方格。将（37±1）℃培养4h的被检菌肉汤培养物划线平板表面，待干后镊取50单位多黏菌素B纸片（直径6mm）置于接种区中央，倒置平板，（37±1）℃培养过夜。古典型菌株在纸片周围呈现抑制带（10~15mm直径）；而埃尔托型菌株不受抑制或轻微抑制（7mm直径）。

溶血试验：将24h培养物和50g/L红细胞盐水悬浮液等量混合（0.5mL或1mL）。取部分混合液在56℃加热30min作对照。另将混合物在（37±1）℃水溶液中培养2h，再在4~5℃下冷藏过夜。检查溶血现象，必要时可低速离心后再检查有无溶血现象。多数埃尔托型菌株会造成红血球溶解；古典型及某些埃尔托型菌株不溶解红血球。由于溶血素不耐热，加热后的培养物不会产生溶血。

五、 结果与报告

根据检出的可疑菌落生化性状，报告 25g（mL）样品中是否检出副溶血性弧菌、霍乱弧菌、创伤弧菌。

副溶血性弧菌、霍乱弧菌做了血清等分型试验，最终结果可进一步报告血清群别、血清型别和生物型别。

检出 O1、O139 及非 O1 群霍乱弧菌的，要在 24h 内呈报到上一级实验室做进一步鉴定或复查，并按照规定报告相关部门。

第九节　空肠弯曲菌检验

一、 实验目的

（1）了解食品中空肠弯曲菌（*Campylobacter jejuni*）检验的意义。

（2）掌握食品中空肠弯曲菌检验的方法和技术；熟悉和掌握空肠弯曲菌检验的生化试验的操作方法和结果的判断。

二、 实验原理

在普通培养基上难以生长，在凝固血清和血琼脂培养基上培养 36h 可见无色半透明毛玻璃样小菌落，单个菌落呈中心凸起，周边不规则，无溶血现象。空肠弯曲菌生化反应不活泼，不发酵糖类，不分解尿素，靛基质阴性。可还原硝酸盐，氧化酶和过氧化氢酶为阳性。能产生微量或不产生硫化氢，甲基红和 VP 试验阴性，枸橼酸盐培养基中不生长，在弯曲菌中唯一马尿酸呈阳性反应。

三、 实验材料

（一） 设备和材料

（1）恒温培养箱　（25±1）、（36±1）、（42±1）℃。

（2）冰箱　2~5℃。

（3）恒温振荡培养箱　（36±1）℃、（42±1）℃。

（4）天平　感量 0.1g。

（5）均质器与配套均质袋。

（6）振荡器。

（7）无菌吸管　1mL（具 0.01mL 刻度）、10mL（具 0.1mL 刻度）或微量移液器及吸头。

（8）无菌锥形瓶　容量 100、200、2000mL。

（9）无菌培养皿　直径 90mm。

（10）pH 计或 pH 比色管或精密 pH 试纸。

（11）水浴装置　（36 ± 1）℃、100℃。

（12）微需氧培养装置　提供微需氧条件（5%氧气、10%二氧化碳和85%氮气）。

（13）过滤装置及滤膜　0.22μm、0.45μm。

（14）显微镜　10 ~ 100 倍，有相差功能。

（15）离心机　离心速度≥20000g。

（16）比浊仪。

（17）微生物生化鉴定系统。

（二）培养基和试剂

（1）Bolton 肉汤（Bolton broth）。

（2）改良 CCD 琼脂（modified Charcoal Cefoperazone Deoxycholate Agar，mCCDA）。

（3）哥伦比亚血琼脂（Columbia blood agar）。

（4）布氏肉汤（Brucella broth）。

（5）氧化酶试剂。

（6）马尿酸钠水解试剂。

（7）Skirrow 血琼脂（Skirrow blood agar）。

（8）吲哚乙酸酯纸片。

（9）1g/L 蛋白胨水。

（10）1mol/L 硫代硫酸钠（$Na_2S_2O_3$）溶液。

（11）3% 过氧化氢（H_2O_2）溶液。

（12）空肠弯曲菌显色培养基。

（13）生化鉴定试剂盒或生化鉴定卡。

四、实验方法与步骤

（一）检验程序

空肠弯曲菌检验程序见图 5 - 14。

（二）操作步骤

1. 样品处理

（1）一般样品　取 25g（mL）样品（水果、蔬菜、水产品为 50g）加入盛有 225mL Bolton肉汤的有滤网的均质袋中（若为无滤网均质袋，可使用无菌纱布过滤），用拍击式均质器均质 1 ~ 2min，经滤网或无菌纱布过滤，将滤过液进行培养。

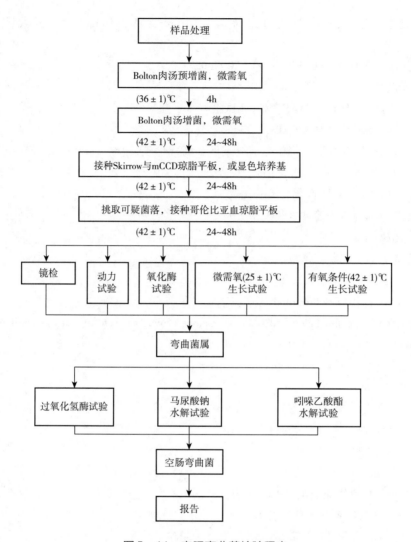

图 5-14　空肠弯曲菌检验程序

（2）整禽等样品　用 200mL 1g/L 的蛋白胨水中充分冲洗样品的内外部，并振荡 2～3min，经无菌纱布过滤至 250mL 离心管中，16000g 离心 15min 后弃去上清，用 10mL 1g/L 蛋白胨水悬浮沉淀，吸取 3mL 于 100mL Bolton 肉汤中进行培养。

（3）贝类　取至少 12 个带壳样品，除去外壳后将所有内容物放到均质袋中，用拍击式均质器均质 1～2min，取 25g 样品至 225mL Bolton 肉汤中（1:10 稀释），充分振荡后再转移 25mL 于 225mL Bolton 肉汤中（1:100 稀释），将 1:10 和 1:100 稀释的 Bolton 肉汤同时进行培养。

（4）蛋黄液或蛋浆　取 25g（mL）样品于 125mL Bolton 肉汤中并混匀（1:6 稀释），再转移 25mL 于 100mL Bolton 肉汤中并混匀（1:30 稀释），同时将 1:6 和 1:30 稀释的 Bolton 肉汤进行培养。

（5）鲜乳、冰淇淋、乳酪等　若为液体乳制品取50g；若为固体乳制品取50g加入盛有50mL 1g/L蛋白胨水的有滤网均质袋中，用拍击式均质器均质15～30s，保留过滤液。必要时调整pH至7.5±0.2，将液体乳制品或滤过液以20000g离心30min后弃去上清，用10mL Bolton肉汤悬浮沉淀（尽量避免带入油层），再转移至90mL Bolton肉汤进行培养。

（6）需表面涂拭检验的样品　无菌棉签擦拭检验样品的表面（面积至少100cm²以上），将棉签头剪落到100mL Bolton肉汤中进行培养。

（7）水样　将4L的水（对于氯处理的水，在过滤前每升水中加入5mL 1mol/L硫代硫酸钠溶液）经0.45μm滤膜过滤，把滤膜浸没在100mL Bolton肉汤中进行培养。

2. 预增菌与增菌

在微需氧条件下，（36±1）℃培养4h，如条件允许配以100r/min的速度进行振荡。必要时测定增菌液的pH并调整至7.4±0.2，（42±1）℃继续培养24～48h。

3. 分离

将24h增菌液、48h增菌液及对应的1∶50稀释液分别划线接种于Skirrow血琼脂与mC-CDA琼脂平板上，微需氧条件下（42±1）℃培养24～48h。另外可选择使用空肠弯曲菌显色平板作为补充。

观察24h培养与48h培养的琼脂平板上的菌落形态，mCCDA琼脂平板上的可疑菌落通常为淡灰色，有金属光泽、潮湿、扁平、呈扩散生长的倾向。Skirrow血琼脂平板上的第一型可疑菌落为灰色、扁平、湿润有光泽，呈沿接种线向外扩散的倾向；第二型可疑菌落常呈分散凸起的单个菌落，边缘整齐、发亮。空肠弯曲菌显色培养基上的可疑菌落按照说明进行判定。

4. 鉴定

（1）弯曲菌属的鉴定

①概述：挑取5个（如少于5个则全部挑取）或更多的可疑菌落接种到哥伦比亚血琼脂平板上，微需氧条件下（42±1）℃培养24～48h，按照以下步骤进行鉴定，结果符合表5-19的可疑菌落确定为弯曲菌属。

表5-19　　　　　　　　　　　　弯曲菌属的鉴定

项目	弯曲菌属特性
形态观察	革兰阴性，菌体弯曲如小逗点状，两菌体的末端相接时呈S形、螺旋状或海鸥展翅状[a]
动力观察	呈现螺旋状运动[b]
氧化酶试验	阳性
微需氧条件下（25±1）℃生长试验	不生长
有氧条件下（42±1）℃生长试验	不生长

注：a表示有些菌株的形态不典型；b表示有些菌株的运动不明显。

②形态观察：挑取可疑菌落进行革兰染色，镜检。

③动力观察：挑取可疑菌落用1mL布氏肉汤悬浮，用相差显微镜观察运动状态。

④氧化酶试验：用铂/铱接种环或玻璃棒挑取可疑菌落至氧化酶试剂润湿的滤纸上，如果在10s内出现紫红色、紫罗兰或深蓝色为阳性。

⑤微需氧条件下（25±1）℃生长试验：挑取可疑菌落，接种到哥伦比亚血琼脂平板上，微需氧条件下（25±1）℃培养（44±4）h，观察细菌生长情况。

⑥有氧条件下（42±1）℃生长试验：挑取可疑菌落，接种到哥伦比亚血琼脂平板上，有氧条件下（42±1）℃培养（44±4）h，观察细菌生长情况。

（2）空肠弯曲菌的鉴定

①过氧化氢酶试验：挑取菌落，加到干净玻片上的体积分数3%的过氧化氢溶液中，如果在30s内出现气泡则判定结果为阳性。

②马尿酸钠水解试验：挑取菌落，加到盛有0.4mL 10g/L马尿酸钠的试管中制成菌悬液。混合均匀后在（36±1）℃水浴中温育2h或（36±1）℃培养箱中温育4h。沿着试管壁缓缓加入0.2mL茚三酮溶液，不要振荡，在（36±1）℃的水浴或培养箱中再温育10min后判读结果。若出现深紫色则为阳性；若出现淡紫色或没有颜色变化则为阴性。

③吲哚乙酸酯水解试验：挑取菌落至吲哚乙酸酯纸片上，再滴加一滴灭菌水。如果吲哚乙酸酯水解，则在5~10min内出现深蓝色；若无颜色变化则表示没有发生水解。空肠弯曲菌的鉴定结果见表5-20。

表5-20 空肠弯曲菌的鉴定

特征	空肠弯曲菌（C. jejuni）	结肠弯曲菌（C. coli）	海鸥弯曲菌（C. lari）	乌普萨拉弯曲菌（C. upsaliensis）
过氧化氢酶试验	+	+	+	-或微弱
马尿酸钠水解试验	+	-	-	-
吲哚乙酸酯水解试验	+	+	-	+

注：+表示阳性；-表示阴性。

④替代试验：对于确定为弯曲菌属的菌落，可使用生化鉴定试剂盒或生化鉴定卡代替①~③步骤进行鉴定。

五、 结果与报告

综合以上试验结果，报告检样单位中检出或未检出空肠弯曲菌。

第十节 肉毒梭菌及肉毒素检验

一、实验目的

（1）掌握肉毒梭菌检验原理和检验方法。

（2）掌握肉毒素检验原理和检验方法。

二、实验原理

肉毒梭菌及其型别检验原理：采用疱肉培养基进行增菌产毒培养实验，并进行毒素检验试验，阳性结果证明检样中有肉毒梭菌存在，报告检样含有某型肉毒梭菌。

挑取可疑菌落到胰蛋白胨葡萄糖酵母浸膏肉汤（TPGY）培养基培养，对培养物用DNA提取试剂盒抽提DNA，进行PCR扩增，用琼脂糖凝胶电泳检验PCR产物中是否含有肉毒杆菌的特征条带，从而初步判断食品是否被肉毒杆菌污染。

肉毒毒素检验原理：因肉毒毒素在明胶磷酸盐缓冲液中稳定，故采用明胶磷酸盐缓冲液制备肉毒毒素生物素检样。又因为E型毒素需要胰酶激活后才表现出较强的毒力，所以检样分两份，其中一份用胰酶激活处理。

肉毒毒素检验以小白鼠腹腔注射法为标准方法，取检样离心上清液及其胰酶激活处理液分别注射小白鼠，若小白鼠以肉毒毒素中毒特有的症状死亡，表示检出肉毒毒素，并进一步处理。

采用多型混合肉毒抗毒诊断血清与检样作用中和毒素和加热破坏肉毒毒素的方法来证实样品中的毒素是否为肉毒毒素。若注射以上两种方法处理的检样的小白鼠均获保护存活，而注射未经其他处理的检样的小白鼠以特有的症状死亡，则证实含有肉毒毒素，并进行毒力测定和定型试验，报告检样含有某型肉毒毒素。

经毒素检验试验证实含有肉毒菌的增菌产毒培养物，用卵黄琼脂平板分离肉毒梭菌，肉毒梭菌在卵黄琼脂平板上生长时，菌落及周围培养基表面覆盖着特有的彩虹样或珍珠样薄层，但G型菌无此现象。

挑取卵黄琼脂平板上的菌落，进行增菌产毒培养实验和培养特性检验实验，以便进一步确证。得到确证后，报告由样品分离的菌株为某型肉毒梭菌。

三、实验材料

（一）主要设备和材料

除微生物实验室常规灭菌及培养设备外，其他设备和材料如下。

（1）冰箱　2~5℃、-20℃。

（2）天平　感量0.1g。

（3）无菌手术剪、镊子、试剂勺。

（4）均质器或无菌乳钵。

（5）离心机　3000 r/min、14000 r/min。

（6）厌氧培养装置。

（7）恒温培养箱　（35±1）、（28±1）℃。

（8）恒温水浴箱　（37±1）、（60±1）、（80±1）℃。

（9）显微镜　10~100倍。

（10）PCR仪。

（11）电泳仪或毛细管电泳仪。

（12）凝胶成像系统或紫外检测仪。

（13）核酸蛋白分析仪或紫外分光光度计。

（14）可调微量移液器　0.2~2、2~20、20~200、100~1000μL。

（15）无菌吸管　1.0、10.0、25.0mL。

（16）无菌锥形瓶　100mL。

（17）培养皿　直径90mm。

（18）离心管　50、1.5mL。

（19）PCR反应管。

（20）无菌注射器　1.0mL。

（21）小鼠　15~20g，每一批次试验应使用同一品系的KM或ICR小鼠。

（二）培养基和试剂

除另有规定外，PCR试验所用试剂为分析纯或符合生化试剂标准，水应符合GB/T 6682—2008中一级水的要求。

（1）庖肉培养基。

（2）胰蛋白酶胰蛋白胨葡萄糖酵母膏肉汤（TPGYT）。

（3）卵黄琼脂培养基。

（4）明胶磷酸盐缓冲液。

（5）革兰染色液。

（6）100g/L胰蛋白酶溶液。

（7）磷酸盐缓冲液（PBS）。

（8）1mol/L氢氧化钠溶液。

（9）1mol/L盐酸溶液。

（10）肉毒毒素诊断血清。

（11）无水乙醇和95%乙醇。

（12）10mg/mL 溶菌酶溶液。

（13）10mg/mL 蛋白酶 K 溶液。

（14）3mol/L 乙酸钠溶液（pH 5.2）。

（15）TE 缓冲液。

（16）引物　根据表 5-21 中序列合成，临用时用超纯水配制浓度为 10μmol/L。

（17）10 × PCR 缓冲液。

（18）2.5mmol/L MgCl$_2$。

（19）dNTPs　dATP、dTTP、dCTP、dGTP。

（20）Taq 酶。

（21）琼脂糖　电泳级。

（22）溴化乙锭或 Goldview。

（23）5 × TBE 缓冲液。

（24）6 × 加样缓冲液。

（25）DNA 相对分子质量标准。

四、 实验方法与步骤

（一）检验程序

检验基本程序见图 5-15。

（二）操作步骤

1. 样品制备

待检样品应放置 2~5℃冰箱冷藏。

固体或半固态食品处理：无菌操作称取样品 25g，放入无菌均质袋或无菌乳钵，块状食品以无菌操作切碎，含水量较高的固态食品加入 25mL 明胶磷酸盐缓冲液，乳粉、牛肉干等含水量低的食品加入 50mL 明胶磷酸盐缓冲液，浸泡 30min，用拍击式均质器拍打 2min 或用无菌研杵研磨制备样品匀液，收集备用。

液态食品处理：待检样品摇匀，以无菌操作量取 2mL 即可进行检验。

2. 肉毒毒素检验

（1）毒素液制备　取样品匀液 40mL 或均匀液体样品 25mL 放入离心管，3000r/min 离心 10~20min，收集上清液分为两份放入无菌试管中，一份直接用于毒素检验，另一份用胰酶处理后再进行毒素检验。液体样品保留底部沉淀及液体约 12mL，重悬，制备沉淀悬浮液备用。

胰酶处理：用 1mol/L 氢氧化钠或 1mol/L 盐酸调节上清液 pH 至 6.2，按 9 份上清液加 1 份 100g/L 胰酶（活力 1：250）水溶液，混匀，37℃孵育 60min，期间轻轻摇动反应液。

（2）检出试验　用 5 号针头注射器分别取离心上清液和胰酶处理上清液腹腔注射小鼠 3 只，每只 0.5mL，观察和记录小鼠 48h 内的中毒表现。典型肉毒毒素中毒症状多在 24h 内出现，通常在 6h 内发病和死亡，其主要表现为竖毛、四肢瘫软、呼吸困难、呈现风箱式呼

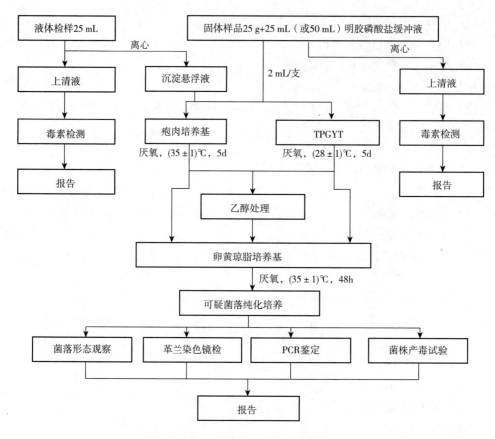

图 5-15　肉毒梭菌及肉毒毒素检验程序

吸、腰腹部凹陷宛如蜂腰，多因呼吸衰竭而死亡，可初步判定为肉毒毒素所致。若小鼠在24h后发病或死亡，应仔细观察小鼠症状，必要时浓缩上清液重复试验，以排除肉毒毒素中毒。若小鼠出现猝死（30min 内）导致症状不明显时，应将毒素上清液进行适当稀释，重复试验。

毒素检验动物试验应遵循 GB 15193.2—2004《食品毒理学实验室操作规范》的规定。

（3）确证试验　上清液或胰酶处理上清液的毒素试验阳性者，取相应试验液 3 份，每份 0.5mL，其中第一份加等量多型混合肉毒毒素诊断血清，混匀，37℃ 孵育 30min；第二份加等量明胶磷酸盐缓冲液，混匀后煮沸 10min；第三份加等量明胶磷酸盐缓冲液，混匀。将三份混合液分别腹腔注射小鼠各两只，每只 0.5mL，观察 96h 内小鼠的中毒和死亡情况。

结果判定：若注射第一份和第二份混合液的小鼠未死亡，而第三份混合液小鼠发病死亡，并出现肉毒毒素中毒的特有症状，则判定检验样品中检出肉毒毒素。

（4）毒力测定（选做项目）　取确证试验阳性的试验液，用明胶磷酸盐缓冲液稀释制备一定倍数稀释液，如 10 倍、50 倍、100 倍、500 倍等，分别腹腔注射小鼠各两只，每只 0.5mL，观察和记录小鼠发病与死亡情况至 96h，计算最低致死剂量（MLD/mL 或 MLD/

g），评估样品中肉毒毒素毒力，MLD 等于小鼠全部死亡的最高稀释倍数乘以样品试验液稀释倍数。例如，样品稀释两倍制备的上清液，再稀释 100 倍试验液使小鼠全部死亡，而 500 倍稀释液组存活，则该样品毒力为 200MLD/g。

（5）定型试验（选做项目）　根据毒力测定结果，用明胶磷酸盐缓冲液将上清液稀释至 10～1000 MLD/mL 作为定型试验液，分别与各单型肉毒毒素诊断血清等量混合（国产诊断血清一般为冻干血清，用 1mL 生理盐水溶解），37℃ 孵育 30min，分别腹腔注射小鼠两只，每只 0.5mL，观察和记录小鼠发病与死亡情况至 96h。同时，用明胶磷酸盐缓冲液代替诊断血清，与试验液等量混合作为小鼠试验对照。

结果判定：某一单型诊断血清组动物未发病且正常存活，而对照组和其他单型诊断血清组动物发病死亡，则判定样品中所含肉毒毒素为该型肉毒毒素。

注：未经胰酶激活处理的样品上清液的毒素检出试验或确证试验为阳性者，则毒力测定和定型试验可省略胰酶激活处理试验。

3. 肉毒梭菌检验

（1）增菌培养与检出试验

①取出庖肉培养基 4 支和 TPGY 肉汤管 2 支，隔水煮沸 10～15min 排除溶解氧，迅速冷却，切勿摇动，在 TPGY 肉汤管中缓慢加入胰酶液至液体石蜡液面下肉汤中，每支 1mL，制备成 TPGYT。

②吸取样品匀液或毒素制备过程中的离心沉淀悬浮液 2mL 接种至庖肉培养基中，每份样品接种 4 支，2 支直接放置（35±1）℃厌氧培养至 5d，另 2 支放 80℃保温 10min，再放置（35±1）℃厌氧培养至 5d；同样方法接种 2 支 TPGYT 肉汤管，（28±1）℃厌氧培养至 5d。

接种时，用无菌吸管轻轻吸取样品匀液或离心沉淀悬浮液，将吸管口小心插入肉汤管底部，缓缓放出样液至肉汤中，切勿搅动或吹气。

③检查记录增菌培养物的浊度、产气、肉渣颗粒消化情况，并注意气味。肉毒梭菌培养物为产气、肉汤浑浊（庖肉培养基中 A 型和 B 型肉毒梭菌肉汤变黑）、消化或不消化肉粒、有异臭味。

④取增菌培养物进行革兰染色镜检，观察菌体形态，注意是否有芽孢、芽孢的相对比例及在细胞内的位置。

⑤若增菌培养物 5d 无菌生长，应延长培养至 10d，观察生长情况。

⑥取增菌培养物阳性管的上清液，按前文（2. 肉毒毒素检验）的方法进行毒素检出和确证试验，必要时进行定型试验，如果结果为阳性，可证明样品中有肉毒梭菌存在。

注：TPGYT 增菌液的毒素试验无需添加胰酶处理。

（2）分离与纯化培养

①吸取 1mL 增菌液至无菌螺旋帽试管中，加入等体积过滤除菌的无水乙醇，混匀，在室温下放置 1h。

②取增菌培养物和经乙醇处理的增菌液分别划线接种至卵黄琼脂平板，（35±1）℃ 厌

氧培养48h。

③观察平板培养物菌落形态，肉毒梭菌菌落隆起或扁平、光滑或粗糙，易呈蔓延生长，边缘不规则，在菌落周围形成乳色沉淀晕圈（E型较宽，A型和B型较窄），在斜视光下观察，菌落表面呈现珍珠样彩虹，这种光泽区可随蔓延生长扩散到不规则边缘区外的晕圈。

④菌株纯化培养，在分离培养平板上选择5个肉毒梭菌可疑菌落，分别接种卵黄琼脂平板，（35±1）℃厌氧培养48h，观察菌落形态及其纯度，方法同③。

（3）鉴定试验

①染色镜检：挑取可疑菌落进行革兰染色镜检，肉毒梭菌菌体形态为革兰阳性粗大杆菌，芽孢卵圆形、大于菌体、位于次端，菌体呈网球拍状。

②毒素基因检验

a. 菌株活化：挑取可疑菌落或待鉴定菌株接种TPGY，（35±1）℃厌氧培养24h。

b. DNA模板制备：吸取TPGY培养液1.4mL至无菌离心管中，14000g离心2min，弃上清，加入1.0mL PBS悬浮菌体，14000g离心2min，弃上清，用400μL PBS重悬沉淀，加入10mg/mL溶菌酶溶液100μL，摇匀，37℃水浴15min，加入10mg/mL蛋白酶K溶液10μL，摇匀，60℃水浴1h，再沸水浴10min，14000g离心2min，上清液转移至无菌小离心管中，加入3mol/L NaAc溶液50μL和体积分数95%乙醇1.0mL，摇匀，−70℃或−20℃放置30min，14000g离心10min，弃去上清液，沉淀干燥后溶于200μL TE缓冲液，置于−20℃保存备用。

注：根据实验室实际情况，也可采用常规水煮沸法或商品化试剂盒制备DNA模板。

c. 核酸浓度测定（必要时）：取5μL DNA模板溶液，加超纯水稀释至1mL，用核酸蛋白分析仪或紫外分光光度计分别检验260nm和280nm波段的吸光值A_{260}和A_{280}。按式（5−6）计算DNA浓度。浓度在0.34~340μg/mL或A_{260}/A_{280}在1.7~1.9时，适宜于PCR扩增。

$$\rho = A_{260} \times N \times 50 \tag{5−6}$$

式中　ρ——DNA浓度，μg/mL；

　　　A_{260}——260nm处的吸光值；

　　　N——核酸稀释倍数。

d. PCR扩增：分别采用针对各型肉毒梭菌毒素基因设计的特异性引物（见表5−21）进行PCR扩增，包括A型肉毒毒素（botulinum neurotoxin A，bont/A）、B型肉毒毒素（botulinum neurotoxin B，bont/B）、E型肉毒毒素（botulinum neurotoxin E，bont/E）和F型肉毒毒素（botulinumn neurotoxin F，bont/F），每个PCR反应管检验一种型别的肉毒梭菌。

表5−21　　　　　肉毒梭菌毒素基因PCR检测的引物序列及其产物

检验肉毒梭菌类型	引物序列	扩增长度/bp
A型	F5′−GTG ATACAACCA GAT GGT AGT TAT AG−3′ R5′−AAA AAA CAA GTC CCA ATT ATT AAC TTT−3′	983

续表

检验肉毒梭菌类型	引物序列	扩增长度/bp
B 型	F5′ – GAG ATG TTT GTG AAT ATT ATG ATC CAG – 3′ R5′ – GTT CAT GCA TTA ATA TCA AGG CTG G – 3′	492
E 型	F5′ – CCA GGCGGTTGTCAA GAATTTTAT – 3′ R5′ – TCA AAT AAA TCA GGC TCT GCT CCC – 3′	410
F 型	F5′ – GCT TCA TTA AAG AAC GGA AGC AGT GCT – 3′ R5′ – GTG GCG CCT TTG TAC CTT TTC TAG G – 3′	1137

反应体系配制见表 5 – 22，反应体系中各试剂的量可根据具体情况或不同的反应总体积进行相应调整。

表 5 –22　　　　　　　　　　肉毒梭菌毒素基因 PCR 检测的反应体系

试剂	终浓度	加入体积/μL
10 × PCR 缓冲液	1 ×	5.0
25mmol/L MgCl$_2$	2.5mmol/L	5.0
10mmol/L dNTPs	0.2mmol/L	1.0
10μmol/L 正向引物	0.5μmol/L	2.5
10μmol/L 反身引物	0.5μmol/L	2.5
5 U/μLTaq 酶	0.05 U/μL	0.5
DNA 模板	—	1.0
dd H$_2$O	—	32.5
总体积	—	50.0

反应条件：预变性 95℃、5min；循环参数 94℃、1min，60℃、1min，72℃、1min；循环数 40；后延伸 72℃，10min；4℃保存备用。

注：PCR 扩增体系应设置阳性对照、阴性对照和空白对照。

电泳检测：对 PCR 产物进行电泳检测，并通过凝胶成像系统观察和记录结果。

③菌株产毒试验：将 PCR 阳性菌株或可疑肉毒梭菌菌株接种庖肉培养基或 TPGYT 肉汤（用于 E 型肉毒梭菌），按前文［3. 肉毒梭菌检验（1）增菌培养与检出试验②的条件］厌氧培养 5d，按（2. 肉毒毒素检验）方法进行毒素检验和（或）定型试验，毒素确证试验阳性者，判定为肉毒梭菌，根据定型试验结果判定肉毒梭菌型别。

注：根据 PCR 阳性菌株型别，可直接用相应型别的肉毒毒素诊断血清进行确证试验。

五、 结果与报告

（一） 肉毒毒素检验结果报告

根据前文中［2. 肉毒毒素检验的（2）检出试验与 2. 肉毒毒素检验的（3）确证试验］的结果，报告 25g（mL）样品中检出或未检出肉毒毒素。根据（5）定型试验结果，报告 25g（mL）样品中检出某型肉毒毒素。

（二） 肉毒梭菌检验结果报告

根据前文（3. 肉毒梭菌检验）的各项试验结果，报告样品中检出或未检出肉毒梭菌或检出某型肉毒梭菌。

第十一节　产气荚膜梭菌检验

一、 实验目的

（1）掌握选择性平板分离及确证试验的原理。
（2）掌握产气荚膜梭菌检验程序与操作要点。
（3）掌握典型菌落的计数。
（4）了解分子生物学、快速测定仪等其他检验方法。

二、 实验原理

（一） 选择性平板分离

采用胰胨－亚硫酸盐－环丝氨酸（TSC）琼脂平板进行厌氧培养，分离产生荚膜梭菌。其中环丝氨酸可抑制非梭菌，且产气荚膜梭菌能将 TSC 琼脂中的亚硫酸盐还原为硫化物，其与培养基中铁盐作用生成黑色硫化亚铁，而使菌落呈黑色。

（二） 确证实验

挑取 5 个黑色菌落，分别接种在厌氧菌能够生长的液体硫乙醇酸盐培养基（FTG）中培养，其中硫乙醇酸盐为还原剂，能吸收培养基内部的氧气，造成厌氧环境。在牛乳培养基中能分解乳糖产酸，使酪蛋白凝固，同时产生大量气体，将凝固的酪蛋白冲成蜂窝状，气势凶猛，称为"汹涌发酵"或"暴烈发酵"，但培养基不变黑，是该菌的主要特征，也是主要鉴别指标。该菌也能将硝酸盐还原为亚硝酸盐，还可发酵乳糖，使明胶液化。

三、　实验材料

（一）　主要设备和材料

（1）恒温培养箱　（36±1）℃。

（2）冰箱　2～5℃。

（3）恒温水浴箱　（50±1）℃，（46±0.5）℃。

（4）天平　感量0.1g。

（5）均质器。

（6）显微镜　10～100倍。

（7）无菌吸管　1mL（具0.01mL刻度）、10mL（具0.1mL刻度）或微量移液器及吸头。

（8）无菌试管　18mm×180mm。

（9）无菌培养皿　直径90mm。

（10）pH计或pH比色管或精密pH试纸。

（11）厌氧培养装置。

（二）　培养基和试剂

（1）胰胨－亚硫酸盐－环丝氨酸（TSC）琼脂。

（2）液体硫乙醇酸盐培养基（FTG）。

（3）缓冲动力－硝酸盐培养基。

（4）乳糖－明胶培养基。

（5）含铁牛乳培养基。

（6）1g/L蛋白胨水。

（7）硝酸盐还原试剂。

（8）缓冲甘油－氯化钠溶液。

四、　实验方法与步骤

（一）　检验程序

产气荚膜梭菌检验程序如图5-16。

（二）　操作步骤

1. 样品制备

以无样菌操作称取25g（mL）样品放入含有225mL 1g/L蛋白胨水的均质袋中，在拍击式均质器上连续均质1～2min；或置于盛有225mL 1g/L蛋白胨水的均质杯中，8000～10000r/min均质1～2min，作为1:10稀释液，再按1mL加1g/L蛋白胨水9mL分别制备10^{-6}～10^{-2}的系列稀释液。

2. 培养

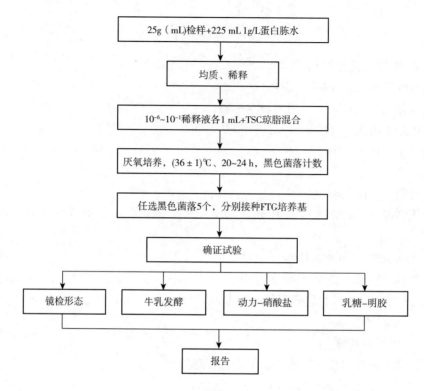

图 5 -16 产气荚膜梭菌检验程序

吸取各稀释液 1mL 加入无菌平皿内，每个稀释度做两个平行。每个平皿倾注冷却至 50℃的 TSC 琼脂 15mL，缓慢旋转平皿，使稀释液和琼脂充分混匀。待凝固后，再加 10mL 冷却至 50℃的 TSC 琼脂，均匀覆盖平板表层。凝固后，正置于厌氧培养装置内，（36 ± 1）℃培养 20 ~ 24h。产气荚膜梭菌在 TSC 琼脂平板上为黑色菌落。

3. 确证试验

（1）从单个平板上任选 5 个（小于 5 个全选）黑色菌落，分别接种到 FTG 培养基，（36 ±1）℃培养 18 ~ 24h。

（2）用 FTG 培养基的培养液涂片，革兰染色镜检并观察其纯度。产气荚膜梭菌为革兰阳性粗短的杆菌，有时可见芽孢体。如果培养液不纯，应划线接种 TSC 琼脂平板进行分离纯化，（36 ±1）℃厌氧培养 20 ~ 24h，挑取单个典型黑色菌落接种到 FTG 培养基，（36 ±1）℃培养 18 ~ 24h，用于后续的确证试验。

（3）取生长旺盛的 FTG 培养液 1mL 接种于含铁牛乳培养基，在（46 ±0.5）℃水浴中培养 2h 后，每小时观察一次有无"暴烈发酵"现象，该现象的特点是乳凝结物破碎后快速形成海绵样物质，通常会上升到培养基表面。5h 内不发酵者为阴性。产气荚膜梭菌发酵乳糖，凝固酪蛋白并大量产气，呈"暴烈发酵"现象，但培养基不变黑。

（4）用接种环（针）取 FTG 培养液穿刺接种缓冲动力 - 硝酸盐培养基，于（36 ±1）℃

培养 24h。在透射光下检查细菌沿穿刺线的生长情况，判定有无动力。然后滴加 0.5mL 试剂甲和 0.2mL 试剂乙以检查亚硝酸盐的存在。15min 内出现红色者，表明硝酸盐被还原为亚硝酸盐；如果不出现颜色变化，则加少许锌粉，放置 10min，出现红色者，表明该菌株不能还原硝酸盐。产气荚膜梭菌无动力，能将硝酸盐还原为亚硝酸盐。

（5）用接种环（针）取 FTG 培养液穿刺接种乳糖 – 明胶培养基，于（36 ± 1）℃ 培养 24h，观察结果。如发现产气和培养基由红变黄，表明乳糖被发酵并产酸。将试管于 5℃ 左右放置 1h，检查明胶液化情况。如果培养基是固态，于（36 ± 1）℃ 再培养 24h，重复检查明胶是否液化。产气荚膜梭菌能发酵乳糖，使明胶液化。

五、　结果与报告

（一）　典型菌落计数

选取典型菌落数在 20 ~ 200cfu 的平板，计数典型菌落数。如果：

（1）只有一个稀释度平板的典型菌落数在 20 ~ 200cfu，计数该稀释度平板上的典型菌落。

（2）最低稀释度平板的典型菌落数均小于 20cfu，计数该稀释度平板上的典型菌落。

（3）某一稀释度平板的典型菌落数均大于 200cfu，但下一稀释度平板上没有典型菌落，应计数该稀释度平板上的典型菌落。

（4）某一稀释度平板的典型菌落数均大于 200cfu，且下一稀释度平板上有典型菌落，但其平板上的典型菌落数不在 20 ~ 200cfu，应计数该稀释度平板上的典型菌落。

（5）2 个连续稀释度平板的典型菌落数均在 20 ~ 200cfu，分别计数 2 个稀释度平板上的典型菌落。

（二）　结果计算

$$T = \frac{\sum (A \frac{B}{C})}{(n_1 + 0.1 n_2)d} \tag{5 – 7}$$

式中　T——样品中产气荚膜梭菌的菌落数；

　　　A——单个平板上典型菌落数；

　　　B——单个平板上经确证试验为产气荚膜梭菌的菌落数；

　　　C——单个平板上用于确证试验的菌落数；

　　　n_1——第一稀释度（低稀释倍数）经确证试验有产气荚膜梭菌的平板个数；

　　　n_2——第二稀释度（高稀释倍数）经确证试验有产气荚膜梭菌的平板个数；

　　　0.1——稀释系数；

　　　d——稀释因子（第一稀释度）。

（三）　报告

根据 TSC 琼脂平板上产气荚膜梭菌的典型菌落数，按照式（5 – 7）计算，报告每克（毫升）样品中产气荚膜梭菌数，报告单位以 cfu/g（mL）表示；如 T 值为 0，则以小于 1

乘以最低稀释倍数报告。

第十二节　蜡样芽孢杆菌检验

一、 实验目的

（1）掌握甘露醇卵黄多黏菌素琼脂作为选择性培养基筛选蜡样芽孢杆菌的原理。

（2）掌握蜡样芽孢杆菌检验的基本程序与操作要点。

（3）了解 PCR、多重 PCR、实时荧光 PCR 等分子生物学方法的检验方法。

二、 实验原理

采用甘露醇卵黄多黏菌素（MYP）琼脂作为选择培养基，主要利用多黏菌素可抑制革兰阴性菌，蜡样芽孢杆菌不分解甘露醇，不产酸，利用含氮物质，产生碱性产物，使培养基中酚红变为红色，又因其产生卵磷酸脂酶，所以蜡样芽孢杆菌在此培养基上菌落呈红色（表示不发酵甘露醇），环绕有粉红色的晕（表示产生卵磷脂酶）。

三、 实验材料

（一） 主要设备与材料

（1）冰箱　2~5℃。

（2）恒温培养箱　（30±1）℃、（36±1）℃。

（3）均质器。

（4）电子天平　感量0.1g。

（5）无菌锥形瓶　100mL、500mL。

（6）无菌吸管　1mL（具0.01mL刻度）、10mL（具0.1mL刻度）或微量移液器及吸头。

（7）无菌平皿　直径90mm。

（8）无菌试管　18mm×180mm。

（9）显微镜　10~100倍（油镜）。

（10）L涂布棒。

（二） 培养基与试剂

（1）磷酸盐缓冲液（PBS）。

（2）甘露醇卵黄多黏菌素（MYP）琼脂。

（3）胰酪陈大豆多黏菌素肉汤。

（4）营养琼脂。

（5）过氧化氢溶液。

（6）动力培养基。

（7）硝酸盐肉汤。

（8）酪蛋白琼脂。

（9）硫酸锰营养琼脂培养基。

（10）5g/L 碱性复红。

（11）糖发酵管。

（12）V－P 培养基。

（13）胰酪胨大豆羊血（TSSB）琼脂。

（14）溶菌酶营养肉汤。

（15）西蒙氏柠檬酸盐培养基。

（16）明胶培养基。

四、　实验方法与步骤

（一）　第一法　蜡样芽孢杆菌平板计数法

该法适用于蜡样芽孢杆菌含量较高的食品中蜡样芽孢杆菌的计数。

1. 检验程序

蜡样芽孢杆菌平板计数法检验程序见图 5－17。

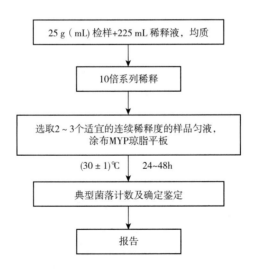

图 5－17　蜡样芽孢杆菌平板计数法检验程序

2. 操作步骤

（1）样品处理、制备与稀释　样品处理：冷冻样品应在 45℃以下不超过 15min 或在

2~5℃不超过 18h 解冻，若不能及时检验，应放于 -20 ~ -10℃保存；非冷冻而易腐的样品应尽可能及时检验，若不能及时检验，应置于 2~5℃冰箱保存，24h 内检验。

样品制备：称取样品 25g，放入盛有 225mL PBS 或生理盐水的无菌均质杯内，用旋转刀片式均质器以 8 000 ~10000r/min 均质 1~2min，或放入盛有 225mL PBS 或生理盐水的无菌均质袋中，用拍击式均质器拍打 1~2min。若样品为液态，吸取 25mL 样品至盛有 225mL PBS 或生理盐水的无菌锥形瓶（瓶内可预置适当数量的无菌玻璃珠）中，振荡混匀，作为 1:10 的样品匀液。

样品稀释：然后吸取 1mL 样品匀液加到装有 9mL PBS 或生理盐水的稀释管中，充分混匀制成 1:100 的样品匀液。根据对样品污染状况的估计，按上述操作，依次制成 10 倍递增系列稀释样品匀液。

（2）分离、培养　根据对样品污染状况的估计，选择 2~3 个适宜稀释度的样品匀液，以 0.3，0.3，0.4mL 接种量分别移入三块 MYP 琼脂平板，并均匀涂布整个平板，置于（30±1）℃培养（24±2）h 进行观察。若菌落不典型，可继续培养（24±2）h 再观察。在 MYP 琼脂平板上，典型菌落为微粉红色（表示不发酵甘露醇），周围有白色至淡粉红色沉淀环（表示产卵磷脂酶）。

从每个平板（符合 4. 结果计算的要求）中挑取至少 5 个典型菌落（小于 5 个全选），分别划线接种于营养琼脂平板做纯培养，（30±1）℃培养（24±2）h，进行确证实验。在营养琼脂平板上，典型菌落为灰白色，偶有黄绿色，不透明，表面粗糙似毛玻璃状或熔蜡状，边缘常呈扩展状，直径为 4~10mm。

3. 确证鉴定

（1）染色镜检　挑取纯培养的单个目标菌落进行革兰染色镜检。蜡样芽孢杆菌为革兰阳性芽孢杆菌，大小为 (1~1.3) μm × (3~5) μm。芽孢呈椭圆形，位于菌体中央或偏端，不膨大于菌体，菌体两端较平整，多呈短链或长链状排列。

（2）生化鉴定　挑取纯培养的单个目标菌落，进行过氧化氢酶试验、动力试验、硝酸盐还原试验、酪蛋白分解试验、溶菌酶耐性试验、V-P 试验、葡萄糖利用（厌氧）试验、根状生长试验、溶血试验、蛋白质毒素结晶试验。蜡样芽孢杆菌生化特征与其他芽孢杆菌的区别见表 5-23。

表 5-23　　　　　　　　蜡样芽孢杆菌生化特征与其他芽孢杆菌的区别

项目	蜡样芽孢杆菌 *Bacillus cereus*	苏云金芽孢杆菌 *Bacillus thuringiensis*	蕈状芽孢杆菌 *Bacillus mycoides*	炭疽芽孢杆菌 *Bacillus anthracis*	巨大芽孢杆菌 *Bacillus megaterium*
革兰染色	+	+	+	+	+
过氧化氢酶	+	+	+	+	+

续表

项目	蜡样芽孢杆菌 *Bacillus cereus*	苏云金芽孢杆菌 *Bacillus thuringiensis*	蕈状芽孢杆菌 *Bacillus mycoides*	炭疽芽孢杆菌 *Bacillus anthracis*	巨大芽孢杆菌 *Bacillus megaterium*
动力	+/-	+/-	-	-	+/-
硝酸盐还原	+	+/-	+	+	-/+
酪蛋白分解	+	+	+/-	-/+	+/-
溶菌酶耐性	+	+	+	+	-
卵黄反应	+	+	+		
葡萄糖利用（厌氧）	+	+	+	+	
V-P试验	+	+	+	+	
甘露醇产酸	-	-	-	-	+
溶血（羊红细胞）	+	+	+	-/+	
根状生长	-	-	+		
蛋白质毒素晶体	-	+	-	-	-

注：+表示90%～100%的菌株阳性；-表示90%～100%的菌株阴性；+/-表示大多数的菌株阳性；-/+表示大多数的菌株阴性。

①动力试验：用接种针挑取培养物穿刺接种于动力培养基中，30℃培养24h。有动力的蜡样芽孢杆菌应沿穿刺线呈扩散生长，而蕈状芽孢杆菌常呈"绒毛状"生长。也可用悬滴法检查。

②溶血试验：挑取纯培养的单个可疑菌落接种于TSSB琼脂平板上，（30±1）℃培养（24±2）h。蜡样芽孢杆菌菌落为浅灰色，不透明，似白色毛玻璃状，有草绿色溶血环或完全溶血环。苏云金芽孢杆菌和蕈状芽孢杆菌呈现弱的溶血现象，而多数炭疽芽孢杆菌为不溶血，巨大芽孢杆菌为不溶血。

③根状生长试验：挑取单个可疑菌落按间隔2～3cm距离划平行直线于经室温干燥1～2d的营养琼脂平板上，（30±1）℃培养24～48h，不能超过72h。用蜡样芽孢杆菌和蕈状芽孢杆菌标准株作为对照进行同步试验。蕈状芽孢杆菌呈根状生长，蜡样芽孢杆菌菌株呈粗糙山谷状生长。

④溶菌酶耐性试验：用接种环取纯菌悬液一环，接种于溶菌酶肉汤中，（36±1）℃培养24h。蜡样芽孢杆菌在本培养基（含0.01g/L溶菌酶）中能生长。如出现阴性反应，应继续培养24h。巨大芽孢杆菌不生长。

⑤蛋白质毒素结晶试验：挑取纯培养的单个可疑菌落接种于硫酸锰营养琼脂平板上，

（30±1）℃培养（24±2）h，并于室温放置3~4d。挑取培养物少许于载玻片上，滴加蒸馏水混匀并涂成薄膜。经自然干燥、微火固定后，加甲醇作用30s后倾去，再通过火焰干燥，于载玻片上滴满5g/L碱性复红，放火焰上加热（微见蒸汽，勿使染液沸腾）持续1~2min，移去火焰，再更换染色液再次加温染色30 s，倾去染液用洁净自来水彻底清洗、晾干后镜检。观察有无游离芽孢（浅红色）和染成深红色的菱形蛋白结晶体。如发现游离芽孢形成的不丰富，应再将培养物置室温2~3 d后进行检查。除苏云金芽孢杆菌外，其他芽孢杆菌不产生蛋白结晶体。

（3）生化分型（选做项目）　根据对柠檬酸盐利用、硝酸盐还原、淀粉水解、V－P试验反应、明胶液化试验的结果，将蜡样芽孢杆菌分成不同生化型别，见表5-24。

表5-24　　　　　　　　　蜡样芽孢杆菌生化分型试验

型别	生化试验				
	柠檬酸盐	硝酸盐	淀粉	V－P	明胶
1	+	+	+	+	+
2	-	+	+	+	+
3	+	+	-	+	+
4	-	-	+	+	+
5	-	-	-	+	+
6	+	-	-	+	+
7	+	-	+	+	+
8	-	+	-	+	+
9	-	+	-	+	+
10	-	+	+	+	+
11	+	+	+	-	+
12	+	+	-	-	+
13	-	-	+	-	-
14	+	-	-	-	+
15	+	-	+	-	+

注：+表示90%~100%的菌株阳性；－表示90%~100%的菌株阴性。

4. 结果计算

选择有典型蜡样芽孢杆菌菌落的平板，且同一稀释度3个平板所有菌落数合计在20~200cfu的平板，计数典型菌落数。如果出现下述（1）~（6）现象，按式（5-8）计算；

如果出现（7）现象，则按式（5-9）计算；

（1）只有一个稀释度的平板菌落数在 20～200cfu，且有典型菌落，计数该稀释度平板上的典型菌落；

（2）2 个连续稀释度的平板菌落数均在 20～200cfu，但只有一个稀释度的平板有典型菌落，应计数该稀释度平板上的典型菌落；

（3）所有稀释度的平板菌落数均小于 20cfu，且有典型菌落，应计数最低稀释度平板上的典型菌落；

（4）某一稀释度的平板菌落数大于 200cfu，且有典型菌落，但下一稀释度平板上没有典型菌落，应计数该稀释度平板上的典型菌落；

（5）所有稀释度的平板菌落数均大于 200cfu，且有典型菌落，应计数最高稀释度平板上的典型菌落；

（6）所有稀释度的平板菌落数均不在 20～200cfu，且有典型菌落，其中一部分小于 20cfu 或大于 200cfu 时，应计数最接近 20cfu 或 200cfu 的稀释度平板上的典型菌落。

（7）2 个连续稀释度的平板菌落数均在 20～200cfu，且均有典型菌落。

菌落计算公式：

$$T = \frac{AB}{Cd} \qquad (5-8)$$

式中　T——样品中蜡样芽孢杆菌菌落数；

　　　A——某一稀释度蜡样芽孢杆菌典型菌落的总数；

　　　B——鉴定结果为蜡样芽孢杆菌的菌落数；

　　　C——用于蜡样芽孢杆菌鉴定的菌落数；

　　　d——稀释因子。

$$T = \frac{A_1 B_1 / C_1 + A_2 B_2 / C_2}{1.1d} \qquad (5-9)$$

式中　T——样品中蜡样芽孢杆菌菌落数；

　　　A_1——第一稀释度（低稀释倍数）蜡样芽孢杆菌典型菌落的总数；

　　　A_2——第二稀释度（高稀释倍数）蜡样芽孢杆菌典型菌落的总数；

　　　B_1——第一稀释度（低稀释倍数）鉴定结果为蜡样芽孢杆菌的菌落数；

　　　B_2——第二稀释度（高稀释倍数）鉴定结果为蜡样芽孢杆菌的菌落数；

　　　C_1——第一稀释度（低稀释倍数）用于蜡样芽孢杆菌鉴定的菌落数；

　　　C_2——第二稀释度（高稀释倍数）用于蜡样芽孢杆菌鉴定的菌落数；

　　　1.1——计算系数（如果第二稀释度蜡样芽孢杆菌鉴定结果为 0，计算系数采用 1）；

　　　d——稀释因子（第一稀释度）。

5. 结果与报告

（1）根据 MYP 平板上蜡样芽孢杆菌的典型菌落数，按式（5-8）、式（5-9）计算，报告每克（毫升）样品中蜡样芽孢杆菌菌数，以 cfu/g（mL）表示；如 T 值为 0，则以小于

1 乘以最低稀释倍数报告。

（2）必要时报告蜡样芽孢杆菌生化分型结果。

（二） 第二法　蜡样芽孢杆菌 MPN 计数法

本法适用于蜡样芽孢杆菌含量较低的食品中蜡样芽孢杆菌的计数。

1. 检验程序

蜡样芽孢杆菌 MPN 计数法检验程序见图 5-18。

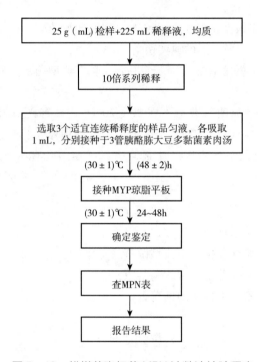

图 5-18　蜡样芽孢杆菌 MPN 计数法检验程序

2. 操作步骤

（1）样品处理、制备与稀释　同第一法。

（2）样品接种　取 3 个适宜连续稀释度的样品匀液（液体样品可包括原液），接种于 10mL 胰酪胨大豆多黏菌素肉汤中，每一稀释度接种 3 管，每管接种 1mL（如果接种量需要超过 1mL，则用双料胰酪胨大豆多黏菌素肉汤）。于（30±1）℃培养（48±2）h。

（3）培养　用接种环从各管中分别移取 1 环，划线接种到 MYP 琼脂平板上，（30±1）℃培养（24±2）h。如果菌落不典型，可继续培养（24±2）h 再观察。

（4）确证鉴定　从每个平板选取 5 个典型菌落（小于 5 个全选），划线接种于营养琼脂平板做纯培养，（30±1）℃培养（24±2）h，进行确证实验，同第一法。

3. 结果与报告

根据证实为蜡样芽孢杆菌阳性的试管管数，查 MPN 检索表，报告每克（毫升）样品中蜡样芽孢杆菌的最可能数，以 MPN/g（mL）表示。

第十三节　乳酸菌检验

一、实验目的

（1）了解乳酸菌的分类与应用。

（2）掌握乳酸菌总数、双歧杆菌及嗜热链球菌计数方法与操作要点。

（3）了解乳酸菌鉴定基本方法。

二、实验原理

乳酸菌（lactic acid bacteria，LAB）是一类能利用可发酵碳水化合物产生大量乳酸的细菌通称。这类细菌在自然界分布极为广泛，具有丰富的物种多样性。它们在工业、农牧业、食品和医药等与人类生活密切相关的重要领域应用价值极高。此外，这类菌中有些细菌又是人畜的致病菌，因此受到人们极大的关注和重视。目前，在乳酸菌包括哪些菌属方面还存在着争议，根据国际公认的分类系统——Bergy 氏系统细菌学手册中，将其划分为至少 23 个属，其中具有代表性的种属有乳杆菌属（*Lactobacillus*）、乳球菌属（*Lactococcus*）、链球菌属（*Streptococcus*）、双歧杆菌属（*Bifidobacterium*）、气球菌属（*Aerococcus*）、肉杆菌属（*Carnobacterium*）、肠球菌属（*Enterococcus*）、明串珠菌属（*Leuconostoc*）、酒球菌属（*Oenococcus*）、足球菌属（*Pediococcus*）、四体球菌属（*Tetragenococcus*）和漫游球菌属（*Vagococcus*）等。

乳酸菌在不同的培养基菌落形态各不相同，在 MRS 培养基上菌落通常为白色，较大，直径（5±1）mm；在改良 MC 培养基上表现为平皿底为粉红色，菌落较小，圆形，红色，边缘似星状，直径（2±1）mm，有淡淡的晕；用莫匹罗星锂盐改良 MRS 琼脂（MUP - MRS）为双歧杆菌计数的选择性培养基。莫匹罗星锂盐和半胱氨酸改良 MRS 是筛选双歧杆菌最佳培养基，其中莫匹罗星锂盐（Li - MUP）能抑制除双歧杆菌以外的多数乳酸菌，可以在一定程度上抑制杂菌。乳酸菌的碳源较窄，最常用的碳源是单糖的己糖，不同类型的乳酸菌对碳源利用存在一定的差异性，也是鉴定的依据之一。

三、实验材料

（一）主要设备和材料

（1）恒温培养箱　（36±1）℃。

（2）冰箱　2～5℃。

（3）均质器及无菌均质袋、均质杯或灭菌乳钵。

（4）天平　感量0.01g。

（5）无菌试管　18mm×180mm、15mm×100mm。

（6）无菌吸管　1mL（具0.01mL刻度）、10mL（具0.1mL刻度）或微量移液器及吸头。

（7）无菌锥形瓶　500mL和250mL。

（二）培养基和试剂

（1）生理盐水。

（2）MRS（Man Rogosa Sharpe）培养基及莫匹罗星锂盐（Li－Mupirocin）和半胱氨酸盐酸盐（Cysteine Hydrochloride）改良MRS培养基。

（3）MC培养基（Modified Chalmers培养基）。

（4）5g/L蔗糖发酵管。

（5）5g/L纤维二糖发酵管。

（6）5g/L麦芽糖发酵管。

（7）5g/L甘露醇发酵管。

（8）5g/L水杨苷发酵管。

（9）5g/L山梨醇发酵管。

（10）5g/L乳糖发酵管。

（11）七叶苷发酵管。

（12）革兰染色液。

（13）莫匹罗星锂盐（Li－Mupirocin）　化学纯。

（14）半胱氨酸盐酸盐（Cysteine Hydrochloride）　纯度＞99%。

四、　实验方法与步骤

（一）检验程序

乳酸菌检验程序见图5－19。

（二）操作步骤

1. 样品制备

以无菌操作称取25g固体或半固体食品置于装有225mL生理盐水的无菌均质杯内8000~10000r/min均质1~2min，制成1∶10样品匀液；若为液体样品，应先将其充分摇匀后以无菌吸管吸取样品25mL，放入装有225mL生理盐水的无菌锥形瓶（瓶内预置适当数量的无菌玻璃珠）中，充分振摇，制成1∶10的样品匀液。

2. 步骤

（1）稀释　用1mL无菌吸管或微量移液器吸取1∶10样品匀液1mL，沿管壁缓慢注于装有9mL生理盐水的无菌试管中（注意吸管尖端不要触及稀释液），振摇试管或换用1支无

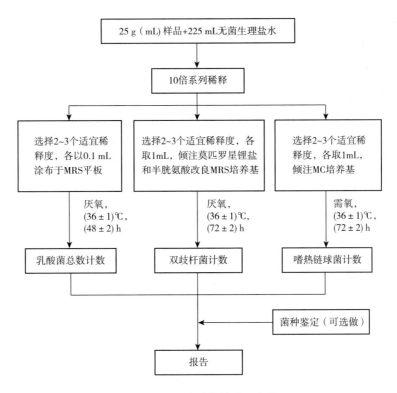

图 5-19 乳酸菌检验程序图

菌吸管反复吹打使其混合均匀，制成 1:100 的样品匀液。

另取 1mL 无菌吸管或微量移液器吸头，按上述操作顺序，做 10 倍递增样品匀液，每递增稀释一次，即换用 1 次 1mL 灭菌吸管或吸头。

（2）乳酸菌总数 选择 2~3 个连续的适宜稀释度，每个稀释度吸取 0.1mL 样品匀液分别置于 2 个 MRS 琼脂平板均匀涂布。（36±1）℃厌氧培养（48±2）h 后，计数平板上的所有菌落数。从样品稀释到平板涂布要求在 15min 内完成。

（3）双歧杆菌计数 选择 2~3 个连续的适宜稀释度，每个稀释度吸取 1mL 样品匀液于灭菌平皿内，每个稀释度做两个平皿。再将冷却至 48℃的莫匹罗星锂盐和半胱氨酸盐酸盐改良的 MRS 培养基倾注入平皿约 15mL，混合均匀后，（36±1）℃厌氧培养（72±2）h，计数平板上的所有菌落数。样品从稀释到平板倾注要求在 15min 内完成。

（4）嗜热链球菌计数 选择 2~3 个连续的适宜稀释度，每个稀释度吸取 1mL 样品匀液于灭菌平皿内，再将冷却至 48℃的 MC 培养基倾注入平皿中，混合均匀后（36±1）℃，需氧培养（72±2）h 后计数。嗜热链球菌在 MC 琼脂平板上的菌落特征为：菌落中等偏小，边缘整齐光滑的红色菌落，直径（2±1）mm，菌落背面为粉红色。样品从稀释到平板倾注要求在 15min 内完成。

（5）乳杆菌计数　选择 2~3 个连续的适宜稀释度，每个稀释度吸取 1mL 样品匀液于灭菌平皿内，每个稀释度做两个平行。再将冷却至 48℃ 的 MRS 琼脂培养基倾注入平皿约15mL，转动平皿使混合均匀，（36±1）℃ 厌氧培养（72±2）h。从样品稀释到平板倾注要求在 15min 内完成。

3. 菌落计数

（1）选取菌落数在 30~300cfu、无蔓延菌落生长的平板计数菌落总数。低于 30cfu 的平板记录具体菌落数，大于 300cfu 的可记录为多不可计。每个稀释度的菌落数应采用两个平板的平均数。

（2）其中一个平板有较大片状菌落生长时，则不宜采用，而应以无片状菌落生长的平板作为该稀释度的菌落数；若片状菌落不到平板的一半，而其余一半中菌落分布又很均匀，即可计算半个平板后乘以 2，代表一个平板菌落数。

（3）当平板上出现菌落间无明显界线的链状生长时，则将每条单链作为一个菌落计数。

4. 结果表述

（1）若只有一个稀释度平板上的菌落数在适宜计数范围内，计算两个平板菌落数的平均值，再将平均值乘以相应稀释倍数，作为每克（毫升）中菌落总数结果。

（2）若有两个连续稀释度的平板菌落数在适宜计数范围内时，按式（5-10）计算：

$$N = \frac{\sum C}{(n_1 + 0.1\, n_2)\, d} \tag{5-10}$$

式中　N——样品中菌落数；

$\sum C$——平板（含适宜范围菌落数的平板）菌落数之和；

n_1——第一稀释度（低稀释度倍数）平板个数；

n_2——第二稀释度（低稀释度倍数）平板个数；

d——稀释因子（第一稀释度）。

（3）若所有稀释度的平板上菌落数均大于 300cfu，则对稀释度最高的平板进行计数，其他平板可记录为多不可计，结果按平均菌落数乘以最高稀释倍数计算。

（4）若所有稀释度的平板菌落数均小于 30cfu，则应按稀释度最低的平均菌落数乘以稀释倍数计算。

（5）若所有稀释度（包括液体样品原液）平板均无菌落生长，则以小于 1 乘以最低稀释倍数计算。

（6）若所有稀释度的平板菌落数均不在 30~300cfu，其中一部分小于 30cfu 或大于300cfu 时，则以最接近 30cfu 或 300cfu 的平均菌落数乘以稀释倍数计算。

5. 菌落数的报告

（1）菌落数小于 100cfu 时，按"四舍五入"原则修约，以整数报告。

（2）菌落数大于或等于 100cfu 时，第 3 位数字采用"四舍五入"原则修约后，取前 2 位数字，后面用 0 代替位数；也可用 10 的指数形式来表示，按"四舍五入"原则修约后，采用两位有效数字。

五、　结果与报告

根据菌落计数结果出具报告，报告单位以 cfu/g（mL）表示。

六、　乳酸菌的鉴定　（可选做）

（1）双歧杆菌的鉴定按 GB 4789.34 的规定操作。

（2）涂片镜检　乳杆菌属菌体形态多样，呈长杆状、弯曲杆状或短杆状。无芽孢，革兰染色阳性。嗜热链球菌菌体呈球形或球杆状，直径为 0.5～2.0μm，成对或成链排列，无芽孢，革兰染色阳性。

（3）乳酸菌菌种主要生化反应见表5－25、表5－26、表5－27。

表5－25　　　　　　　　乳酸菌在不同培养基上菌落特征

MRS	改良 MC
菌落为白色，较大，直径（5±1）mm	平皿底为粉红色，菌落较小，圆形，红色，边缘似星状，直径（2±1）mm，有淡淡的晕

表5－26　　　　　　　　常见乳酸杆菌的生化特性

乳酸杆菌类型	七叶苷	纤维二糖	麦芽糖	甘露醇	水杨苷	山梨醇	蔗糖	棉子糖
干酪乳杆菌干酪亚种	+	+	+	+		+	+	-
德氏乳杆菌保加利亚种	-	-	-	-	-	-	-	-
嗜酸乳杆菌	+	+	+	-	+	-	+	d
罗伊氏乳杆菌	ND	-	+	-	-	-	+	+
鼠李糖乳杆菌	+	+	+	+	+	+	+	-
植物乳乳杆菌	+	+	+	+	+	+	+	+

注：+ 表示90%以上菌株阳性；- 表示90%以上菌株阴性；d 表示不同菌株反应不同；ND 表示未测定。

表5－27　　　　　　　　嗜热链球菌的生化特性

菌种	菊糖	乳糖	甘露醇	水杨苷	山梨醇	马尿酸	七叶苷
嗜热链球菌	-	+	-	-	-	-	-

注：+ 表示90%以上菌株阳性；- 表示90%以上菌株阴性。

第十四节 霉菌和酵母计数

一、 实验目的

（1）了解酵母菌、霉菌在马铃薯 – 葡萄糖琼脂、高盐察氏培养基的菌落特征。

（2）掌握霉菌和酵母计数方法。

二、 实验原理

真菌是一类真核微生物，是生物界中很大的一个类群，世界上已被描述的真菌约有 1 万属 12 万余种，主要包括酵母菌与霉菌。长期以来人们利用某些霉菌和酵母菌加工一些食品，如干酪、酿酒、制酱等，但也可以造成食品腐败变质，使食品表面失去色、香、味等。如酵母菌在新鲜的和加工的食品中繁殖，可使食品发出难闻的异味，它还可以使液体发生浑浊，产生气泡，形成薄膜，改变颜色及散发不正常的气味等。因此，霉菌及酵母菌也作为评价食品卫生质量的指示菌，并以霉菌和酵母菌计数来制定食品被污染的程度。

霉菌和酵母菌虽然都可以在添加抗菌素的马铃薯 – 葡萄糖琼脂、高盐察氏培养基或孟加拉红培养基上生长，但菌落特征不同，菌落的颜色、光泽、质地、表面和边缘特征等均作为识别时的重要依据。酵母菌的菌落一般大而厚，湿润、黏稠、易被挑起，菌落多为乳白色，少数为红色，质地均匀，正面与反面及边缘与中间部位的颜色较一致。而霉菌的菌落形态一般较大，外观干燥、不透明，呈现或松或紧的蛛网状、绒毛状，且与培养基的连接紧密，不易挑起，菌落正面与反面的颜色、构造及边缘与中心的一般不一致。

三、 实验材料

（一）主要设备和材料

（1）培养箱 （28 ±1）℃。

（2）拍击式均质器及均质袋。

（3）电子天平 感量 0.1g。

（4）无菌锥形瓶 容量 500mL。

（5）无菌吸管 1mL（具 0.01mL 刻度），10mL（具 0.1mL 刻度）。

（6）无菌试管 18mm × 180mm。

（7）旋涡混合器。

（8）无菌平皿 直径 90mm。

（9）恒温水浴箱 （46 ±1）℃。

（10）显微镜 10～100倍。

（11）微量移液器及枪头 1.0mL。

（12）折光仪。

（13）郝氏计测玻片 具有标准计测室的特制玻片。

（14）盖玻片。

（15）测微器 具标准刻度的玻片。

（二）培养基和试剂

（1）生理盐水。

（2）马铃薯葡萄糖琼脂。

（3）孟加拉红琼脂。

（4）磷酸盐缓冲液。

四、 实验方法与步骤

（一）检验程序

霉菌和酵母平板计数法检验程序如图5-20。

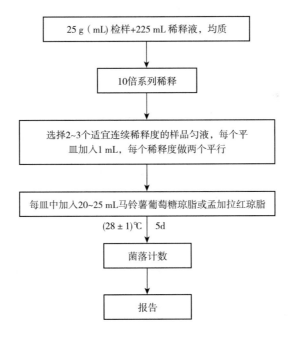

图5-20 霉菌和酵母菌平板计数法的检验程序

（二）操作步骤

1. 样品处理

称取固体和半固体样品25g或吸取液体样品25mL，加入225mL无菌稀释液，充分混匀，制成1∶10的样品匀液。再取1mL 1∶10样品匀液注入含有9mL无菌稀释液的试管中，混匀，制成1∶100的样品匀液，按同样操作制备10倍递增系列稀释样品匀液。

2. 接种与培养

根据样品污染状况的估计，选择2~3个适宜稀释度的样品匀液（液体样品可包括原液），每个稀释度分别吸取1mL样品匀液于2个无菌平皿内，再将20~25mL冷却至46℃的马铃薯葡萄糖琼脂或孟加拉红琼脂倾注平皿中，并转动平皿使其混合均匀，凝固后正置(28±1)℃培养箱中培养，观察并记录培养至第5d的结果，同时做2个空白对照。

3. 菌落计数

选取菌落数在10~150cfu的平板，根据菌落形态分别计数霉菌和酵母。霉菌蔓延生长覆盖整个平板的可记录为菌落蔓延。

4. 菌落统计

（1）计算同一稀释度的两个平板菌落数的平均值，再将平均值乘以相应稀释倍数。

（2）若有两个稀释度平板上菌落数均在10~150cfu，则按照GB 4789.2—2010《菌落总数测定》的相应规定进行计算。

（3）若所有平板上菌落数均大于150cfu，则对稀释度最高的平板进行计数，其他平板可记录为多不可计，结果按平均菌落数乘以最高稀释倍数计算。

（4）若所有平板上菌落数均小于10cfu，则应按稀释度最低的平均菌落数乘以稀释倍数计算。

（5）若所有稀释度（包括液体样品原液）平板均无菌落生长，则以小于1乘以最低稀释倍数计算。

（6）若所有稀释度的平板菌落数均不在10~150cfu，其中一部分小于10cfu或大于150cfu时，则以最接近10cfu或150cfu的平均菌落数乘以稀释倍数计算。

五、 结果与报告

（1）菌落数按"四舍五入"原则修约。菌落数在10cfu以内时，采用一位有效数字报告；菌落数在10~100cfu时，采用两位有效数字报告。

（2）菌落数大于或等于100cfu时，前第3位数字采用"四舍五入"原则修约后，取前2位数字，后面用0代替位数来表示结果；也可用10的指数形式来表示，此时也按"四舍五入"原则修约，采用两位有效数字。

（3）若空白对照平板上有菌落出现，则此次检验结果无效。

（4）称重取样以cfu/g为单位报告，体积取样以cfu/mL为单位报告，报告或分别报告霉菌和/或酵母数。

第十五节　诺如病毒检验

一、　实验目的

（1）掌握聚合酶链式反应与实时荧光定量 PCR 的基本原理。

（2）掌握诺如病毒（Norovirus）检验的基本程序与操作要点。

二、　实验原理

聚合酶链式反应（PCR）可对特定核苷酸片断进行指数级的扩增。在扩增反应结束之后，可以通过凝胶电泳的方法对扩增产物进行定性的分析。实时荧光定量 PCR（Quantitative Real－time PCR）是一种在 DNA 扩增反应中，以荧光化学物质测定每次聚合酶链式反应（PCR）循环后产物总量的方法。通过内参或者外参法对待测样品中的特定 DNA 序列进行定量分析。

实时荧光定量 PCR 的化学原理包括探针类和非探针类两种，探针类是利用与靶序列特异杂交的探针来指示扩增产物的增加，非探针类则是利用荧光染料或者特殊设计的引物来指示扩增的增加。前者由于增加了探针的识别步骤，特异性更高，但后者则简便易行。

三、　实验材料

（一）设备和材料

（1）实时荧光 PCR 仪。

（2）冷冻离心机。

（3）无菌刀片或等效均质器。

（4）涡旋仪。

（5）天平　感量为 0.1g。

（6）振荡器。

（7）水浴锅。

（8）离心机。

（9）高压灭菌锅。

（10）低温冰箱　－80℃。

（11）微量移液器。

（12）pH 计或精密 pH 试纸。

（13）网状过滤袋　400mL。

（14）无菌棉拭子。

（15）无菌贝类剥刀。

（16）橡胶垫。

（17）无菌剪刀。

（18）无菌钳子。

（19）无菌培养皿。

（20）无 RNase 玻璃容器。

（21）无 RNase 离心管、无 RNase 移液器吸嘴、无 RNase 药匙、无 RNase PCR 薄壁管。

（二）主要试剂

（1）G I 、G II 基因型诺如病毒的引物、探针　见表 5 - 28。

表 5 - 28　　　　　G I 、 G II 型诺如病毒实时荧光 RT - PCR 引物和探针

病毒名称	序列	扩增产物长度/bp	序列位置
诺如病毒 G I	QNIF4（上游引物）：5′ - CGC TGG ATG CGN TTC CAT - 3′ NVILCR（下游引物）：5′ - CCTTAG ACGCCA TCATCATTT AC - 3′ NVGGIp（探针）：5′ - FAM TGG ACA GGA GAY CGC RAT CT - TAMRA - 3′	86	位于诺如病毒（GenBank 登录号 m87661）的 5291 ~ 5376
诺如病毒 G II	QNIF2（上游引物）：5′ - ATG TTC AGR TGG ATG AGR TTC TCW GA - 3′ COG2R（下游引物）：5′ - TCG ACG CCA TCT TCA TTC ACA - 3′ QNIFs（探针）：5′ - FAM AGC ACG TGG GAG GGC GAT CG - TAMRA - 3′	89	位于 Lordsdale 病毒（Gen-Bank 登录号 x86557）的 5 012 ~ 5100

（2）过程控制病毒的引物、探针　见表 5 - 29。

（3）过程控制病毒制备　该法使用过程控制病毒进行过程控制，可使用门哥病毒或其他等效、不与诺如病毒发生交叉反应的病毒。门哥病毒是小核糖核酸病毒科的鼠病毒。门哥病毒株 MC0 是一种重组病毒，与野生型门哥病毒相比缺乏 poly［C］，是与野生型门哥病毒具有相似生长特性的无毒表型。门哥病毒株 MC0 是一种转基因生物，如果检验实验室不允许使用转基因生物，可以使用其他的过程控制病毒。也可使用商业化试剂或试剂盒中的过程控制病毒。

① HeLa 培养细胞：推荐使用 Eagle 最低必需培养液（Eagle's minimum essential medium，MEM）培养，并将 2mmol/L L - 谷氨酸和 Earle's BSS 调为 1. 5g/L 碳酸氢钠，0. 1mmol/

L 非必需氨基酸，1.0mmol/L 丙酮酸钠，1×链霉素/青霉素液，100mL/L（生长）或 20mL/L（维持）胎牛血清。

为确保细胞培养和病毒生长，需细胞培养所需的 CO_2 浓度可调培养箱、细菌培养耗材（如培养皿）等。

②培养过程：门哥病毒培养在铺满 80%～90% 单层 HeLa（ATCC©CCL-2™）细胞中，置于 50mL/L CO_2 的气氛中（开放培养箱）或不可调的气氛中（封闭培养箱），直至 75% 出现细胞病理效应。细胞培养器皿经过一个冻融循环，将培养物 3000r/min 离心 10min。将细胞培养物离心上清留存用于过程控制。

过程控制病毒（门哥病毒）实时荧光 RT-PCR 的引物、探针见表 5-29。采用其他等效的过程控制病毒，需对应调整引物探针。

表 5-29　　过程控制病毒（门哥病毒）实时荧光 RT-PCR 的引物、探针

病毒名称	序列	扩增产物长度/bp	序列位置
门哥病毒	Mengo 110（上物引物）：5′-GCGGGTCCTGC-CGAAAGT-3′ Mengo 209（下游引物）：5′-GAAGTAACATAT-AGACAGACG CACAC-3′ Mengo147（探针）：5′-FAM-ATCACATTACTG-GCCGA AGC-MGBNFQ-3′	100	位于门哥病毒缺失毒株 MC0 的 110～209；相当于门哥病毒非缺失毒株 M（GenBank 登录号 122089）的序列 110～270

（4）外加扩增控制 RNA 制备　可使用等效的商业化检验试剂盒中的外加扩增控制 RNA 储备液，或者请生物公司代为制备。

通过将目标 DNA 序列连接至合适的质粒载体上，目标序列位于 RNA 聚合酶启动子序列的下游序列，从而表达出外部扩增控制 RNA。GⅠ型外部扩增 RNA 序列位于诺如病毒（GenBank 登录号 m87661）的 5291～5376。GⅡ型外部扩增 RNA 序列位于 Lordsdale 病毒（GenBank 登录号 x86557）的 5012～5100。

①质粒 DNA 连接：添加 100～500ng 纯化的目标 DNA 和质粒载体加入含有合适的限制酶和缓冲液的反应体系中，限制酶和缓冲液的使用按照酶厂家推荐，并确保目标序列位于质粒中 RNA 聚合酶启动子序列的下游。37℃培养 120min。DNA 纯化使用 DNA 纯化试剂。使用凝胶电泳检查连接情况，比较连接前与连接后目标 DNA 和质粒情况。

②外加扩增控制 RNA 的表达：添加连接后的质粒至转化体系。该体系按照转化体系提供厂家建议配置。使用 RNA 纯化试剂纯化 RNA 后，分装，-80℃贮存，每次检验前取出备用。

（5）Tris/甘氨酸/牛肉膏（TGBE）缓冲液。

（6）5×PEG/NaCl 溶液（500g/L 聚乙二醇 PEG8000，1.5mol/L NaCl）。

（7）磷酸盐缓冲液（PBS）。

（8）氯仿/正丁醇的混合液。

（9）蛋白酶 K 溶液。

（10）75% 乙醇。

（11）Trizol 试剂。

四、 实验方法与步骤

（一） 检验基本程序

诺如病毒检验程序见图 5 – 21。

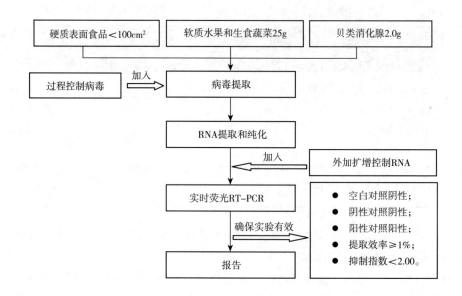

图 5 –21 诺如病毒检验程序

（二） 操作步骤

1. 病毒提取

病毒提取时应特别注意样品处理，一般应在 4℃ 以下的环境中进行运输。实验室接到样品后应尽快进行检验，如果暂时不能检验，应将样品保存在 – 80℃ 冰箱中，试验前解冻。样品处理和 PCR 反应应在单独的工作区域或房间进行。每个样品可设置 2～3 个平行处理。

（1）软质水果和生食蔬菜样品中病毒的提取

①将 25g 软质水果或生食蔬菜切成约 2.5cm × 2.5cm × 2.5cm 的小块（如水果或蔬菜小于该体积，可不切）。

②将样品小块移至带有 400mL 网状过滤袋的样品袋，加入 40mL TGBE 溶液（软质水果

样品，需加 30 U A. niger 果胶酶，或 1140U A. aculeatus 果胶酶），加入 10μL 过程控制病毒。

③室温，60 次/min，振荡 20min。酸性软质水果需在振荡过程中，每隔 10min 检测 pH，如 pH 低于 9.0 时，使用 1mol/L NaOH 溶液调 pH 至 9.5，每调整一次 pH，延长振荡时间 10min。

④将振荡液转移至离心管，如体积较大，可使用 2 根离心管。10000r/min，4℃ 离心 30min。取上清液至干净试管或三角瓶，用 1mol/L HCl 溶液调 pH 至 7.0。

⑤加入 0.25 倍体积 5 × PEG/NaCl 溶液，使终溶液浓度为 100g/L PEG，0.3mol/L NaCl。60 s 摇匀，4℃，60 次/min，振荡 60min。10000r/min，4℃，离心 30min，弃上清。10000r/min，4℃，离心 5min 收集沉淀，弃上清。

⑥500μL PBS 悬浮沉淀。如食品样品为生食蔬菜，可直接将悬浮液转移至干净试管，测定并记录悬浮液体积（mL），用于后续 RNA 提取。如食品样品为软质水果，将悬浮液转移至耐氯仿试管中。加入 500μL 氯仿/丁醇混合液，涡旋混匀，室温静置 5min。10000r/min，4℃，离心 15min，将液相部分仔细转移至干净试管，测定并记录悬浮液体积（mL），用于后续 RNA 提取。

（2）硬质表面食品

①将无菌棉拭子使用 PBS 湿润后，用力擦拭食品表面（< 100cm^2）。记录擦拭面积。将 10μL 过程控制病毒添加至该棉拭子。

②将棉拭子浸入含 490μL PBS 试管中，紧贴试管一侧挤压出液体。如此重复浸入和挤压 3 ~ 4 次，确保挤压出最大量的病毒，测定并记录液体体积（mL），用于后续 RNA 提取。如硬质食品表面过于粗糙，可能会损坏棉拭子，可使用多个棉拭子。

（3）贝类

①戴上防护手套，使用无菌贝类剥刀打开至少 10 个贝类。

②使用无菌剪刀、手术钳或其他等效器具在胶垫上解剖出贝类软体组织中的消化腺，置于干净培养皿中，收集 2.0g。

③使用无菌刀片或等效均质器将消化腺匀浆后，转移至离心管。加入 10μL 过程控制病毒。加入 2.0mL 蛋白酶 K 溶液，混匀。

④使用恒温摇床或等效装置，37℃，320 次/min，振荡 60min。

⑤将试管放入水浴或等效装置，60℃，15min。室温，3000r/min，5min 离心，将上清液转移至干净试管，测定并记录上清液体积（mL），用于后续 RNA 提取。

2. 病毒 RNA 提取和纯化

病毒 RNA 可手工提取和纯化，也可使用商品化病毒 RNA 提取纯化试剂盒。提取完成后，为延长 RNA 保存时间可选择性加入 RNase 抑制剂。操作过程中应佩戴一次性橡胶或乳胶手套，并经常更换。提取出来的 RNA 立即进行反应，或保存在 4℃ 小于 8h。如果长期贮存，建议 −80℃ 保存。

（1）病毒裂解　将病毒提取液加入离心管，加入病毒提取液等体积 Trizol 试剂，混匀，激烈振荡，室温放置 5min，加入 0.2 倍体积氯仿，涡旋剧烈混匀 30 s（不能过于强烈，以免产生乳化层，也可用手颠倒混匀），12000r/min，离心 5min，上层水相移入新离心管中，不能吸出中间层。

（2）病毒 RNA 提取　离心管中加入等体积异丙醇，颠倒混匀，室温放置 5min，12000r/min，离心 5min，弃上清，倒置于吸水纸上，吸干液体。

（3）病毒 RNA 纯化　病毒提取物加入等体积 75% 乙醇，颠倒洗涤 RNA 沉淀 2 次，于 4℃，12000r/min，离心 10min，小心弃上清，倒置于吸水纸上，沾干液体。或小心倒去上清液，用微量加样器将其吸干，一份样本换用一个吸头，吸头不要碰到沉淀，室温干燥 3min，不能过于干燥，以免 RNA 不溶。再加入 16μL 无 RNase 超纯水，轻轻混匀，溶解管壁上的 RNA，2000r/min，离心 5s，冰上保存备用。

3. 质量控制

（1）对照　以无 RNase 超纯水作为空白对照（A 反应孔）；以不含有诺如病毒的贝类，提取 RNA，作为阴性对照（B 反应孔）；以外加扩增控制 RNA，作为阳性对照（J 反应孔）。

（2）过程控制病毒

①以食品中过程控制病毒 RNA 的提取效率表示食品中诺如病毒 RNA 的提取效率，作为病毒提取过程控制。

②将过程控制病毒按操作步骤（2. 病毒 RNA 提取和纯化）来提取和纯化 RNA。可大量提取，并分装为 10μL 过程控制病毒的 RNA 量，−80℃保存，每次检验时取出使用即可。

③将 10μL 过程控制病毒的 RNA 进行数次 10 倍梯度稀释（D～G 反应孔），加入过程控制病毒引物、探针，采用与诺如病毒实时荧光 RT－PCR 反应相同的反应条件确定未稀释和梯度稀释过程病毒 RNA 的 C_t 值。

④以未稀释和梯度稀释过程控制病毒 RNA 的浓度 lg 值为 X 轴，以其 C_t 值为 Y 轴，建立标准曲线；标准曲线 $r^2 \geq 0.98$。未稀释过程控制病毒 RNA 浓度为 1，梯度稀释过程控制 RNA 浓度分别为 10^{-1}、10^{-2}、10^{-3} 等。

⑤将含过程控制病毒食品样品 RNA（C 反应孔），加入过程控制病毒引物、探针，采用诺如病毒实时荧光 RT－PCR 反应相同的反应体系和参数，进行实时荧光 RT－PCR 反应，确定 C_t 值，代入标准曲线，计算经过病毒提取等步骤后的过程控制病毒 RNA 浓度。

⑥计算提取效率，提取效率 ＝ 经病毒提取等步骤后的过程控制病毒 RNA 浓度 ×100%，即（C 反应孔）C_t 值对应浓度 ×100%。

（3）外加扩增控制

①通过外加扩增控制 RNA，计算扩增抑制指数，作为扩增控制。

②外加扩增控制 RNA 分别加入含过程控制病毒食品样品 RNA（H 反应孔）、10^{-1} 稀释的含过程控制病毒食品样品 RNA（I 反应孔）、无 RNase 超纯水（J 反应孔），加入 G I 或 G II 型引物探针，采用表 5－30 和表 5－31 反应体系和参数，进行实时荧光 RT－PCR 反应，确定 C_t 值。

表 5 - 30　　　　　　　　　　　　　实时荧光 RT - PCR 反应体系

名称	储存液浓度	终浓度	加样量/μL		
			G I	G II	过程控制病毒
RT - PCR 缓冲溶液	5 ×	1 ×	5	5	5
MgSO₄	25mmol/L	1mmol/L	1	1	1
dNTPs	10mmol/L	0.2mmol/L	0.5	0.5	0.5
正义引物	50μmol/L	1μmol/L	0.5	0.5	0.5
反义引物	50μmol/L	1μmol/L	0.5	0.5	0.5
逆转录酶	5 U/μL	0.1 U/μL	0.5	0.5	0.5
DNA 聚合酶	5 U/μL	0.1 U/μL	0.5	0.5	0.5
探针	5μmol/L	0.1μmol/L	0.5	0.5	0.5
RNA 模板	—	—	5	5	5
水（无 RNase）	—	—	11	11	11
总体积	—	—	25	25	25

表 5 - 31　　　　　　　　　　　　　实时荧光 RT - PCR 反应参数

步骤		温度和时间	循环数
RT		55℃，1h	1
预热		95℃，5min	1
扩增	变性	95℃，15s	
	退火延伸	60℃，1min	45
		65℃，1min	

③计算扩增抑制指数，抑制指数 =（含过程控制病毒食品样 RNA + 外加扩增控制 RNA）C_t值 -（无 RNase 超纯水 + 外加扩增控制 RNA）C_t值，即抑制指数 =（H 反应孔）C_t值 -（J 反应孔）C_t值。如抑制指数≥2.00，需比较 10 倍稀释食品样品的抑制指数，即抑制指数 =（I 反应孔）C_t值 -（J 反应孔）C_t值。

4. 实时荧光 RT - PCR

实时荧光 RT - PCR 反应体系和反应参数见表 5 - 30 和表 5 - 31。反应体系中各试剂的量可根据具体情况或不同的反应总体积进行适当调整。可采用商业化实时荧光 RT - PCR 试剂盒。也可增加调整反应孔，实现一次反应完成 G I 和 G II 型诺如病毒的独立检验。将 18.5μL 实时荧光 RT - PCR 反应体系添加至反应孔后，不同反应孔加入下述不同物质，检测 G I 或 G II 基因型诺如病毒。

A 反应孔：空白对照，加入 5μL 无 RNase 超纯水 + 1.5μL GⅠ或 GⅡ型引物探针；

B 反应孔：阴性对照，加入 5μL 阴性提取对照 RNA + 1.5μL GⅠ或 GⅡ型引物探针；

C 反应孔：病毒提取过程控制 1，加入 5μL 含过程控制病毒食品样品 RNA + 1.5μL 过程控制病毒引物探针；

D 反应孔：病毒提取过程控制 2，加入 5μL 过程控制病毒 RNA + 1.5μL 过程控制病毒引物探针；

E 反应孔：病毒提取过程控制 3，加入 5μL 10^{-1} 倍稀释过程控制病毒 RNA + 1.5μL 过程控制病毒引物探针；

F 反应孔：病毒提取过程控制 4，加入 5μL 10^{-2} 倍稀释过程控制病毒 RNA + 1.5μL 过程控制病毒引物探针；

G 反应孔：病毒提取过程控制 5，加入 5μL 10^{-3} 倍稀释过程控制病毒 RNA + 1.5μL 过程控制病毒引物探针；

H 反应孔：扩增控制 1，加入 5μL 含过程控制病毒食品样品 RNA + 1μL 外加扩增控制 RNA + 1.5μLGⅠ或 GⅡ型引物探针；

I 反应孔：扩增控制 2，加 5μL 10^{-1} 倍稀释的含过程控制病毒食品样品 RNA + 1μL 外加扩增控制 RNA + 1.5μLGⅠ或 GⅡ型引物探针；

J 反应孔：扩增控制 3/阳性对照，加入 5μL 无 RNase 超纯水 + 1μL 外加扩增控制 RNA + 1.5μL GⅠ或 GⅡ型引物探针；

K 反应孔：样品 1，加入 5μL 含过程控制病毒食品样品 RNA + 1.5μL GⅠ或 GⅡ型引物探针；

L 反应孔：样品 2，加入 5μL 10^{-1} 倍稀释的含过程控制病毒食品样品 RNA + 1.5μL GⅠ或 GⅡ型引物探针。

五、 结果与报告

（一） 检验有效性判定

（1）有效性判定标准　需满足以下质量控制要求，检验方有效：空白对照阴性（A 反应孔）；阴性对照阴性（B 反应孔）；阳性对照（J 反应孔）阳性。

（2）过程控制（C～G 反应孔）　需满足：提取效率≥1%；如提取效率<1%，需重新检验；但如提取效率<1%，检验结果为阳性，也可酌情判定为阳性。

（3）扩增控制（H～J 反应孔）　需满足：抑制指数<2.00；如抑制指数≥2.00，需比较 10 倍稀释食品样品的抑制指数；如 10 倍稀释食品样品扩增的抑制指数<2.00，则扩增有效，且需采用 10 倍稀释食品样品 RNA 的 C_t 值作为结果；10 倍稀释食品样品扩增的抑制指数也≥2.00 时，扩增可能无效，需要重新检验；但如抑制指数≥2.00，检验结果为阳性，也可酌情判定为阳性。

（二） 结果判定

待测样品的 C_t 值≥45 时，判定为诺如病毒阴性；待测样品的 C_t 值≤38 时，判定为诺如病毒阳性；待测样品的 C_t 值 >38，<45 时，应重新检验；重新检验结果 $\geqslant 45$ 时，判定为诺如病毒阴性；$\leqslant 38$ 时，判定为诺如病毒阳性。

（三）报告

根据检验结果，报告"检出诺如病毒基因"或"未检出诺如病毒基因"。

食品产品微生物学检验

第一节 肉与肉制品检验

一、肉的腐败变质

肉中含有丰富的营养物质，在常温下放置时间过长，就会发生品质变化，最后引起腐败。肉腐败主要是由微生物作用引起变化的结果。据研究，达到 5×10^7 cfu/cm² 微生物数量时，肉的表面便产生明显的发黏，并能嗅到腐败的气味。肉内的微生物是在畜禽屠宰时，由血液及肠管侵入到肌肉里，当温度、水分等条件适宜时，便会高速繁殖而使肉质发生腐败。肉的腐败过程使蛋白质分解成蛋白胨、多肽、氨基酸，进一步再分解成氨、硫化氢、酚、吲哚、粪臭素、胺及二氧化碳等，这些腐败产物具有浓厚的臭味，对人体健康有很大的危害。

对畜禽肉进行感官鉴别时，一般是按照如下顺序进行：首先是眼看其外观、色泽，特别应注意肉的表面和切口处的颜色与光泽，是否色泽灰暗，是否存在淤血、水肿、囊肿和污染等情况；其次是嗅肉品的气味，不仅要了解肉表面上的气味，还应感知其切开时和试煮后的气味，注意是否有腥臭味；最后用手指按压，触摸以感知其弹性和黏度，结合脂肪以及试煮后肉汤的情况，才能对肉进行综合性的感官评价和鉴别。

肉在保存过程中，由于组织酶和外界微生物的作用，一般要经过僵直→成熟→自溶→腐败等一系列变化。

（一）热肉

动物在屠宰后初期，尚未失去体温时，称为热肉。热肉呈中性或略偏碱性，pH 为 7.0～7.2，富有弹性，因未经过成熟，鲜味较差，也不易消化。屠宰后的动物，随着正常代谢的中断，体内自体分解酶活性作用占优势，肌糖原在糖原分解酶的作用下，逐渐发生酵解，产生乳酸，一般宰后 1h，pH 降至 6.2～6.3，经 24h 后 pH 可降至 5.6～6.0。

（二）肉的僵直

当肉的 pH 降至 6.7 以下时，肌肉失去弹性，变得僵硬，这种状态叫作肉的僵直。肌肉僵直出现的早晚和持续时间与动物种类、年龄、环境温度、生前状态及屠宰方法有关。动物宰前过度疲劳，由于肌糖原大量消耗，尸僵往往不明显。处于僵直期的肉，肌纤维粗糙、强韧、保水性低，缺乏风味，食用价值及滋味都差。

（三） 肉的成熟

继僵直以后，肌肉开始出现酸性反应，组织比较柔软嫩化，具有弹性，切面富含水分，且有令人愉悦的香气和滋味，易于煮烂和咀嚼，肉的食用性改善的过程称为肉的成熟。成熟对提高肉的风味是完全必要的，成熟的速度与肉中肌糖原含量、贮藏温度等有密切关系。在 10~15℃下，2~3d 即可完成肉的成熟，在 3~5℃下需 7d 左右，0~2℃则 2~3 周才能完成。成熟好的肉表面形成一层干膜，能阻止肉表面的微生物向深层组织蔓延，并能阻止微生物在肉表面生长繁殖。肉在成熟过程中，主要是糖酵解酶类及无机磷酸化酶的作用。

（四） 肉的自溶

由于肉的保藏不当，肉中的蛋白质在自身组织蛋白酶的催化作用下发生分解，这种现象叫作肉的自溶。自溶过程只将蛋白质分解为可溶性氮及氨基酸为止。由于成熟和自溶阶段的分解产物为腐败微生物的生长繁殖提供了良好的营养物质，微生物大量繁殖，必然导致肉的腐败分解，腐败分解的生成物有腐胺、硫化氢、吲哚等，使肉带有强烈的臭味，胺类有很强的生理活性，这些都可影响消费者的健康。由于肉成分的分解必然使其营养价值显著降低。

二、 鲜肉中的微生物及其检验

（一） 鲜肉中微生物的来源

一般情况下，健康动物的胴体，尤其是深部组织，本应是无菌的，但从解体到消费要经过许多环节，因此不可能保证屠畜绝对无菌。鲜肉中微生物的来源与许多因素有关，如动物生前的饲养管理条件、机体健康状况及屠宰加工的环境条件、操作程序等。

1. 宰前微生物的污染

健康动物的体表及一些与外界相通的腔道，某些部位的淋巴结内都不同程度地存在着微生物，尤其在消化道内的微生物类群更多。通常情况下，这些微生物不侵入肌肉等机体组织中，在动物机体抵抗力下降的情况下，某些病原性或条件致病性微生物，如沙门菌，可进入淋巴液、血液，并侵入到肌肉组织或实质脏器；有些微生物可经体表的创伤、感染而侵入深层组织。

患传染病或处于潜伏期，相应的病原微生物可能在生前即蔓延于肌肉和内脏器官，如炭疽杆菌、猪丹毒杆菌、多杀性巴氏杆菌、耶尔森菌等。

动物在运输、宰前等过程中，由于过度疲劳、拥挤、饥渴等，可通过个别病畜或带菌动物传播病原微生物，造成宰前对肉品的污染。

2. 屠宰过程中微生物的污染

污染主要来自于健康动物的皮肤和毛上的微生物、胃肠道内的微生物、呼吸道和泌尿生殖道中的微生物、屠宰加工场所的污染状况等。此外，鲜肉在分割、包装、运输、销售、加工等各个环节，也存在微生物的污染问题。通过宰前对动物进行淋浴或水浴，坚持正确操作及个人卫生控制，可以有效减少过程污染。

（二）鲜肉中常见的微生物类群

鲜肉中的微生物来源广泛，种类甚多，包括真菌、细菌、病毒等，可分为致病性微生物、致腐性微生物及食物中毒性微生物三大类群。

1. 致腐性微生物

致腐性微生物是在自然界里广泛存在的一类寄生于死亡动植物，能产生蛋白分解酶，使动植物组织发生腐败分解的微生物，包括细菌和真菌等，可引起肉品腐败变质。

细菌是造成鲜肉腐败的主要微生物，常见的致腐性细菌主要如下。

（1）革兰阳性、产芽孢需氧菌　如蜡样芽孢杆菌、小芽孢杆菌、枯草杆菌等。

（2）革兰阴性、无芽孢细菌　如阴沟产气杆菌、大肠杆菌、奇异变形杆菌、普通变形杆菌、绿脓假单胞杆菌、荧光假单胞菌、腐败假单胞菌等。

（3）革兰阳性球菌　如凝聚性细球菌、嗜冷细球菌、淡黄绥茸菌、金黄八联球菌、金黄色葡萄球菌、粪链球菌等。

（4）厌氧性细菌　如腐败梭状芽孢杆菌、双酶梭状芽孢杆菌、溶组织梭状芽孢杆菌、产芽孢梭状芽孢杆菌等。

真菌在鲜肉中不仅没有细菌数量多，而且分解蛋白质的能力也较细菌弱，生长较慢，在鲜肉变质中起一定作用。经常可从肉上分离到的真菌有：交链霉、麹霉、青霉、枝孢霉、毛霉、芽孢发霉，而以毛霉及青霉为最多。肉的腐败，通常由外界环境中的需氧菌污染肉表面开始，然后沿着结缔组织向深层扩散，因此肉品腐败的发展取决于微生物的种类、外界条件（温度、湿度）以及侵入部位。在 1~3℃ 时，主要生长的为嗜冷菌，如无色杆菌、气杆菌、产碱杆菌、色杆菌等，菌相随肉的深度发生改变，仅嗜氧菌能在肉表面发育，到较深层时，厌氧菌处于优势。

2. 致病性微生物

人畜共患病的病原微生物，如细菌中的炭疽杆菌、布氏杆菌、李氏杆菌、鼻疽杆菌、土拉杆菌、结核分枝杆菌、猪丹毒杆菌等，病毒中的口蹄疫病毒、狂犬病病毒、水泡性口炎病毒等。另外有仅感染畜禽的病原微生物，常见的有多杀性巴氏杆菌、坏死杆菌、猪瘟病毒、兔病毒性出血症病毒、鸡新城疫病毒、鸡传染性支气管炎病毒、鸡传染性法氏囊病毒、鸡马立克氏病毒、鸭瘟病毒等。

3. 中毒性微生物

有些致病性微生物或条件致病性微生物，可通过污染食品后产生大量毒素，从而引起以急性过程为主要特征的食物中毒。常见的致病性细菌如沙门菌、志贺菌、致病性大肠杆菌等；常见的条件致病菌如变形杆菌、蜡样芽孢杆菌等。有的细菌可在肉品中产生强烈的外毒素或产生耐热的肠毒素，也有的细菌在随食品大量进入消化道过程中，能迅速形成芽孢，同时释放肠毒素，如蜡样芽孢杆菌、肉毒梭菌、魏氏梭菌等。常见的致食物中毒性微生物如链球菌、空肠弯曲菌、小肠结肠炎耶尔森菌等。另外有一些真菌在肉中繁殖后产生毒素，可引起各种毒素中毒，如麦角菌、赤霉、黄曲霉、黄绿青霉、毛青霉、冰岛青霉等。

（三） 鲜肉中微生物的检验

肉的腐败是由于微生物大量繁殖，导致蛋白质分解的结果，故检查肉的微生物污染情况，不仅可判断肉的新鲜程度，而且反映肉在生产、运输、销售过程中的卫生状况，为及时采取有效措施提供依据。

1. 样品的采集及处理

屠宰后的畜肉开膛后，用无菌刀采取两腿内侧肌肉各150g（或者劈半后采取两侧背最长肌各150g）；冷藏或售卖的生肉，用无菌刀采取腿肉或其他肌肉250g。采取后放入无菌容器，立即送检，如果条件不允许，最好不超过3h。送样时应冷藏，不加入任何防腐剂，检样进入化验室应立即检验或者冰箱暂存。

处理时先将样品放入沸水中（3~5s）进行表面灭菌，再用无菌剪刀剪碎，取25g，放入灭菌乳钵内用灭菌剪子剪碎后，加灭菌海砂或者玻璃砂研磨，磨碎后用灭菌水225mL混匀，即为1:10稀释液。

禽类采取整只，放入灭菌器内。进行表面消毒，再用无菌剪刀去皮，剪取肌肉25g（一般可从胸部或腿部剪取），然后同上研磨、稀释。

2. 微生物检验

菌落总数测定、大肠菌群测定及病原微生物检查，均按国家规定方法进行。

3. 鲜肉压印片镜检

依据要求从不同部位取样，再从样品中切取$3cm^3$左右的肉块，表面消毒，将肉样切成小块，用镊子夹取小肉块在载玻片上做成压印，用火焰固定或用甲醇固定，瑞士染液（或革兰）染色、水洗、干燥、镜检。

4. 鲜肉质量鉴别后的食用原则

鲜肉在腐败的过程中，由于组织成分被分解，首先使肉品的感官性状发生令人难以接受的改变，因此借助于人的感官来鉴别其质量优劣，具有很重要的现实意义。经感官鉴别后的鲜肉，可按如下原则来食用或处理。

（1） 新鲜或优质的肉及肉制品，可供食用并允许出售，可以不受限制。

（2） 次鲜或次质的肉及肉制品，根据具体情况进行必要的处理。对稍不新鲜的，一般不限制出售，但要求货主尽快销售完，不宜继续保存。对有腐败气味的，须经修整、剔除变质的表层或其他部分后，再高温处理，方可供应食用及销售。

（3） 腐败变质的肉，禁止食用和出售，应予以销毁或改作工业用。

三、 冷藏肉中的微生物及其检验

（一） 冷藏肉中微生物的来源及类群

冷藏肉的微生物来源，以外源性污染为主，如屠宰、加工、贮藏及销售过程中的污染。肉类在低温下贮存，能抑制或减弱大部分微生物的生长繁殖。嗜冷性细菌，尤其是霉菌，常可引起冷藏肉的污染与变质。能耐低温的微生物还是相当多的，如沙门菌在 $-18\,^{\circ}\!\mathrm{C}$ 可存活 144d，猪瘟病毒于冻肉中存活 366d，炭疽杆菌在低温下也可存活，霉菌孢子在 $-8\,^{\circ}\!\mathrm{C}$ 也能发芽。

冷藏肉类中常见的嗜冷细菌有假单胞杆菌、莫拉氏菌、不动杆菌、乳杆菌及肠杆菌科的某些菌属，尤其以假单胞菌最为常见。常见的真菌有球拟酵母、隐球酵母、红酵母、假丝酵母、毛霉、根霉、枝霉、枝孢霉、青霉等。

冻藏时和冻藏前污染于肉类表面并被抑制的微生物，随着环境温度的升高而逐渐生长发育；解冻肉表面的潮湿和温暖；肉解冻时渗出的组织液为微生物提供了丰富的营养物质等原因可导致解冻肉在较短时间内即可发生腐败变质。

（二） 冷藏肉中的微生物变化引起的现象

在冷藏温度下，高湿度有利于假单胞菌、产碱类菌的生长，较低的湿度适合微球菌和酵母的生长，如果湿度更低，霉菌则生长于肉的表面。

肉表面产生灰褐色改变或形成黏液样物质：在冷藏条件下，嗜温菌受到抑制，嗜冷菌如假单胞菌、明串珠菌、微球菌等继续增殖，使肉表面产生灰褐色改变，尤其在温度尚未降至较低的情况下，降温较慢，通风不良，可能在肉表面形成黏液样物质，手触有滑感，甚至起黏丝，同时发出一种陈腐味，甚至恶臭。

有些细菌产生色素，改变肉的颜色：如肉中的"红点"可由黏质沙雷菌产生的红色色素引起，类蓝假单胞菌能使肉表面呈蓝色；微球菌或黄杆菌属的菌种能使肉变黄；蓝黑色杆菌能在牛肉表面形成淡绿蓝色至淡褐黑色的斑点。

在有氧条件下，酵母也能于肉表面生长繁殖，引起肉类发黏、脂肪水解、产生异味和使肉类变色（白色、褐色等）。

（三） 冷藏肉中微生物的检验

1. 样品的采集

禽类采取整只，放入灭菌器内，禽肉采样应按五点拭子法从光禽体表采集。家畜冻藏胴体肉在取样时应尽量使样品具有代表性，一般以无菌方法分别从颈、肩胛、腹及臀股部的不同深度上多点采样，每一点取一方形肉块，重 50~100g。

2. 样品的处理

冻肉应在无菌条件下将样品迅速解冻。由各检验肉块的表面和深层分别制得触片，进行细菌镜检；然后再对各样品进行表面消毒处理，以无菌手续从各样品中间部位取出 25g，剪碎、匀浆，并制备稀释液。

3. 微生物检验

为判断冷藏肉的新鲜程度，单靠感官指标往往不能对腐败初期的肉品作出准确判定，必须通过实验室检查，其中细菌镜检简便、快速，通过对样品中的细菌数目、染色特性以及触片色度三个指标的镜检，即可判定肉的品质，同时也能为细菌、霉菌及致病菌等的检验提供必要的参考依据。

（1）触片制备 从样品中切取 $3cm^3$ 左右的肉块，浸入酒精中并立即取出点燃灼烧，如此处理 2~3 次，从表层下 0.1cm 处及深层各剪取 $0.5cm^3$ 大小的肉块，分别进行触片或抹片制作。

（2）染色镜检 将已干燥好的触片用甲醇固定 1min，进行革兰染色后，油镜观察 5 个视野。同时分别计算每个视野的球菌和杆菌数，然后求出一个视野中细菌的平均数。

（3）鲜度判定 新鲜肉触片印迹着色不良，表层触片中可见到少数的球菌和杆菌；深层触片无菌或偶见个别细菌；触片上看不到分解的肉组织。次新鲜肉触片印迹着色较好，表层触片上平均每个视野可见到 20~30 个球菌和少数杆菌；深层触片也可见到 20 个左右的细菌；触片上明显可见到分解的肉组织。变质肉触片印迹着色极浓，表层及深层触片上每个视野均可见到 30 个以上的细菌，且大都为杆菌；严重腐败的肉几乎找不到球菌，而杆菌可多至每个视野数百个或不可计数；触片上有大量分解的肉组织。

其他微生物检验可根据实验目的而分别进行菌落总数测定、霉菌总数测定、大肠菌群检验及有关致病菌的检验等。

四、 肉制品中的微生物及其检验

肉制品的种类很多，一般包括腌腊制品（如腌肉、火腿、腊肉、熏肉、香肠、香肚等）和熟制品（如烧烤、酱卤的熟制品及肉松、肉干等脱水制品）。肉类制品由于加工原料、制作工艺、贮存方法各有差异，因此各种肉制品中的微生物来源与种类也有较大区别。

（一） 肉制品中的微生物来源

1. 熟肉制品中的微生物来源

加热不完全，肉块过大或未完全烧煮透时，一些耐热的细菌或细菌的芽孢仍然会存活下来，如嗜热脂肪芽孢杆菌、微球菌属、链球菌属、小杆菌属、乳杆菌属、芽孢杆菌及梭菌属的某些种，还有某些霉菌如丝衣霉菌等。通过操作人员的手、衣物、呼吸道和贮藏肉的不洁用具等使其受到重新污染。通过空气中的尘埃、鼠类及蝇虫等为媒介而污染各种微生物。由于肉类导热性较差，污染于表层的微生物极易生长繁殖，并不断向深层扩散。

2. 灌肠制品中的微生物来源

灌肠制品种类很多，如香肠、肉肠、粉肠、红肠、雪肠、火腿肠及香肚等。此类肉制品原料较多，由于各种原料的产地、贮藏条件及产品质量不同，以及加工工艺的差别，对成品中微生物的污染都会产生一定的影响。绞肉的加工设备、操作工艺，原料肉的新鲜度以及绞肉的贮存条件和时间等，都对灌肠制品产生重要影响。

3. 腌腊肉制品中的微生物来源

常见的腌腊肉制品有咸肉、火腿、腊肉、板鸭、风鸡等。微生物来源于两方面：一个是原料肉的污染；另一个与盐水或盐卤中的微生物数量有关（盐水和盐卤中，微生物大都具有较强的耐盐或嗜盐性，如假单胞菌属、不动杆菌属、盐杆菌属、嗜盐球菌属、黄杆菌属、无色杆菌属、叠球菌属、微球菌属的某些细菌及某些真菌），弧菌和脱盐微球菌是最典型的。许多人类致病菌，如金黄色葡萄球菌、魏氏梭菌和肉毒梭菌可通过盐渍食品引起人们的食物中毒。

腌腊制品的生产工艺、环境卫生状况及工作人员的素质对这类肉制品的污染都具有重要意义。

（二） 肉制品中的微生物类群

1. 熟肉制品

常见的有细菌和真菌，细菌如葡萄球菌、微球菌、革兰阴性无芽孢杆菌中的大肠杆菌、变形杆菌，还可见到需氧芽孢杆菌，如枯草杆菌、蜡样芽孢杆菌等；常见的真菌有酵母菌属、毛霉菌属、根霉属及青霉菌属等。

2. 灌肠类制品

耐热性链球菌、革兰阴性杆菌及需氧芽孢杆菌属、梭菌属的某些菌类；某些酵母菌及霉菌。这些菌类可引起灌肠制品变色、发霉或腐败变质，如大多数异型乳酸发酵菌和明串珠菌能使香肠变绿。

3. 腌腊制品

多以耐盐或嗜盐的菌类为主，弧菌是极常见的细菌，也可见到微球菌、异型发酵乳杆菌、明串珠菌等。一些腌腊制品中可见到沙门菌、致病性大肠杆菌、副溶血性弧菌等致病性细菌；一些酵母菌和霉菌也是引起腌腊制品发生腐败、霉变的常见菌类。

（三） 肉制品的微生物检验

1. 样品的采集与处理

（1）采集　肉制品一般采样250g，熟禽一般采整只，放入灭菌容器内，立即送检。熟肉制品（酱卤肉、肴肉）、灌肠类、腌腊制品、肉松等，都采集整根、整只，小型可以采集数只，总量不少于250g。

（2）处理　直接切取或称取25g，检样进行表面消毒（沸水内烫3～5s，或者烧灼消毒），再用无菌剪子剪取深层肌肉25g，放入灭菌乳钵内用灭菌剪子剪碎后，加灭菌海砂或者玻璃砂研磨，磨碎后用灭菌水225mL混匀，即为1:10稀释液。

（3）棉拭采样法和检样处理　烧烤肉块制品用无菌棉拭子进行6面50cm² 取样，即正面擦拭20cm²，周围四边各5cm²，背面（里面）拭10cm²。

烧烤禽类制品用无菌棉拭子做5点50cm²取样，即在胸腹部各拭10cm²，背部拭20cm²，头颈及肛门各5cm²。

一般可用板孔5cm²的金属制规板，压在受检物上，将灭菌棉拭稍蘸湿，在板孔5cm²的范围内揩抹多次，然后将规板移压另一点，另一支再用无菌棉拭揩抹，如此反复无移压揩抹 10 次，总面积为 50cm²，每次更换新的无菌棉拭。每支棉拭在揩抹完毕后立即剪断或烧断后投入盛有 50mL 灭菌水的三角瓶中，立即送检。检验时先摇匀，再吸取瓶中液体作为原液，然后进行 10 倍递增稀释。对于检验致病菌，不必用规板，可疑部位用棉拭揩抹即可。

2. 微生物检验

根据不同肉制品中常见的不同类群微生物，采用国标方法检验菌落总数、大肠菌群、沙门菌、志贺菌、金黄色葡萄球菌。

第二节　乳与乳制品检验

原料乳卫生质量的优劣直接关系到乳与乳制品的质量。原料的卫生质量问题主要是病牛乳（结核病、乳房炎牛的乳）、高酸乳、胎乳、初乳、应用抗生素 5d 内的乳、掺伪乳以及变质乳等。微生物的污染是引起乳与乳制品变质的重要原因。在乳与乳制品加工过程中的各个环节，如灭菌、过滤、浓缩、发酵、干燥、包装等，都可能因为不按操作规程生产加工而造成微生物污染。所以在乳与乳制品的加工过程中，对所有接触到乳与乳制品的容器、设备、管道、工具、包装材料等都要进行彻底的灭菌，防止微生物的污染，以保证产品质量。另外在加工过程中还要防止机械杂质和挥发性物质（如汽油）等的混入和污染。

乳营养丰富，特别适合细菌生长繁殖。乳一旦被微生物污染，在适宜条件下，微生物可迅速增殖，引起乳的腐败变质；乳如果被致病性微生物污染，还可引起食物中毒或其他传染病的传播。微生物的种类不同，可以引起乳的不同的变质现象，了解其中的变化规律，可以更好地控制乳品生产，为人类提供更多更好的乳制品。

乳与乳制品的微生物学检验包括细菌总数测定、大肠菌群测定和鲜乳中病原菌的检验。菌落总数反映鲜乳受微生物污染的程度；大肠菌群说明鲜乳可能被肠道菌污染的情况；乳与乳制品绝不允许检出病原菌。

一、　鲜乳中的微生物

乳非常容易受微生物污染而变质，污染乳的微生物可来自乳畜本身及生产加工的各个环节。

（一）鲜乳中微生物的来源

1. 乳房

一般情况下，乳中的微生物主要来源于外界环境，而非乳房内部，但微生物常常污染乳头开口并蔓延至乳腺管及乳池，挤乳时，乳汁将微生物冲洗下来带入鲜乳中，一般情况下最初挤出的乳含菌数比最后挤出的多几倍。

2. 乳畜体表

乳畜体表及乳房上常附着粪屑、垫草、灰尘等，挤乳时不注意操作卫生，这些带有大量微生物的附着物就会落入乳中，造成严重污染，这些微生物多为芽孢杆菌和大肠杆菌。

3. 容器和用具

乳生产中所使用的容器及用具，如乳桶、挤乳机、滤乳布和毛巾等不清洁，是造成污染的重要途径，特别在夏秋季节。

4. 空气

畜舍内飘浮的灰尘中常常含有许多微生物，通常空气中含有细菌50~100个/L，有些尘土则可达1000个/L以上，其中多数为芽孢杆菌及球菌，此外也含有大量的霉菌孢子。空气中的尘埃落入乳中即可造成污染。

5. 水源

用于清洗牛乳房、挤乳用具和乳槽所用的水是乳中细菌的一个来源，井、泉、河水可能受到粪便中细菌的污染，也可能受土壤中细菌的污染，主要是一定数量的嗜冷菌。

6. 蝇、蚊等昆虫

蝇、蚊有时会成为最大的污染源，特别是夏秋季节，由于苍蝇常在垃圾或粪便上停留，所以每只苍蝇体表可存在几百万甚至几亿个细菌，其中包括各种致病菌，当其落入乳中时就可把细菌带入乳中造成污染。

7. 饲料及褥草

乳被饲料中的细菌污染，主要是在挤乳前分发干草时，附着在干草上的细菌随同灰尘、草屑等飞散在厩舍的空气中，既污染了牛体，又污染了所有用具，或挤乳时直接落入乳桶，造成乳的污染。此外，往厩舍内搬入褥草时，特别是灰尘多的碎褥草，舍内空气可被大量的细菌所污染，因此成为乳被细菌污染的来源。混有粪便的褥草，往往污染乳牛的皮肤和被毛，从而造成对乳的污染。

8. 工作人员

乳业工作人员，特别是挤乳员的手和服装，常成为乳被细菌污染的来源。

（二）鲜乳中的微生物类群

鲜乳中污染的微生物有细菌、酵母和霉菌等多种类群。但最常见的，而且活动占优势的微生物主要是一些细菌。

（1）能使鲜乳发酵产生乳酸的细菌　这类细菌包括乳酸杆菌和链球菌两大类，约占鲜乳内微生物总数的80%。

（2）能使鲜乳发酵产气的细菌　这类微生物能分解碳水化合物，生成乳酸及其他有机酸，并产生气体（二氧化碳和氢气），能使牛乳凝固，产生多孔气泡，并产生异味和臭味。如大肠菌群、丁酸菌类、丙酸细菌等。

（3）分解鲜乳蛋白而发生胨化的细菌 这类腐败菌能分泌凝乳酶，使乳液中的酪蛋白发生凝固，然后又发生分解，使蛋白质水解胨化，变为可溶性状态。如假单胞菌属、产碱杆菌属、黄杆菌属、微球菌属等。

（4）使鲜乳呈碱性的细菌 主要有粪产碱菌和黏乳产碱菌，这两种菌分解柠檬酸盐为碳酸盐，使鲜乳呈碱性。

（5）引起鲜乳变色的细菌 正常鲜乳呈白色或略带黄色，由于某些细菌的作用可使乳呈现不同颜色。

（6）鲜乳中的嗜冷菌和嗜热菌 嗜冷菌主要是一些荧光细菌、霉菌等。嗜热细菌主要是芽孢杆菌属内的某些菌种和一些嗜热性球菌等。

（7）鲜乳中的霉菌和酵母菌 霉菌以酸腐节卵孢霉最为常见，其他还有乳酪节卵孢霉、多主枝孢霉、灰绿青霉、黑含天霉、异念球霉、灰绿曲霉和黑曲霉等。鲜乳中常见酵母为脆壁酵母、洪氏球拟酵母、高加索乳酒球拟酵母、球拟酵母等。

（8）鲜乳中可能存在的病原菌 包括来自乳畜的病原菌，乳畜本身患传染病或乳房炎时，在乳汁中常有病原菌存在；来自工作人员患病或是带菌者，使鲜乳中带有某些病原菌；来自饲料被霉菌污染所产生的有毒代谢产物，如乳畜长期食用含有黄曲霉毒素的饲料。

二、 乳制品中的微生物

乳除供鲜食外，还可制成多种制品，乳制品不但具有较长的保存期和便于运输等优点，而且也丰富了人们的生活。常见的乳制品有乳粉、炼乳、酸乳及奶油等。

（一） 乳粉中的微生物

乳粉是以鲜乳为原料，经消毒、浓缩、喷雾干燥而制成的粉状产品。可分为全脂乳粉、脱脂乳粉、加糖乳粉等。在乳粉制作过程中，绝大部分微生物被清除或杀死，又因乳粉含水量低，不利于微生物存活，故经密封包装后细菌不会繁殖。因此，乳粉中含菌量不高，也不会有病原菌存在。如果原料乳污染严重，加工不规范，乳粉中含菌量会很高，甚至有病原菌出现。

乳粉在浓缩干燥过程中，外界温度高达150～200℃，但乳粉颗粒内部温度只有60℃左右，其中会残留一部分耐热菌；喷粉塔用后清扫不彻底，塔内残留的乳粉吸潮后会有细菌生长繁殖，成为污染源；乳粉在包装过程中接触的容器、包装材料等可造成第二次污染；原料乳污染严重是乳粉中含菌量高的主要原因。

乳粉中污染的细菌主要有耐热的芽孢杆菌、微球菌、链球菌、棒状杆菌等。乳粉中可能有病原菌存在，最常见的是沙门菌和金黄色葡萄球菌。

（二） 酸乳制品中的微生物

酸乳制品是鲜乳制品经过乳酸菌类发酵而制成的产品，如普通酸乳、嗜酸酸乳、保加利亚酸乳、强化酸乳、加热酸乳、果味酸牛乳、酸乳酒、马乳酒等都是营养丰富的饮料，其中含有大量的乳酸菌、活性乳酸及其他营养成分。

酸乳饮料能刺激胃肠分泌活动，增强胃肠蠕动，调整胃肠道酸碱平衡，抑制肠道内腐败菌群的生长繁殖，维持胃肠道正常微生物区系的稳定，预防和治疗胃肠疾病，减少和防止组织中毒，是良好的保健饮料。

（三） 干酪中的微生物

干酪是用皱胃酶或胃蛋白酶将原料乳凝集，再将凝块进行加工、成型和发酵成熟而制成的一种营养价值高、易消化的乳制品。在生产干酪时，由于原料乳品质不良，消化不彻底，或加工方法不当，往往会使干酪污染各种微生物而引起变质。

干酪常见的变质现象如下。

（1）膨胀　这是由于大肠杆菌类等有害微生物利用乳糖发酵产酸产气而使干酪膨胀，并常伴有不良味道和气味。干酪成熟初期发生膨胀现象，常常是由大肠杆菌之类的微生物引起。如在成熟后期发生膨胀，多半是由于某些酵母菌和丁酸菌引起，并有显著的丁酸味和油腻味。

（2）腐败　当干酪盐分不足时，腐败菌即可生长，使干酪表面湿润发黏，甚至整块干酪变成黏液状，并有腐败气味。

（3）苦味　由苦味酵母、液化链球菌、乳房链球菌等微生物强力分解蛋白质后，使干酪产生不快的苦味。

（4）色斑　干酪表面出现铁锈样的红色斑点，可能由植物乳杆菌红色变种或短乳杆菌红色变种所引起。黑斑干酪、蓝斑干酪也是由某些细菌和霉菌所引起。

（5）发霉　干酪容易污染霉菌而引起发霉，引起干酪表面颜色变化，产生霉味，还有的可能产生霉菌毒素。

（6）致病菌　乳干酪在制作过程中，受葡萄球菌污染严重时，就能产生肠毒素，这种毒素在干酪中长期存在，食后会引起食物中毒。

三、 婴儿乳粉中克罗诺杆菌属 （阪崎肠杆菌） 的检验

阪崎杆菌是存在于自然环境中的一种条件致病菌，已被世界卫生组织和许多国家确定为导致婴幼儿死亡的致病菌之一。2008 年，Iversen 等通过荧光扩增片段长度多态性、自动核糖体分型、16S rRNA 基因测序、DNA – DNA 杂交和表型阵列等多种分子生物学技术研究，将该菌由种（阪崎肠杆菌）扩大为属（克罗诺杆菌属），这个属目前包括 7 个种。自 1961 年报道了有阪崎杆菌引起的败血症以来，在世界范围内报道了由该菌引起的脑膜炎、小肠坏死和败血症。有调查表明，2.5% ~15% 的婴儿配方乳粉和 0% ~12% 的普通乳粉中含有阪崎杆菌。阪崎杆菌主要在新生儿或早产婴儿中引起病症。在某些情况下死亡率达到 80% 。因此，阪崎杆菌在乳粉中的传播过程被关注。

（一） 第一法　克罗诺杆菌属定性检验

1. 培养基和试剂

（1）缓冲蛋白胨水（buffer peptone water，BPW）。

（2）改良月桂基硫酸盐胰蛋白胨肉汤 – 万古霉素（modified lauryl sulfate tryptose broth – vancomycin medium，mLST – Vm）。

（3）阪崎肠杆菌显色培养基。

（4）胰蛋白胨大豆琼脂（trypticase soy agar，TSA）。

（5）生化鉴定试剂盒。

（6）氧化酶试剂。

（7）L – 赖氨酸脱羧酶培养基。

（8）L – 鸟氨酸脱羧酶培养基。

（9）L – 精氨酸双水解酶培养基。

（10）糖类发酵培养基。

（11）西蒙氏柠檬酸盐培养基。

2. 检验流程

克罗诺杆菌属检验操作程序见图 6 – 1。

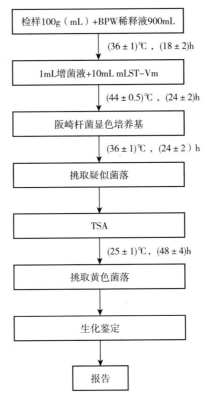

图 6 – 1 克罗诺杆菌属检验操作程序

3. 操作流程

（1）前增菌和增菌 取检样 100g（或 100mL 置灭菌锥形瓶中，）加入 900mL 已预热至

44℃的缓冲蛋白胨水，用手缓缓地摇动至充分溶解，（36±1）℃培养（18±2）h。移取1mL转种于10mL mLST－Vm肉汤，（44±0.5）℃培养（24±2）h。

（2）分离　轻轻混匀 mLST－Vm 肉汤培养物，各取增菌培养物1环，分别划线接种于两个阪崎肠杆菌显色培养基平板，（36±1）℃培养（24±2）h。挑取至少5个可疑菌落，不足5个时挑取全部可疑菌落，划线接种于 TSA 平板。（25±1）℃培养（48±4）h。

（3）鉴定　自 TSA 平板上直接挑取黄色可疑菌落，进行生化鉴定。克罗诺杆菌属的主要生化特征见表6－1。可选择生化鉴定试剂盒或全自动微生物生化鉴定系统。

表6－1　　　　　　　　　　　克罗诺杆菌属细菌的生化特性

生化试验	特征	生化试验	特征
黄色素产生	+	D－山梨醇发酵	（－）
氧化酶	－	L－鼠李糖发酵	+
L－赖氨酸脱羧酶	－	D－蔗糖发酵	+
L－鸟氨酸脱羧酶	（+）	D－蜜二糖发酵	+
L－精氨酸双水解酶	+	苦杏仁苷发酵	+
柠檬酸水解	（+）		

注：＋表示＞99%阳性；－表示＞99%阴性；（+）表示90%～99%阳性；（－）表示90%～99%阴性。

4. 结果与报告

综合菌落形态和生化特征，报告每100g（mL）样品中检出或未检出克罗诺杆菌属。

（二）第二法　克罗诺杆菌属的计数

1. 培养基和试剂

同第一法。

2. 操作步骤

（1）样品的稀释

①固体和半固体样品：无菌称取样品100、10、1g 各三份，分别加入900、90、9mL 已预热至44℃的 BPW 中，轻轻振摇使充分溶解，制成1∶10样品匀液，置（36±1）℃培养（18±2）h。分别移取1mL 转种于10mL mLST－Vm 肉汤，（44±0.5）℃培养（24±2）h。

②液体样品：以无菌吸管分别取样品100、10、1mL 各三份，分别加入900、90、9mL 已预热至44℃的 BPW 中，轻轻振摇使充分混匀，制成1∶10样品匀液，置（36±1）℃培养（18±2）h。分别移取1mL 转种于10mL mLST－Vm 肉汤，（44±0.5）℃培养（24±2）h。

（2）分离、鉴定　同第一法。

3. 结果与报告

综合菌落形态、生化特征，根据证实为克罗诺杆菌属的阳性管数，查 MPN 检索表，报告每100g（mL）样品中克罗诺杆菌属的 MPN 值。

四、双歧杆菌的检验

双歧杆菌（*Bifidobacterium*）的最适生长温度为 37 ~ 41℃，最低生长温度为 25 ~ 28℃，最高生长温度为 43 ~ 45℃，初始最适 pH 6.5 ~ 7.0，在 pH 4.5 ~ 5.0 或 pH 8.0 ~ 8.5 不生长。其细胞呈现多样形态，有短杆较规则形、纤细杆状具有尖细末端、球形、长杆弯曲形、分支或分叉形、棍棒状或匙形。单个或链状、V 形、栅栏状排列或聚集成星状。革兰阳性，不抗酸，不形成芽孢，不运动。双歧杆菌的菌落光滑、凸圆、边缘整齐，乳脂呈白色，闪光并具有柔软的质地。双歧杆菌是人体内的正常生理性细菌，定植于肠道内，是肠道的优势菌群，占婴儿消化道菌丛的 92%。该菌与人体终生相伴，其数量的多少与人体健康密切相关，是目前公认的一类对机体健康有促进作用的代表性有益菌。该菌可以在肠里膜表面形成一个生理性屏障，从而抵御伤寒沙门菌、致泻性大肠杆菌、痢疾志贺菌等病原菌的侵袭，保持机体肠道内正常的微生态平衡；能激活巨噬细胞的活性，增强机体细胞的免疫力；能合成 B 族维生素、烟酸和叶酸等多种维生素；能控制内毒素含量和防治便秘，预防贫血和佝偻病；可降低亚硝胺等致癌前体的形成，有防癌和抗癌作用；能拮抗自由基及脂质过氧化，具有抗衰老功能。

（一）培养基和试剂

（1）双歧杆菌培养基。

（2）PYG 培养基。

（3）MRS 培养基。

（4）甲醇　分析纯。

（5）三氯甲烷　分析纯。

（6）硫酸　分析纯。

（7）冰乙酸　分析纯。

（8）乳酸　分析纯。

（二）检验程序

双歧杆菌检验程序见图 6 - 2。

（三）双歧杆菌的鉴定

1. 纯菌菌种

（1）样品处理　半固体或者液体菌种直接接种在双歧杆菌琼脂平板或 MRS 琼脂平板。固体菌种或真空冷冻干燥菌种，可先加适量灭菌生理盐水或其他适宜稀释液，溶解菌粉。

（2）接种　接种于双歧杆菌琼脂平板或 MRS 琼脂平板，（36 ± 1）℃厌氧培养（48 ± 8）h，可延长至（72 ± 2）h。

2. 食品样品

（1）样品处理　取样 25.0g（mL），置于装有 225.0mL 生理盐水的灭菌锥形瓶或均质袋内，于 8000 ~ 10000r/min 均质 1 ~ 2min，或用拍击式均质器拍打 1 ~ 2min，制成 1 : 10 的

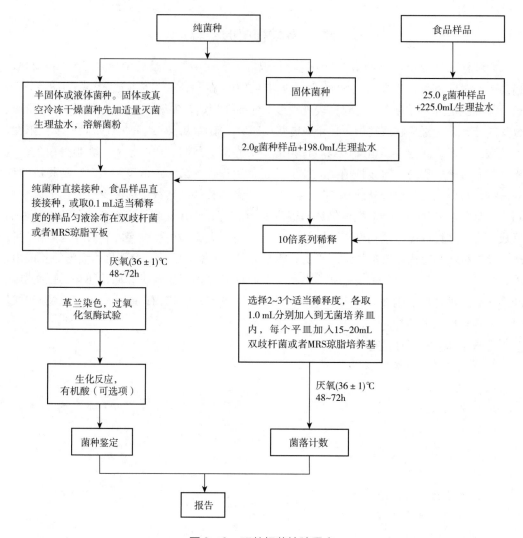

图6-2 双歧杆菌检验程序

样品匀液。冷冻样品可先使其在2~5℃条件下解冻，时间不超过18h，也可在温度不超过45℃的条件下解冻，时间不超过15min。

（2）接种或涂布　将上述样品匀液接种在双歧杆菌琼脂平板或MRS琼脂平板，或取0.1mL适当稀释度的样品匀液涂布在双歧杆菌琼脂平板或MRS琼脂平板。（36±1）℃厌氧培养（48±8）h，可延长至（72±2）h。

（3）纯培养　挑取3个或者3个以上的单个菌落接种于双歧杆菌琼脂平板或者MRS琼脂平板。（36±1）℃厌氧培养（48±8）h，可延长至（72±2）h。

3.菌种鉴定

（1）涂片镜检　挑取双歧杆菌平板或MRS平板上生长的双歧杆菌单个菌落进行染色。

双歧杆菌为革兰染色阳性，呈短杆状、纤细杆状或者球形，可形成各种分支或者分叉等多形态，不抗酸，无芽孢，无动力。

（2）生化鉴定 挑取双歧杆菌平板或者 MRS 平板上生长的双歧杆菌单个菌落，进行生化反应检验，过氧化氢酶试验为阴性。双歧杆菌的主要生化反应见表 6-2。可选择生化鉴定试剂盒或者全自动微生物生化鉴定系统。

表6-2 双歧杆菌菌种主要生化反应

编号	项目	两歧双歧杆菌	婴儿双歧杆菌	长双歧杆菌	青春双歧杆菌	动物双歧杆菌	短双歧杆菌
1	L–阿拉伯糖	–	–	+	+	+	–
2	D–核糖	–	+	+	+	+	+
3	D–木糖	–	+	+	d	+	+
4	L–木糖	–	–	–	–	–	–
5	阿东醇	–	–	–	–	–	–
6	D–半乳糖	d	+	+	+	d	+
7	D–葡萄糖	+	+	+	+	+	+
8	D–果糖	d	+	+	d	d	+
9	D–甘露糖	–	+	+	–	–	–
10	L–山梨糖	–	–	–	–	–	–
11	L–鼠李糖	–	–	–	–	–	–
12	卫矛醇	–	–	–	–	–	–
13	肌醇	–	–	–	–	–	+
14	甘露醇	–	–	–	–[a]	–	–[a]
15	山梨醇	–	–	–	–[a]	–	–[a]
16	α–甲基–D–葡萄糖苷	–	–	+	–	–	–
17	N–乙酰葡萄糖胺	–	–	–	–	–	–
18	苦杏仁苷（扁桃苷）	–	–	–	+	+	–
19	七叶灵	–	–	+	+	+	–
20	水杨苷（柳醇）	–	+	–	+	–	–
21	D–纤维二糖	–	+	–	d	–	–
22	D–麦芽糖	–	+	+	+	+	+
23	D–乳糖	+	+	+	+	+	+

续表

编号	项目	两歧双歧杆菌	婴儿双歧杆菌	长双歧杆菌	青春双歧杆菌	动物双歧杆菌	短双歧杆菌
24	D-蜜二糖	-	+	+	+	+	+
25	D-蔗糖	-	+	+	+	+	+
26	D-海藻糖（覃糖）	-	-	-	-	-	-
27	菊糖（菊根粉）	-	-ª	-	-ª	-	-ª
28	D-松三糖	-	-	+	-	-	-
29	D-棉子糖	-	+	+	-	+	+
30	淀粉	-	-	-	+	-	-
31	肝糖（糖原）	-	-	-	-	-	-
32	龙胆二糖	-	+	-	+	+	+
33	葡萄糖酸钠	-	-	-	+	-	-

注：+表示90%以上菌株阳性；-表示90%以上菌株阴性；d表示11%～89%菌株阳性；a表示某些菌株阳性。

（四） 双歧杆菌的计数

1. 纯菌菌种

（1）固体和半固体样品的制备　以无菌操作称取2.0g样品，置于盛有198.0mL稀释液的无菌均质杯内，8000～10000r/min均质1～2min，或置于盛有198.0mL稀释液的无菌均质袋中，用拍击式均质器拍打1～2min，制成1:100的样品匀液。

（2）液体样品的制备　以无菌操作量取1.0mL样品，置于9.0mL稀释液中，混匀，制成1:10的样品匀液。

2. 食品样品处理

取样25.0g（mL），置于装有225.0mL生理盐水的无菌锥形瓶或均质袋内，于8000～10000r/min均质1～2min，或者用拍击式均质器拍打1～2min，制成1:10的样品匀液。冷冻样品可先使其在2～5℃条件下解冻，时间不超过18h，也可在温度不超过45℃的条件解冻，时间不超过15min。

3. 稀释及培养

用1mL无菌吸管或微量移液器，制备10倍系列稀释样品匀液，于8000～10000r/min均质1～2min，或用拍击式均质器拍打1～2min。每递增稀释一次，即换用1次1mL灭菌吸管或吸头。根据对样品浓度的估计，选择2～3个适宜稀释度的样品匀液，在进行10倍递增稀释时，吸取1.0mL样品匀液于无菌平皿内，每个稀释度做两个平皿。同时，分别吸取1.0mL空白稀释液加入两个无菌平皿内作空白对照。及时将15～20mL冷却至46℃的双歧杆菌琼脂培养基或 MRS 琼脂培养基［可放置于（46±1）℃ 恒温水浴箱中保温］倾注平皿，并转动平皿使其混合均匀。从样品稀释到平板倾注要求在 15min 内完成。待琼脂凝固后，将平板翻转，（36±1）℃ 厌氧培养（48±2）h，可延长至（72±2）h。培养后计数平板上的所有菌落数。

4. 菌落计数

同 GB 4789.2—2016《菌落总数测定》。

5. 结果的计算方法

同 GB 4789.2—2016《菌落总数测定》。

6. 菌落数的报告

（1）菌落数小于 100cfu 时，按"四舍五入"原则修约，以整数报告。

（2）菌落数大于或等于 100cfu 时，第 3 位数字采用"四舍五入"原则修约后，取前 2 位数字，后面用 0 代替位数；也可用 10 的指数形式来表示，按"四舍五入"原则修约后，保留两位有效数字。

（3）称重取样以 cfu/g 为单位报告，体积取样以 cfu/mL 为单位报告。

（四）结果与报告

根据涂片镜检和生化鉴定结果，报告双歧杆菌属的种名。根据菌落计数结果出具报告，报告单位以 cfu/g（mL）表示。

五、乳酸菌的检验

乳酸菌的检验详见第五章第十三节。

六、鲜乳中抗生素残留的检验

由于大规模使用兽用抗生素，如动物饲喂抗生素饲料，治疗疾病使用的各种抗生素，在畜产品及乳内就产生了抗生素残留。当人们长期食用残留有抗生素的食品后，不仅会使在人体内寄生和繁殖的细菌产生抗药性，还能增加人类对抗生素的过敏反应。同时人类长期摄入含有抗生素的食物后抑制了肠道中正常的敏感菌群，使致病菌、条件致病菌及霉菌、念珠菌大量增殖而导致一系列全身或局部的感染。另外，在牛（羊）乳中，如含有微量抗生素，将给乳品加工带来很多问题，如影响酸乳的正常凝结和乳酪的正常发酵成熟；降低脱脂乳及同类产品的酸度和风味，抑制了发酵菌的繁殖；影响了生产工艺中的质量控制。因此，检查乳中抗生素残留，确保其纯净，成为食品卫生的一项重要工作。

乳中抗生素残留对人类健康存在危害，其中危害最大的是青霉素、链霉素的过敏性休克及抗药性的产生。只要存在微量的抗生素即可能引起，所以原则上乳中是不允许抗生素残留的。但限于检验水平未能达到如此敏感度，故只能以检验阳性者为不合格，阴性者为合格，所以"允许量"实际上等于检验方法本身的敏感度。

目前国际上对乳中抗生素残留规定如下：在乳卫生管理上，许多国家规定乳牛（羊）

在最后一次使用抗生素后的 72~96h 内的乳不可使用，我国规定的最后一次使用 5d 内的乳不可使用。

目前国际上公认并作为法定检验食品中抗生素残留的几种检验方法，首推嗜热脂肪芽孢杆菌纸片法，此法由 Kanfman 于 1977 年创立，后由国际牛乳协会（IDF）证实并推广，美国于 1982 年起作为法定方法。此外还有藤黄八叠球菌管碟法和 TTC 法。我国 2008 年颁布的食品卫生微生物检验国家标准将 TTC 法和嗜热脂肪芽孢杆菌抑制法列为国标方法。

（一）嗜热脂肪芽孢杆菌抑制法

本方法检验抗生素残留具有以下特点：用嗜热脂肪芽孢杆菌芽孢悬浮物代替藤黄八叠球菌过夜肉汤培养物作试验菌，性质更稳定，贮存时间更长，可达 6~8 个月；检测敏感度很高，能检出牛乳中青霉素 G 含量为 0.005U/mL；方法简便、快速、省钱，2.5~4h 即可出现抑菌圈；不仅能检验青霉素 G，还能检验其他多种常用抗生素，如氨苄西林、头孢菌素、邻氯青霉素和四环素等；可作定量测定；不受消毒剂干扰。

1. 菌种、培养基和试剂

（1）菌种　嗜热脂肪芽孢杆菌卡利德变种。

（2）无菌磷酸盐缓冲液。

（3）灭菌脱脂乳。

（4）溴甲酚紫葡萄糖蛋白胨培养基。

（5）青霉素 G 参照溶液。

2. 检验程序

鲜乳中抗生素残留的嗜热脂肪芽孢杆菌抑制法检验程序见图 6-3。

3. 操作步骤

（1）芽孢悬液　将嗜热脂肪芽孢杆菌菌种划线接种于营养琼脂平板表面，（56±1）℃培养 24h 后挑取乳白色半透明圆形特征菌落，在营养琼脂平板上再次划线培养，于（56±1）℃培养 24h 后转入（36±1）℃培养 3~4d，镜检芽孢产率达到 95% 以上时进行芽孢悬液的制备。每块平板用 1~3mL 无菌磷酸盐缓冲液洗脱培养基表面的菌苔（如果使用克氏瓶，每瓶使用无菌磷酸盐缓冲液 10~20mL）。将洗脱液 5000r/min 离心 15min，取沉淀物加 0.03mol/L 的无菌磷酸盐缓冲液（pH 7.2），制成 10^9 cfu/mL 芽孢悬液，置于（80±2）℃恒温水浴中 10min 后，密封防止水分蒸发，置于 2~5℃备用。

（2）测试培养基　在溴甲酚紫葡萄糖蛋白胨培养基中加入适量芽孢悬液，混合均匀，使最终的芽孢浓度为 $2×10^5~8×10^5$ cfu/mL。将混合芽孢悬液的溴甲酚紫葡萄糖蛋白胨培养基分装小试管，每管 200μL，密封防止水分蒸发，配制好的测试培养基可以在 2~5℃保存 6 个月。

（3）培养操作　吸取样品 100μL 加入含有芽孢的测试培养基中，轻轻旋转试管混匀，每份检样做 2 份，另外再做阴性和阳性对照各一份，阳性对照管为 100μL 青霉素 G 参照溶液，阴性对照管为 100μL 无抗生素的脱脂乳。于（65±2）℃培养 2.5h，观察培养基颜色的

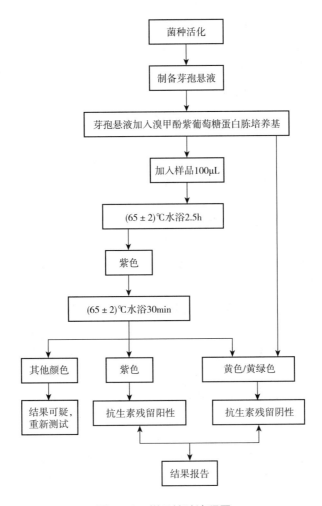

图6-3　样品检验流程图

变化，如果颜色没有变化，须再于水浴培养30min做最终观察。

（4）判断方法　在白色背景前从侧面和底部观察小试管内培养基颜色，保持培养基原有的紫色为阳性结果，培养基变成黄色或黄绿色为阴性结果，颜色处于两者之间，为可疑结果。对于可疑结果应继续培养30min再进行最终观察。如果培养基颜色仍然处于黄色-紫色之间，表示抗生素浓度接近方法的最低检出限，此时建议重新检验一次。

4. 结果与报告

最终观察时，培养基依然保持原有的紫色，可以报告为抗生素残留阳性。

培养基变为黄色或绿色时，可以报告为抗生素残留阴性。

本方法检验几种常见抗生素的最低检出限为：青霉素3μg/L，链霉素50μg/L，庆大霉素30μg/L，卡那霉素50μg/L。

（二） 嗜热链球菌抑制法 （2，3，5-氯化三苯四氮唑法）

氯化三苯四氮唑法最早由 Neel 和 Calbert 在 1955 年提出，能检出牛乳中青霉素含量为 0.04 U/mL，1959 年 Parks 和 Doan 认为 TTC 法在检验青霉素和氯霉素上的敏感度与枯草杆菌纸片大致相同，但对链霉素不敏感，对新霉素根本不满意。也有人认为消毒剂可干扰试验。1958 年 Dragen 建议 TTC 法加做乳糖发酵产气试验及酵母培养，可以证明抑菌的效果究竟由抗生素还是消毒剂引起。

细菌生物氧化有三种方式，即加氧、脱氢和脱电子，相反即还原。当乳中加入嗜热链球菌后，如乳中无抗生素，嗜热链球菌就生长繁殖，在新陈代谢过程中进行生物氧化，其中脱出的氢可以和加在乳中的氧化型 TTC 结合而成为还原型 TTC，氧化型 TTC 无色，还原型 TTC 红色，所以可使乳变红色。相反，如乳中存在抗生素，嗜热链球菌就不能生长繁殖，没有氢释放，TTC 也不被还原，仍为无色，乳汁也无色。

选择嗜热链球菌，是因为它对青霉素较敏感，Adamse 于 1955 年、Fleischmann 于 1964 年提出，酸乳培养物较其他菌株对青霉素敏感 10 倍，而酸乳培养物主要是嗜热链球菌，少量是乳杆菌，检验牛乳中的抗生素主要是青霉素，所以选择嗜热链球菌。

TTC 法的特点是方法简便、快速，无需特殊设备，因地制宜，故适于牧场、乳品厂及防疫站采用。但方法敏感度不够高，国外报道对青霉素的检出量为 0.04U/mL，上海市卫生监督检验所的研究也是 0.04U/mL。此敏感度在 1967 年以前是适用的，但随着对牛乳中青霉素残留允许量渐趋严格，TTC 法就显得不够敏感了。

牧场常用抗生素治疗乳牛的各种疾病，特别是乳牛的乳房炎，有时用抗生素直接注射乳房部位进行治疗。因此，凡经抗生素治疗过的乳牛，其牛乳在一定时期内仍残存抗生素。对抗生素有过敏体质的人食用后，就会发生过敏反应，也会使某些菌株对抗生素产生耐药性，同时在加工上不能用于生产发酵乳。为了保证饮用安全和实际生产需要，检查乳中有无抗生素残留已成为一项急需开展的常规检验工作。TTC 试验是用来测定乳中有无抗生素残留的较简易方法。

鲜乳中抗生素残留量检验应属于理化检验的范畴，但此法采用的是微生物的手段，因此本书将此法放入微生物学检验内容。

1. 菌种、培养基和试剂

（1）菌种　嗜热链球菌。

（2）灭菌脱脂乳。

（3）40g/L 2，3，5-氯化三苯四氮唑（TTC）水溶液。

（4）青霉素 G 参照液。

2. 检验程序

检验程序如图 6-4 所示。

3. 操作步骤

（1）活化菌种　取一接种环嗜热链球菌菌种，接种在 9mL 灭菌脱脂乳中，置

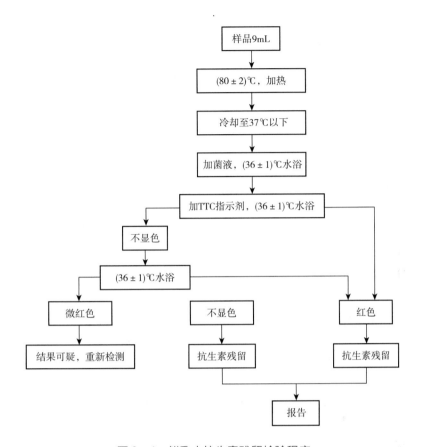

图6-4　鲜乳中抗生素残留检验程序

（36±1）℃恒温培养箱中培养12~15h后，置2~5℃冰箱保存备用，每15d转种一次。

（2）测试菌液　将经过活化的嗜热链球菌菌种接种灭菌脱脂乳，（36±1）℃培养（15±1）h后，加入相同体积的灭菌脱脂乳混匀稀释成为测试菌液。

（3）培养　取样品9mL置于18mm×180mm试管内，每份样品另外做一份平行样，同时再做阴性和阳性对照各一份。阳性对照管用9mL青霉素G参照溶液，阴性对照用9mL灭菌脱脂乳，所用试管置于（80±2）℃水浴加热5min，取出冷却至37℃以下，加测试菌液1mL，轻轻旋转试管混匀，（36±1）℃水浴培养2h，加40g/L TTC水溶液0.3mL，在漩涡混匀器上混合15s或振动试管混匀，（36±1）℃水浴避光培养30min，观察颜色变化，如果颜色没有变化，于水浴中继续避光培养30min做最后观察。观察时要迅速，避免光照过久出现干扰。

（4）判断方法　在白色背景前观察，试管中样品呈乳的原色时，表示乳中有抗生素存在，为阳性结果。试管中样品呈红色为阴性结果。如最终观察现象仍为可疑，建议重新检验。

4. 结果与报告

最终观察时，样品变为红色，报告为抗生素残留阴性。样品依然呈乳的原色，报告为抗生素残留阳性。

本方法检验几种常见抗生素的最低检出限为：青霉素 0.004 IU，链霉素 0.5 IU，庆大霉素 0.4 IU，卡那霉素 5 IU。

第三节　蛋与蛋制品检验

鲜蛋利用其自身防护机制可以抵御外界微生物的入侵，从蛋的外部结构来看，鲜蛋外面有三层结构，即外层蜡状壳膜、壳、内层壳膜。每一层都在不同程度上有抵御微生物入侵的功能。从鸡蛋内部的成分看，蛋清中含有溶菌酶，这种酶能有效抵制革兰阳性菌的生长；蛋清中还含有抗生素蛋白，能与维生素 H 形成复合物，使得微生物无法利用这一生长所需的维生素。蛋清的 pH 高（约为9.3），并含有伴清蛋白，这种蛋白和铁形成复合物，使其不能被微生物所利用，但另一方面，鲜蛋黄的营养成分和 pH 又为绝大多数微生物提供了良好的生长条件。

鲜蛋通常是无菌的，但是，鲜蛋也很容易受到微生物的污染，这主要是由两方面原因造成的。一方面是来自家禽本身，在形成蛋壳之前，排泄腔内细菌向上污染至输卵管，可导致蛋的污染；另一方面来自外界的污染。蛋从禽体排出时温度接近禽的体温，若外界温度低，则蛋内部收缩，周围环境中的微生物即随空气穿过蛋壳而进入蛋内，蛋壳外黏膜易被破坏，失去屏障作用。蛋壳上有 7000 ~ 17000 个 4 ~ 40μm 的气孔，外界的各种微生物可从气孔进入蛋内，尤其是贮存期长的蛋或洗涤过的蛋，微生物更易于侵入。蛋壳表面上的微生物很多，整个蛋壳表面有 4×10^6 ~ 5×10^6 个细菌，污染严重的蛋，表面的细菌数量更高，可达数亿个，蛋壳损伤易造成蛋的微生物污染。

在条件适宜的情况下，一些微生物就可进入蛋内生长并导致蛋的腐败。细菌进入蛋内的速度与贮存时间、蛋龄及污染程度有关。使用 CO_2 气体制冷的冷却方法能迅速降低蛋的温度，从而使其内部细菌数量更少，即使 7℃ 下保存 30d 也不会引起明显的质量变化。

高湿度有利于微生物进入鸡蛋，也有利于鸡蛋表面微生物的生长，继而进入蛋壳和内膜。内膜是阻止细菌侵入鸡蛋最重要的屏障，其次是壳和外膜。污染蛋的蛋黄中的细菌要比蛋清中的多，蛋清中微生物数量相对较少的原因可能是蛋清中含有抗生素类物质。另外，经贮藏后，卵白厚层将水分传至卵黄，导致淡化变稀和卵白厚层萎缩。这种现象使得蛋黄可直接接触蛋壳内膜，从而造成与微生物的直接接触。微生物一旦进入蛋黄，细菌在这种营养介质中良好地生长，代谢分解蛋白质和氨基酸，产生硫化氢和其他异臭化合物。这些菌的生长会引起蛋黄变黏和变色。因为霉菌是需氧菌，故一般先在气室区域繁殖生长。在湿度较高的情况下。在鸡蛋表层可看到有霉菌生长，在温度和湿度都较低的情况下，虽然鸡蛋表面霉菌生长的现象可以减少，但鸡蛋会以较快速度脱水，这对产品的销售是不利的。另外，鸡蛋蛋清中还含有卵运铁蛋白和卵黄素蛋白。卵运铁蛋白能与金属离子，尤其是Fe^{3+}螯合，卵黄素蛋白结合核黄素。在正常的 pH 为 9.0～10.0 及温度分别为 30℃ 和 39.5℃下，蛋清能杀灭革兰阳性菌和酵母菌，Fe^{3+} 的加入会降低蛋清的抗菌特性。

鸡蛋中存在的菌主要为下列属细菌：假单胞菌、不动细菌、变形杆菌、气单胞菌、产碱杆菌、埃希杆菌、微球菌、沙门菌、赛氏杆菌、肠细菌、黄杆菌属和葡萄球菌。常见的霉菌有毛霉、青霉、单胞枝霉等。球拟酵母是唯一能检出的酵母。

一、 鲜蛋的腐败变质

（一） 腐败

腐败是由细菌引起的鲜蛋变质。侵入到蛋中的细菌，不断地生长繁殖，并形成各种相适应的酶，然后分解蛋内的各组成成分，使蛋发生腐败和产生难闻的气味。蛋白腐败初期，从局部开始，呈现淡绿色，这种腐败是由于假单胞菌，特别是荧光假单胞菌引起的。随后逐渐扩大到全部蛋白，其颜色随之变为灰绿色至淡黄色。此时，韧带断裂，蛋黄不能固定而发生移位。细菌侵入蛋白，使蛋黄膜破裂，蛋黄流出与蛋白混合成浑浊的液体，习惯上称为散蛋黄。如果进一步腐败，蛋黄成分中的核蛋白和卵磷脂也被分解，产生恶臭的硫化氢等气体和其他有机物，整个内含物变为灰色或暗黑色。这种腐败主要由变形杆菌、某些假单胞菌和气单胞菌引起。这种蛋在光照时不透光线，通过气孔还发出恶臭气味。如果蛋内气体积累过多，蛋壳会发生爆裂，流出含有大量腐败菌的液体，有时蛋液变质产生酸臭味而呈红色，这种腐败主要是由假单胞菌或沙雷菌引起的。

（二） 霉变

霉变主要由霉菌引起。霉菌菌丝通过蛋壳气孔进入蛋内，一般在蛋壳内壁和蛋白膜上生长繁殖，靠近气室部分，因有较多氧气，所以繁殖最快，形成大小不同的深色斑点，斑点处有蛋液黏着，称为黏蛋壳。不同霉菌产生的斑点不同，如青霉产生蓝绿色，枝胞霉产生黑斑。在环境湿度比较大的情况下，有利于霉菌的蔓延生长，造成整个蛋内外生霉，蛋内成分分解，并有不良霉味产生。

有些细菌也可引起蛋的霉臭味，如浓味假单胞菌（*Pseudomonas graveolens*）和一些变形杆菌属（*Proteus* spp.）的细菌，其中以前者引起的霉臭味最为典型。当蛋的贮藏期较长后，蛋白逐渐失水，水分向蛋黄内转移，从而造成蛋黄直接与蛋壳内膜接触，使细菌更容易进入蛋黄内，导致这些细菌快速生长，产生一些蛋白质和氨基酸代谢的副产物，形成类似于蛋霉变的霉臭味。

鲜蛋在低温贮藏的条件下，有时也会出现腐败变质现象。这是由于某些嗜冷性微生物如假单胞菌、枝胞霉、青霉等在低温下仍能生长繁殖而造成的。

二、 蛋与蛋制品的检验

（一） 样品的采集

1. 蛋、糟蛋和皮蛋

用流水冲洗鲜蛋外壳，再用75%酒精棉球涂擦消毒后放入灭菌袋内，加封做好标记后送检。

2. 巴氏杀菌全蛋粉、蛋黄粉、蛋白片

将包装铁箱上开口处用75%酒精棉球消毒，然后将盖开启，用灭菌的金属制双层旋转式套管采样器斜角插入箱底，使套管旋转收取检样，再将采样器提出箱外，用灭菌小匙自上、中、下部收取检样，装入灭菌广口瓶中，每个检样质量不少于100g，标记后送检。

3. 巴氏杀菌冰全蛋、冰蛋黄、冰蛋白

将包装铁听开口处用75%酒精棉球消毒，然后将盖开启，用灭菌电钻由顶到底斜角钻入，慢慢钻取样品，然后抽出电钻，从中取出检样250g装入灭菌广口瓶中，标记后送检。

4. 对成批产品进行质量鉴定时的采样数量

巴氏杀菌全蛋粉、蛋黄粉、蛋白片等产品以1日或1班产量为1批检验沙门菌时，按每批总量的5%抽样，但每批最少不得少于3个检样。测定菌落总数和大肠菌群时，每批按装罐过程前、中、后取样3次，每次取样100g，每批合为一个检样。

巴氏杀菌冰全蛋、冰蛋黄、冰蛋白等产品批号在装听时流动取样。检验沙门菌时，冰蛋黄及冰蛋白按250kg取样一件，巴氏消毒冰全蛋按每500kg取样1件。菌落总数测定和大肠菌群测定时，在每批装听过程前、中、后取样3次，每次取样100g合为一个检样。

（二） 样品的处理

1. 鲜蛋、糟蛋、皮蛋外壳

用灭菌生理盐水浸湿的棉拭充分擦拭蛋壳，然后将棉拭直接放入培养基内增菌培养，也可将整个蛋放入灭菌小烧杯或平皿中，按检样要求加入定量灭菌生理盐水或液体培养基，用灭菌棉拭将蛋壳表面充分擦洗后，用擦洗液为检样。

2. 鲜蛋蛋液

将鲜蛋在流水下洗净，待干后再用75%酒精棉球消毒蛋壳，然后根据检验要求，打开蛋壳取出蛋白、蛋黄或全蛋液，放入带有玻璃珠的灭菌瓶内，充分摇匀检样。

3. 巴氏杀菌全蛋粉、蛋黄粉、蛋白片

将检样放入带有玻璃珠的灭菌瓶内，按比例加入灭菌生理盐水，充分摇匀待检。

4. 巴氏杀菌冰全蛋、冰蛋黄、冰蛋白

将装有冰蛋检样的瓶子浸泡于流动冰水中，待检样融化后取出，放入带有玻璃珠的灭菌瓶中，充分摇匀待检。

5. 各种蛋制品沙门菌增菌培养

以无菌操作称取检样，接种于亚硒酸盐煌绿或煌绿肉汤等增菌培养基中（此培养基预先置于有适量玻璃珠的灭菌瓶内），盖紧瓶盖，充分摇匀，然后放入（36±1）℃恒温箱中，培养（20±2）h。

6. 接种以上各种蛋与蛋制品的数量及培养基的数量和成分

用亚硒酸盐煌绿增菌培养时，各种蛋和蛋制品的检样接种量为30g，培养基数量都为150mL。用煌绿肉汤增菌培养时，检样接种数量、培养基数量和浓度见表6-3。

表6-3　　　　　　　　检样接种数量、培养基数量和浓度

检样种类	检样接种数量	培养基数量/mL	煌绿浓度/（g/mL）
巴氏杀菌全蛋粉	6g（加24mL灭菌水）	120	1/6000～1/4000
蛋黄粉	6g（加24mL灭菌水）	120	1/6000～1/4000
鲜蛋液	6mL（加24mL灭菌水）	120	1/6000～1/4000
蛋白片	6g（加24mL灭菌水）	150	1/1000000
巴氏杀菌冰全蛋	30g	150	1/6000～1/4000
冰蛋黄	30g	150	1/6000～1/4000
冰蛋白	30g	150	1/60000～1/50000
鲜蛋、糟蛋、皮蛋	30g	150	1/6000～1/4000

注：煌绿应在用时加入肉汤中，煌绿浓度以检样和肉汤的总量计算。

（三）检验

根据不同蛋制品中常见的不同类群微生物，采用国家标准方法检验菌落总数、大肠菌群、沙门菌、志贺菌。

第四节　水产食品检验

水产食品是以水产为主要原料加工的食品。水产品中的鱼贝类，正常情况下其组织内部是无菌的。但是鱼类的体表和鳃部直接和水接触，体表分泌一种含糖蛋白的黏液质，成为细菌良好的培养基。因此，在与外界接触的皮肤黏膜、鳃、消化道等部位，有各种微生物的存在。

水产品中的微生物主要为水体中的微生物，以及在捕获、贮藏、加工过程中污染的微生物。水体中的微生物大部分为革兰阴性的无芽孢杆菌。

淡水鱼类附着的微生物包括淡水中正常的细菌，如假单胞菌、节细菌、黏杆菌、噬胞菌、不动杆菌、气单胞菌、链球菌、克式杆菌和芽孢杆菌等。

海水鱼类附着的微生物主要是一些具有活动能力的杆菌和各种弧菌，如假单胞菌属、

弧菌属、黄杆菌属、无色杆菌属、不动杆菌属、芽孢杆菌属以及无芽孢杆菌属的细菌等。

一、 水产品中的微生物污染

水产品的微生物污染可分为渔获前的污染（原发性污染）和捕获后的污染（继发性污染）。

（一） 渔获前的污染

渔获前污染的微生物有引起腐败变质的细菌和真菌，如假单胞菌、无色杆菌、黄杆菌等，以及水霉属、绵霉属、私囊霉属等；也有能引起人致病的细菌和病毒，如沙门菌、致病性弧菌以及甲型肝炎病毒、诺如病毒等。

（二） 捕获后的污染

主要是指从捕获后到销售过程所遭受的微生物污染。运入销售市场或加工厂，受到人手、容器、市场环境或工厂环境等的污染，受到污染的微生物大部分为腐败微生物，以细菌为主，其次为霉菌和酵母，主要引起水产品的腐败变质。另外还会污染能引起人食物中毒的细菌，如沙门菌、葡萄球菌、大肠杆菌等。

二、 水产品中的细菌腐败

水产品在微生物的作用下，蛋白质、氨基酸及含氮物质被分解为氨、三甲胺、吲哚、硫化氢、组胺等低级产物，使水产品产生具有腐败特征的臭味。

（一） 新鲜水产品的腐败

新鲜鱼的腐败主要表现在鱼的体表、眼球、鳃、腹部、肌肉、组织状态及气味等方面的变化。鱼体死后的细菌繁殖，从一开始就与死后的生化变化、僵硬、解僵等同时进行。当鱼体进入解僵和自溶阶段，随着细菌繁殖数量的增多，各种腐败变质的现象逐步出现。

（二） 水产制品的腐败

1. 冷冻水产品的腐败

水产品在冷冻时，一般微生物不能生长，不发生腐败。但是在冷冻时，一些耐低温的腐败细菌并未死亡。当解冻后，又开始生长繁殖，引起水产品的腐败。冷冻鱼的腐败细菌，以假单胞菌Ⅲ/Ⅳ–H型、摩氏杆菌、假单胞菌Ⅰ型和假单胞菌Ⅱ型为主。

2. 水产干燥和烟熏制品的腐败

水产品经过干燥、腌制和烟熏得到的制品的共同特点是降低制品中的水分活度而抑制微生物的生长达到保藏的目的，但是由于吸湿或者盐度和水分还不能完全抑制微生物的生长，常出现腐败变质的现象。

3. 鱼糜制品的腐败

鱼糜制品是鱼肉经擂溃，加入调味料，经煮熟、蒸熟、焙烤而成，如鱼丸、鱼肠等。鱼糜制品通过加热杀死绝大多数细菌，但还残存耐热细菌，此外可能由于包装不良或者贮存不当而遭受微生物污染，引发腐败。

三、 水产食品的检验

（一） 样品的采集

现场采取水产食品样品时，应按检验目的和水产品的种类确定采样量。除个别大型鱼类和海兽只能割取其局部作为样品外，一般都采取完整的个体，待检验时再按要求在一定部位采取检样。在以判断质量鲜度为目的时，鱼类和体型较大的贝甲类虽然应以一个个体为一件样品，单独采取一个检样，但当对一批水产品做质量判断时，仍须采取多个个体做多件检验以反映全面质量。一般小型鱼类和对虾、小蟹，因个体过小，在检验时只能混合采取检样，在采样时须采数量更多的个体；鱼糜制品（如灌肠、鱼丸等）和熟制品采样250g，放入灭菌容器内。

水产食品含水较多，体内酶的活力也较旺盛，易于变质。因此在采好样品后应在最短时间内送检，在送检过程中一般都应加冰保藏。

（二） 检样的处理

1. 鱼类

鱼类采取检样的部位为背肌。先用流水将鱼体体表冲净，去鳞，再用75%酒精棉球擦净鱼背，待干后用灭菌刀在鱼背部沿脊椎切开5cm，再切开两端使两块背肌分别向两侧翻开，然后用灭菌剪子剪取25g鱼肉，放入灭菌乳钵内，用灭菌剪子剪碎，加灭菌海砂或玻璃砂研磨（有条件情况下可用均质器），检样磨碎后加入225mL灭菌生理盐水，混匀成稀释液。在剪取肉样时要仔细操作，勿触破及粘上鱼皮。鱼糜制品和熟制品则放乳钵内进一步捣碎后，再加生理盐水混匀成稀释液。

2. 虾类

虾类采取检样的部位为腹节内的肌肉。将虾体在流水下冲净，摘去头胸节，用灭菌剪子剪除腹节与头胸节连接处的肌肉，然后挤出腹节内的肌肉，取25g放入灭菌乳钵内，以后操作同鱼类检样处理。

3. 蟹类

蟹类采取检样的部位为胸部肌肉。将蟹体在流水下冲净，剥去壳盖和腹脐，去除鳃条。再置流水下冲净。用75%酒精棉球擦拭前后外壁，置灭菌搪瓷盘上待干，然后用灭菌剪子剪开成左右两片，再用双手将一片蟹体的胸部肌肉挤出（用手指从足根一端向剪开的一端挤压），称取25g，置灭菌乳钵内。以后操作同鱼类检样处理。

4. 贝壳类

缝中徐徐切入，撬开壳盖，再用灭菌镊子取出整个内容物，称取25g置灭菌乳钵内，以后操作同鱼类检样处理。

（三） 检验方法

根据不同水产食品中常见的不同类群微生物，采用国标方法检验菌落总数、大肠菌群、沙门菌、志贺菌、副溶血性弧菌、金黄色葡萄球菌、霉菌和酵母计数。

水产食品兼有海洋细菌和陆上细菌的污染，检验时细菌培养温度一般为30℃。以上采样方法和检验部位均以检验水产食品肌肉内细菌含量从而判断其鲜度质量为目的。如需检验水产食品是否带有某种致病菌时，其检验部位应采胃肠消化道和鳃等呼吸器官，鱼类检样取肠管和鳃；虾类检样取头脑节内的内脏和腹节外沿处的肠管；蟹类检样取胃和鳃条；贝类中的螺类检样取腹足肌肉以下的部分；贝类中的双壳类检样取覆盖在斧足肌肉外层的内脏和瓣鳃。

第五节　饮料检验

液体饮料一般用果汁、蔗糖等原料制成。该类食品在制作过程中由于原料、设备及容器消毒不彻底，常常造成各种微生物的污染和繁殖，有可能造成食物中毒及肠道疾病的传播。

饮料中的微生物主要来自两个方面，外部影响主要是加工的环境，如墙壁、地面、设备是否符合卫生标准。内部原因主要是原料和包装，原料中的水、糖、气体、果汁和其他添加剂的卫生状况，及包装用容器、箱袋等都可能是微生物滋生的培养基。

一、 样品的采集

（1）果蔬汁饮料、碳酸饮料、茶饮料、固体饮料　取原瓶、袋和盒装的样品。
（2）冷冻饮品　采取原包装样品。
（3）样品采集后，应立即送检，否则冰箱保存。

二、 样品的处理

瓶装饮料用点燃的酒精棉球烧灼瓶口灭菌，用石炭酸纱布盖好，塑料瓶口可用75%酒精棉球擦拭灭菌，用灭菌开瓶器将盖启开，含有二氧化碳的饮料可倒入另一个灭菌容器内，口勿盖紧，覆盖一灭菌纱布，轻轻摇荡，待气体全部逸出后，再进行检验。

三、 检验方法

根据常见的微生物，采用国家标准的方法检验菌落总数、大肠菌群、沙门菌、志贺菌、金黄色葡萄球菌、霉菌和酵母计数。

第六节　调味品检验

调味品包括酱油、酱类和醋等以豆、谷类为原料发酵而成的食品。由于原料的污染及加工制作、运输中不注意卫生，使调味品污染上肠道细菌、需氧和厌氧芽孢杆菌。在对调味品进行卫生微生物学检验时，应按各品种性状合理采样和处理检样。

一、样品的采集

样品送到后立即检验或放置冰箱暂存。

二、检样的处理

（1）瓶装样品　用点燃的酒精棉球烧灼瓶口灭菌，用石炭酸纱布盖好，再用灭菌开瓶器将盖启开，袋装样品用75%酒精棉球消毒袋口后进行检验。

（2）酱类　以无菌操作称取25g，放入灭菌容器内，加入225mL蒸馏水；吸取酱油25mL，加入225mL灭菌蒸馏水，制成混悬液。

（3）食醋　用200~300g/L灭菌碳酸钠溶液调pH至中性。

三、检验方法

根据常见的微生物，采用国家标准的方法检验菌落总数、大肠菌群、沙门菌、志贺菌、副溶血性弧菌、金黄色葡萄球菌。

第七节　冷食菜、豆制品检验

冷食菜多为蔬菜和熟肉制品不经加热而制成的凉拌菜。该类食品由于原料、半成品、炊事用具及操作人员的手等消毒不彻底，造成细菌的污染。豆制品是以大豆为原料制成的含有大量蛋白质的食品，该类食品大多由于加工后，在盛具、运输及售卖等环节不注意卫生，污染了存在于空气、土壤中的细菌。上述两种食品如果不加强卫生管理，极易造成食物中毒及肠道疾病的传播。

一、样品的采集

（1）采样事项　采样时应注意样品代表性，采取接触盛器边缘、底部及上面不同部位的样品，放入灭菌容器内，样品送往化验室应立即检验或放置冰箱暂存，不得加入任何防腐剂，定型包装样品则随机采取。

（2）采样数量　按照 GB 4789.1—2016《食品安全国家标准 食品微生物学检验 总则》执行。

二、 检样的处理

以无菌操作称取 25g，放入 225mL 灭菌蒸馏水，用均质器打碎 1min，制成混悬液。定型包装样品，先用 75% 酒精棉球消毒包装袋口，用灭菌剪刀剪开后以无菌操作称取 25g 检样，放入 225mL 无菌蒸馏水，用均质器打碎 1min，制成混悬液。

三、 检验方法

根据常见的微生物，采用国家标准方法检验菌落总数、大肠菌群、沙门菌、志贺菌、金黄色葡萄球菌。

第八节　糖果、 糕点、 蜜饯检验

糖果、糕点、果脯等类食品大多是由糖、牛乳、鸡蛋、水果为原料而制成的甜食。部分食品有包装纸，污染机会较少，但由于包装纸、包装盒等不清洁，或者没有包装的食品放入不清洁的容器内都可能造成污染。带馅的糕点往往因加热不彻底，存放时间长或者温度过高，使微生物大量繁殖；带有奶花的糕点，当存放时间过长时，细菌可大量繁殖，造成食品变质。因此，对这类食品进行微生物检验是必要的。在进行微生物卫生检验时，应按照各品种性状合理采样和处理检样。

一、 样品的采集

糕点（饼干）、面包、蜜饯可用灭菌镊子夹取不同部位样品，放入灭菌容器内，糖果采取包装样品，采取后立即送检。

二、 检样的处理

（1）糕点（饼干）、面包　如为原包装，用灭菌镊子夹下包装纸，采取外部及中心部位，如为带馅糕点，取外皮及内馅 25g，如为裱花糕点，采取奶花及糕点部分各一半共 25g，加入 225mL 灭菌生理盐水中，制成混悬液。

（2）蜜饯　采取不同部位，称取 25g 检样，加入灭菌生理盐水 225mL，制成混悬液。

（3）糖果　用灭菌镊子夹去包装纸，共称取 25g，加入预温至 45℃ 的灭菌生理盐水

225mL，等溶化后检验。

三、 检验方法

根据常见的微生物，检验菌落总数、大肠菌群、沙门菌、志贺菌、金黄色葡萄球菌、霉菌和酵母计数。

第九节　酒类检验

酒类一般不进行微生物检验，进行检验的主要是酒精度低的发酵酒，包括发酵酒中的啤酒、果酒、黄酒、葡萄酒，因酒精度低，不能抑制细菌生长。污染主要来自原料或者加工过程中不注意卫生操作而污染水、土壤及空气中的细菌，尤其是散装生啤酒，因不加热往往存在大量细菌。

一、 样品的采集

按照 GB 4789.1—2016《食品安全国家标准 食品微生物学检验 总则》执行。

二、 检样的处理

用点燃的酒精棉球烧灼瓶口灭菌，用石炭酸纱布盖好，再用灭菌开瓶器将盖启开，含有二氧化碳的酒类可倒入另一个灭菌容器内，口勿盖紧，覆盖一个灭菌纱布，轻轻摇荡，待气体全部逸出后，进行检验。

三、 检验方法

根据常见的微生物，采用国家标准的方法检验菌落总数、大肠菌群、沙门菌、志贺菌、金黄色葡萄球菌。

第七章

现代食品微生物检验方法

随着食品工业的高速发展与人们生活水平的日益提高，食品安全已成为人们持续关注的社会热点之一。近年来，造成食品安全事件发生的主要原因还是食源性致病菌传播而引发的食源性疾病，其发病率和死亡率都在逐年提高。探究如何预防食源性疾病的发生以及对其进行有效控制，是解决当今食品安全问题的重要方向之一，而能否快速准确地检验与鉴定食源性致病菌是这一系列工作的关键。

虽然传统的微生物分离鉴定方法依然是微生物检验的主要方法，但随着技术的进步，目前基于分子生物学、免疫学、代谢学、新型材料与传感器等研究基础上开发了许多不同的快速检验方法，出现了一些更加灵敏、快速、节省人力物力的快速检验设备，满足企业和检验机构处理大量样品、短时间得到检验结果的需求，使食品微生物快速检验方法也受到越来越多的重视，这些方法将和传统检验的方法一起为食品安全检验做出重要贡献。

第一节　PCR 检验技术

食品微生物检验方法通常主要使用基于微生物生理生化特性的培养法和微生物抗原特性的免疫法等，但这些方法需经过富集培养、形态观察、生理生化鉴定等多个长周期的繁杂流程，十分耗时耗力，很难满足现代政府监管部门及企业对大批量食品进行微生物快速准确检验的需要。因此，如果能够建立准确、快速、高效、灵敏的食源性致病菌检验方法，对于有效预防和控制食源性疾病的发生和传播将具有重要意义。

随着现代科技的进步，PCR 检验技术得到迅速发展，由于具有操作简洁高效、成本较低且灵敏性、特异性强等特点，在食品致病菌检验中受到了越来越多的关注。

一、　基本原理

PCR（Polymerase chain reaction）即聚合酶链式反应，是一种基于分子生物学细胞内DNA 复制原理，在体外利用 DNA 聚合酶催化合成一段特异 DNA 片段的方法，根据微生物

DNA 分子上的特定序列合成一对特异引物，可对不同来源的样品进行特异性的扩增，从而快速检验是否含有特定的病原微生物。PCR 具有操作简便快速、对标本纯度要求不高、特异性强、灵敏度高、成本较低等特点。

（一）PCR 原理及反应步骤

PCR 是以待扩增的 DNA 分子为模板，利用一对分别与模板互补的寡核苷酸片段引物和 DNA 聚合酶，以半保留复制的机制，沿模板链延伸，从而合成新的 DNA，并通过不断重复扩增需要的 DNA 片段。PCR 技术的实质是以 DNA 为模板、寡核苷酸为引物、4 种脱氧核糖核苷酸作为底物，在 Taq DNA 聚合酶和 Mg^{2+} 作用下完成酶促合成反应。

PCR 由三个基本反应步骤构成。

（1）模板 DNA 的变性　模板 DNA 在 94℃ 左右加热 5 ~ 10min 后，模板 DNA 或经 PCR 扩增得到的双链 DNA 解离成为单链。

（2）模板 DNA 与引物的退火（复性）　将温度降至 50℃ 左右，模板 DNA 的单链与引物进行互补序列结合。

（3）引物的延伸　在 4 种 dNTPs 底物存在时，DNA 模板与引物的结合物在 Taq DNA 聚合酶的作用下，于 72℃ 左右，DNA 聚合酶在引物的 3′羟基根据碱基互补配对原则合成磷酸二酯键，沿着 5′→3′合成的方向合成一条新的与模板 DNA 链互补的半保留复制链。

将高温变性、低温复性和适温延伸等几步反应重复进行，扩增产物的量将以指数级方式增加，一般单一拷贝的基因循环 25 ~ 30 次，目的 DNA 可扩增 100 万 ~ 200 万倍。

（二）PCR 反应体系

一个标准的 PCR 反应的反应体系如下。

1. 10 × 缓冲液

反应缓冲液一般含 50mmol/L KCl，10 ~ 50mmol/L Tris – HCl（pH8. 3 ~ 8. 8），1.5mmol/L $MgCl_2$；100μg/mL 明胶或牛血清白蛋白（BSA）。

2. 引物

影响 PCR 反应特异性和结果的关键因素就是引物，其浓度范围一般为 0. 2 ~ 1. 0μmol/L。设计引物时需注意以下要求。

（1）引物的设计应具有特异性，并在核酸序列保守区内，引物与非特异性扩增序列的同源性一般不应超过 70% 或存在连续的 8 个互补碱基同源。

（2）引物长度为 15 ~ 30bp。序列中的 GC 含量通常为 40% ~ 60%，超出或不足都不利于反应发生。

（3）4 种碱基应在引物中随机分布，不可有超过 3 个连续的嘌呤或嘧啶出现。在 3′端不能有 3 个或 3 个以上的 G 或 C 连续出现，且不应存在二级结构。

（4）产物不可形成二级结构。扩增产物的单链二级结构会导致某些引物无效，所以选择扩增的 DNA 片段时应避开二级结构区域。

（5）引物 5′端对扩增特异性没有明显影响，因此可在设计引物时在 5′端加入起始密码子、缺失或插入突变位点、酶切位点以及标记荧光素、生物素等进行修饰。引物 3′端则不能进行任何修饰，且不应存在简并性。

（6）引物不应与模板片段以外的 DNA 序列互补。

3. 模板

通常所需模板数量为 $10^2 \sim 10^5$ 个拷贝数，且对模板的要求不高，单、双链 DNA 或 RNA，如基因组 DNA、质粒 DNA、cDNA、mRNA 等都可以作为 PCR 的模板。为保证反应的特异性，一般采用纳克级的克隆 DNA、微克水平的基因组 DNA 作为起始材料。原材料可以是粗品，但不能有核酸酶、蛋白酶、Taq DNA 聚合酶抑制剂及任何能与 DNA 结合的蛋白质。

4. dNTPs

4 种三磷酸脱氧核苷酸的质量和浓度与 PCR 的扩增效率密切相关。dNTPs 溶液呈酸性，原液可调 pH 至 $7.0 \sim 7.5$，配成 $5 \sim 10 \text{mmol/L}$，分装，$-20℃$ 冰冻贮存。4 种 dNTPs 的浓度要相同，一般每种 dNTPs 的最终浓度为 $20 \sim 200 \mu\text{mol/L}$。高浓度的 dNTPs 可抑制 Taq DNA 聚合酶的活性。

5. Mg^{2+}

Mg^{2+} 浓度能够影响引物复性程度、模板及扩增产物的解链温度、引物二聚体的形成、产物的特异性、Taq DNA 聚合酶的催化活性，其浓度一般控制在 $0.5 \sim 2.5 \text{mmol/L}$。

6. Taq DNA 聚合酶

一般 Taq DNA 聚合酶活性半衰期为 $92.5℃$ 130min，$95℃$ 40min，$97℃$ 5min。目前使用较多的耐热性 Taq DNA 聚合酶的最适温度一般在 $75℃$ 左右，但在 $95℃$ 的高温中也能保持较好的稳定性。

（三）PCR 结果的检验和鉴定

1. 琼脂糖凝胶电泳

琼脂糖凝胶电泳是 PCR 扩增产物分离、纯化和鉴定较常用的方法。扩增片段先经过琼脂糖凝胶电泳，然后用溴化乙锭进行染色操作，在紫外灯下便可直接确定 DNA 片段在凝胶板中的位置，其分辨率很高，可测出 1ngDNA。在一定范围内，DNA 片段在凝胶上的迁移率与其相对分子质量成反比关系，相对分子质量越大，迁移率越低。因此，比较待测 DNA 片段与标准 DNA 的迁移率，即可判断出其相对分子质量。

2. 聚丙烯酰胺凝胶电泳

在电场作用下，聚丙烯酰胺凝胶电泳技术（PAGE）可使所带电荷或分子大小、形状存在差异的物质产生不同的泳动速度进而得到分离。这种电泳方法具有以下优点：分辨率高，可达 1bp；能装载的 DNA 量大，达每孔 $10 \mu\text{gDNA}$；回收的 DNA 纯度高；采用的银染法灵敏度较高，且可保持较长时间。

二、 基本方法

（一） 试剂

DNA 模板 0.1~0.5ng/μL、对应目的基因的特异引物、4 种 dNTPs 混合液、Taq DNA 聚合酶、10×缓冲液、TE 缓冲液、琼脂糖凝胶、溴化乙锭（EB）、无菌石蜡油等。

（二） 设备

DNA 扩增仪、微量移液器、电泳槽、台式高速离心机、电泳仪、紫外检验仪或凝胶成像系统、灭菌超薄 PCR 反应管等。

（三） 操作步骤

1. DNA 模板的制备

（1） 培养细胞 从平板上挑取单菌落，接种到 3~10mL LB 液体培养基中，37℃振荡培养 12~18h。

（2） 收集细胞 将 1.5mL 上述培养液转移至离心管中，于 5000r/min 离心 2min。弃上清液，除去管残液。

（3） 洗涤细胞 加入 0.5mL TE 缓冲液，使菌体重悬后于 5000r/min 离心 2min，弃上清，再加入 0.5mL TE 重悬。

（4） 破碎细胞 加入 50μL 溶菌酶溶液（20mg/mL）和 50μLRNA 酶（10mg/mL）混匀，37℃放置 1h。

（5） 分解蛋白质 加入 100μL 蛋白酶 K 溶液（10mg/mL）混匀，37℃放置 1h。

（6） 提取 加入等体积的苯酚/氯仿/异戊醇（25:24:1，体积比）混匀，10000r/min 离心 5min；取上层水相移至干净 EP 管，加入等体积氯仿/异戊醇（24:1，体积比）混匀，10000r/min 离心 5min，取上清移到干净的 EP 管。

（7） 纯化 在上清中加入 2 倍体积无水乙醇和 1/5 体积的醋酸钠溶液，旋转离心管混匀，可见絮丝状染色体，取到干净 EP 管中。

（8） 洗涤 用 70% 乙醇洗涤 2 次，去除残留乙醇，室温下干燥。

（9） 收集 加入 0.1mL TE 溶解，贮存于 -20℃备用。

（10） 检验 根据不同的用途可进行电泳鉴定和定量检验。

2. DNA 片段的扩增

（1） 在一灭菌的 200μL PCR 反应管中，按顺序加入以下试剂：双蒸水 H_2O（ddH_2O）77.5μL；10×缓冲液 10.0μL；dNTPs 混合物（10mmol/L）2.0μL；上下游引物（10 pmol/L）各 5.0μL；最后加入 Taq DNA 聚合酶 0.5μL，分装在 2 个 200μL PCR 反应管，一管中加入 DNA 模板 1.0μL，一管作为阴性对照。

（2） 将上述 PCR 反应管放入 PCR 仪中，设置 PCR 仪的操作程序，94℃变性 0.5~1min，50℃退火 0.5~1min，72℃延伸 1~2min，共进行 20~30 个循环，在 72℃延伸 10min 以补平 DNA 末端。最后将 PCR 反应管冷却至 4℃或取出保存于 -20℃备用。

3. 琼脂糖凝胶电泳

（1）凝胶准备　由于待分离 DNA 片段的大小不同，用电泳缓冲液配制合适浓度的琼脂糖溶液，置于微波炉加热至琼脂糖溶化完全。冷却至 55℃ 左右后，再取适量 EB 加入并混匀。

（2）铺胶　在琼脂糖溶液温热时倒入模具中，使厚度为 3~5mm，室温放至胶体凝固。

（3）电泳板放入电泳槽　缓慢拔出梳子，将电泳板放入电泳槽中。

（4）加入电泳缓冲液　使液面比凝胶高约 0.5cm。

（5）点样　使用微量移液器将上样缓冲液与 DNA 样品按 1:5 混合并加至加样孔中。

（6）电泳　关上电泳槽盖，接好电源，打开电源，根据实际需要选择恒压或恒流电量，30min 左右停止电泳。

（7）观察　打开电泳槽盖，小心取出凝胶放在保鲜膜上，在紫外灯或凝胶成像系统中观察电泳结果。

（四）实验结果

若操作成功，PCR 扩增产物在紫外灯或照片上可见到相对分子质量均一的一条区带，对照相对分子质量标准，可对其进行定性。

三、PCR 的种类

（一）多重 PCR

PCR 技术因其特异性强、敏感度高且操作便捷而被广泛用于食源性致病菌的快速检验，而常规 PCR 方法只能针对单一菌进行检验，而食品中存在的致病菌往往是多类属种的。使用多重 PCR 技术就可突破这种局限性，并且提供了快速、特异、敏感的检验鉴定。

1. 多重 PCR 的基本原理

多重 PCR（Multiplex Polymerase Chain Reaction，MPCR），也叫复合 PCR，是 PCR 技术的一种，其基本原理和过程与常规的 PCR 技术相同。多重 PCR 技术将两对以上引物和单一或多个模板 DNA 混合在同一个反应体系中，可以同时扩增一个物种的不同片段，也可以同时扩增多个物种的不同片段并同时检验多个基因，可以避免错检和漏检，能够节约扩增和检验所需时间和成本，是一种快速、高效、经济的致病菌检验技术。

多重 PCR 技术通常在同一体系中同时进行多个序列位点的特异性扩增，而引物间的配对和竞争性扩增等往往不利于有效扩增。通过改善 PCR 缓冲液组成、退火温度、退火或延伸时间、DNA 的抽提质量、引物或模板量等反应条件，可使扩增效果获得较大程度提高。

2. 多重 PCR 技术在微生物检验中的应用

（1）食品病原微生物的检验

①沙门菌：沙门菌容易被食品成分干扰，或因食品加工而损伤，影响检验的准确性。多重 PCR 能够对沙门菌血清型、突变情况进行准确的鉴定，提升沙门菌检出率。目前用于沙门菌检验的靶基因有属特异性引物基因 *inv*A、*inv*B、*inv*C、*inv*D、*inv*E、*hil*A、*fim*A、*hns*、 *spv*、16S rRNA，血清群特异性引物基因 rfb 基因和血清型特异性引物基因 *fliC*、*fljB*、*via* 基因等。

②金黄色葡萄球菌：金黄色葡萄球菌会产生肠毒素（SE），引发食物中毒。用于检验的肠毒素相关基因有 *sea*、*seb*、*sec*、*sed*、*see*、*seh*、*sei* 和 *sej* 基因等基因。

③肠出血性大肠杆菌：大肠杆菌检验时以紧密素基因 *eae*、鞭毛基因 *flic* H7 等作为目的基因。

（2）食品非致病菌的检验 乳酸菌在真空包装食品中属于一种腐败菌，可以通过多重 PCR 检验乳酸菌，了解真空包装食品的腐败情况。

（3）食品相关环境微生物的检验 外界环境中存在诸如鲍氏不动杆菌、产毒素黄曲霉、抗生素耐药菌株等危害因子，也会对食品安全构成威胁，而多重 PCR 技术对其的检验具有很高的准确度高。

3. 多重 PCR 的特点

多重 PCR 不仅具有特异性强、灵敏度高等优点，还能够缩短操作时间，减少试剂用量及简化操作步骤。但目前多重 PCR 存在的不足也需要注意，比如不可区别活菌与死菌；在反应体系中，由于涉及的引物比较多，因此比较容易形成引物二聚体，或引起错配和非特异性扩增等，从而降低扩增反应的效率。

未来的研究将主要改良样品前处理技术，降低抑制因子的干扰，对多重 PCR 的反应体系和条件进行优化，并与逆转录、荧光定量、基因芯片等其他技术进行结合，以提高反应的特异性和灵敏度。随着分子生物学检验领域的不断创新与完善，多重 PCR 技术在食源性致病菌快速检验中将具有更广泛的应用前景。

（二）实时荧光定量 PCR

实时荧光定量 PCR 技术（Real Time Quantitative Polymerase Chain Reaction，Real Time PCR）是在定性 PCR 技术基础上发展的一种核酸定量技术，可以通过探测 PCR 过程中的荧光信号来获得定量的结果，具有 PCR 技术的高灵敏度、DNA 探针杂交技术的强特异性以及光谱技术的精确定量等优点。

1. 实时荧光定量 PCR 基本原理

实时荧光定量（Real–Time PCR）在 PCR 反应体系中加入了荧光基团，通过荧光信号积累的变化，对整个 PCR 进程进行实时监测，最后通过标准曲线获得待测模板的定量分析结果。同时通过对熔点曲线的分析，可以进行基因突变的检验和 PCR 非特异产物的鉴定。实时荧光定量 PCR 技术的基本原理是 DNA 或经过反转录的 RNA，在进行聚合酶链反应的同时，实时监测其放大过程，在常规 PCR 基础上运用荧光能量传递（fluorescence resonance energy transfer，FRET）技术加入荧光标记探针，借助于荧光信号即可检验 PCR 产物。荧光探针按照碱基配对原理与扩增产物的核酸序列结合，随着合成链的延伸，Taq 酶沿 DNA 模板移动至荧光标记探针的结合位置时将其切断，释放出游离的荧光信号基团，其数目与 PCR 产物的含量成正比关系，因而经仪器测量前者就可推算出后者的含量，通过分析可以得到一条荧光扩增曲线图。

在 Real – Time PCR 中，C_t（Treshold Cycle）值的概念很重要，它指每个反应管内的荧光信号到达标定的阈值时所经历的循环次数。模板的 C_t 值与其起始拷贝数的对数呈线性关系，利用已知起始拷贝数的标准品可做出标准曲线（横坐标为 C_t 值，纵坐标为起始拷贝数的对数），从而推算出未知样品的起始拷贝数。

2. 实时荧光定量 PCR 的标记方法

荧光定量检验根据标记物不同可分为荧光探针和荧光染料两种。荧光探针主要有双标记探针、分子信标探针和 FRET 技术；荧光染料主要有非饱和荧光染料，如 SYBR Green Ⅰ，饱和荧光染料如 LC Green 等。

（1）双标记探针 双标记探针是目前使用最广泛的一种标记方法，它是指在探针的 5′端标记荧光基团 R，而在探针的 3′端或在内标记一个吸收或淬灭荧光基团 Q（quencher）。没有 PCR 扩增时，淬灭基团会吸收荧光基团激发的荧光，从而使荧光基团淬灭无法发光；PCR 扩增时，模板上有引物与荧光标记的探针结合，特异性探针的位置在上下游引物之间；当 PCR 在延伸过程中时，引物沿模板延伸至探针结合处，利用 Taq 酶的 5′→3′外切酶活性，将荧光探针水解，使荧光基团释放，发出的荧光可被荧光探头检测到，实现"实时"检测。

（2）内插染料法 内插染料是一种能插入到双链 DNA 并发出强烈荧光的化学物质，能与双链 DNA 非特异性结合，比如在实时荧光定量 PCR 中最常用的 DNA 染料 SYBR Green Ⅰ。该染料插入到双链 DNA 里时，荧光信号会发生增强的变化，且强度的增加与双链 DNA 的含量呈正比关系。该方法适用范围广，其程序设计的通用性强，还具有可实现单色多重测定等优点。

（3）分子信标探针 所谓分子信标（molecular beacon probe）是一种由非特异的茎和特异的环组成的独特的茎环结构，探针的 5′端标记荧光基团 R，而在探针的 3′端标记一个吸收或淬灭基团。在没有 PCR 扩增时，探针处于自身环化的状态，荧光基团与淬灭基团距离很近时不发出荧光；而当 PCR 扩增时，探针因与模板链结合而被打开，使 5′端荧光基团与 3′端的吸收或淬灭基团分开，发出仪器可监测到的荧光信号。随着 PCR 产物的增多，荧光信号的强度提高，便可根据信号的增强变化来分析 PCR 扩增产物增加的数量。

3. 实时荧光定量 PCR 的优点

（1）实验在全封闭的系统内完成，可变因素大大减少，且不需要后期处理。

（2）采用 dUTP – UNG 酶，有效降低了污染的几率。

（3）可以对样品的整个扩增过程进行实时在线监控，并能在样品扩增反应的最佳时期（对数期）进行采集，增加了定量的准确性。

（4）样品的起始模板浓度与达到阈值的循环次数有直接的线性关系，可通过标准曲线进行定量，使结果分析方便快捷，灵敏度大大提高，实现了反应的高通量。

4. 实时荧光定量 PCR 的应用

实时荧光定量 PCR 技术将核酸扩增与杂交、酶动力学、光谱等多种技术进行结合。普通的 PCR 技术有时会得出假阳性结果，而实时荧光定量 PCR 采用多项严格措施，有效地防止了由于污染造成的假阳性结果，并得到定量测定结果，因其特异、灵敏、精确的特点被广泛应用于微生物快速检验领域。

四、 PCR 技术在食品微生物检验中的应用

（一） PCR 技术检验乳品中的金黄色葡萄球菌

1. 实验器材及试剂

（1） 实验器材　PCR 仪、电泳仪、凝胶成像系统。

（2） 实验试剂　10×PCR buffer、dNTPs、Taq DNA 聚合酶 5U/μL、DNA Marker DL2000、溶葡萄球菌酶、无水乙醇、石油醚、氯仿、氨水、糖原、耐热核酸酶基因 *nuc* 引物。

正向引物 5′ – GCGATTGATGGTGATACGGTT – 3′；

反向引物 5′ – AGCCAAGCCTTGACGAACTAAAGC – 3′。

2. 操作步骤

（1） DNA 模板的制备

①将 1mL 无水乙醇、1mL 氨水和 1mL 石油醚分别加入到 5mL 的待检验乳品中，并混匀。

②混合物以 12000g 离心 10min，弃去上清液，沉淀用 300μL 10mmol/L TE（pH7.8）溶解后，加入 5μL 10mg/mL 溶葡萄球菌酶，37℃温育 1h，期间不断剧烈振荡。然后加入 50μL 10% 的 SDS，煮沸 5min。

③将等体积的氯仿加入上述混合液中，振荡充分混匀，17000g 离心 10min，留上清液。

④将上清液移入一支新离心管中，用 0.1 倍体积 2.5mol/L 乙酸铵（pH5.4），2.5 倍体积无水乙醇和 5μL 10mg/mL 糖原沉淀 DNA，混合物 17000g 离心 20min，DNA 沉淀干燥后用 30μL 10mmol/L TE（pH7.8）溶解，备用。

（2） 配制反应体系　总反应体系为 50μL，其中包括 5μL 10×PCR buffer、4μL 10mmol/L dNTPs 混合物，0.5μL 40μmol/L 正向引物，0.5μL 40μmol/L 反向引物，0.25μL 5U/μL Taq 酶，模板 2μL，水 37.75μL。

（3） PCR 扩增反应　采用冷启动。94℃预变性 4min，再按 94℃ 1min→52℃ 0.5min→72℃ 1.5min 进行 35 个循环，最后 72℃延伸 3.5min。

（4） PCR 扩增产物的检验　取 5μL PCR 产物在 2g/L 的琼脂糖凝胶上进行电泳。利用凝胶成像系统观察结果并成像。

3. 结果判定

根据引物的位置可知目的扩增产物大小，可以根据 PCR 扩增产物在琼脂糖凝胶上是否形成相应位置的条带来判断扩增是否发生。如果有条带，证明乳品中有金黄色葡萄球菌的存在。

注：本实验参考杨洋等的方法。

（二） 实时荧光 PCR 法检验沙门菌

1. 实验器材

（1） 仪器　ABI 7300 型荧光定量 PCR 仪或功能相当的其他型荧光定量 PCR 仪；冷冻高

速离心机；匀浆器；恒温水浴锅；高压灭菌锅；微量可调加样器及吸头；PCR 反应管；离心管。

（2）实验菌株 沙门菌阳性菌株（来源于国家认可的菌种保藏机构）。

2. 实验试剂

缓冲胨水增菌液；亚硒酸胱氨酸增菌液；四硫磺酸钠孔雀绿增菌液；$10 \times PCR$ 缓冲液；dNTPs 各 10mmol/L；Taq DNA 聚合酶 5U/μL。

引物：引物序列为 S1：5′ – CTCACCAGGAGATTACAACATGG – 3′，S2：5′ – AGCT-CAGACCAAAAGTGACCATC – 3′。用灭菌去离子水分别配制，浓度为 10mmol/L。

探针：探针序列为 FAM – CACCGACGGCGAGACCGACTTT – TAMRA，用灭菌去离子水配制，浓度为 10mmol/L。

3. 操作步骤

（1）取样和增菌 无菌称取食品样品 25g，加入 25mL 缓冲胨水增菌液，8000 ~ 10000r/min 均质 1min，加入 200mL 缓冲胨水增菌液，混合均匀，37℃培养 4h。移取 10mL 缓冲胨水增菌液加入 100mL 亚硒酸胱氨酸增菌液中，37℃培养 24h；或移取 10mL 缓冲胨水增菌液加入 100mL 四硫磺酸钠孔雀绿增菌液中，42℃培养 24h，增菌液备用。

（2）模板 DNA 的制备（热裂解法提取） 取增菌液 1mL 置于离心管中，于 5000r/min 离心 5min，灭菌生理盐水洗涤 2 次后用 1mL 灭菌去离子水进行悬浮，隔水煮沸 15min，10000r/min 离心 5min，取上清液作为 DNA 模板溶液。

（3）荧光 PCR 检验 反应总体积为 25μL，其中含：$10 \times PCR$ 缓冲液 2.5μL，dNTPs 1μL，正向和反向引物各 1μL，探针 1μL，模板溶液 2μL，Taq DNA 聚合酶 0.5μL，双蒸水 16μL。

反应步骤一：95℃ 10min；反应步骤二：95℃ 变性 15 s，65℃ 30 s，同时收集 FAM 荧光，共进行 40 个循环。检验过程分别设阳性对照（添加阳性菌株的基因组 DNA）、阴性对照（添加非阳性菌株的基因组 DNA）和空白对照（添加无菌水）。

（4）结果及判断 检验样本 C_t 值小于等于 35 时，报告检验到沙门菌 DNA；检验样本 C_t 值大于 35 且小于 40 时，重复一次，如果 C_t 值仍然小于 40，并且曲线出现明显的对数增长期，报告沙门菌 DNA 阳性，否则报告未检出沙门菌 DNA；当 C_t 值为 0 或大于等于 40 时，报告未检出沙门菌。

注：本实验参考盘宝进等的方法。

第二节 免疫学检验技术

微生物的免疫学检验方法是基于抗原和抗体在体外发生的特异性免疫反应而建立的分

析检验方法，菌体、鞭毛、荚膜、细菌外毒素和类毒素等都可作为反应的免疫原，因此免疫学技术检验的范围很广，具有灵敏高效、操作快捷简单、对设备要求低等特点。

一、 常用免疫学检验方法介绍

目前普遍采用的免疫学检验方法主要有酶联免疫分析方法（ELISA）、乳胶凝集法、免疫磁珠分离法、胶体金免疫层析法、抗体印迹法等，市场上有许多基于这些方法而制备的商业试剂盒。

（一） 酶联免疫吸附分析法（Enzyme – linked Immunosorbent Assay， ELISA）

ELISA 在食源性致病菌检验中运用较多，它是将特定的抗原或抗体吸附于载体表面，酶标记物可与相应的抗原或抗体结合形成复合物。在遇到相应底物时，酶催化底物发生水解、氧化或还原等反应，生成可溶或不可溶的有色物质，从而通过肉眼观察颜色的深浅或用酶标测定仪判定相应的微生物。该方法简便、快速、有较高的特异性和灵敏度，适用于食品微生物的现场快速检验。

（二） 免疫凝集试验

当细菌等颗粒性抗原与对应的抗体结合后，会出现凝集（agglutination）现象。凝集反应的发生分两阶段：①抗原抗体的特异结合；②出现可见的颗粒凝集。细菌等颗粒抗原在悬液中带负电荷，周围有一层正离子与之结合，外层又排列一层松散的负离子层，构成松散层的内界和外界之间存在电位差，形成 Z 电位。当抗体的交联作用克服了抗原颗粒表面 Z 电位产生的排斥作用时，颗粒便会聚集在一起。在实验过程中，为促使凝集现象出现，可采取一些措施，如增加蛋白质或电解质；提高试液的黏稠度；酶处理改变细胞的表面化学结构；离心克服颗粒间的排斥等。

凝集试验是用于定性和半定量检验的方法，因简便快速、敏感度高而被广泛用于临床检验。在免疫学试验中，可分为直接凝集试验和间接凝集试验两类。

1. 直接凝集试验

细菌等颗粒性抗原在有合适的电解质存在时可直接与相应抗体结合产生凝集，这种反应称为直接凝集反应（direct agglutination）。常用的凝集方法有玻片法和试管法两种。

（1） 玻片凝集试验　玻片凝集试验可用于定性。通常用已知抗体作为诊断血清，与待检抗原如菌液各取一滴在玻片上，混匀，数分钟后即可观察到凝集结果，出现颗粒凝集的判定为阳性反应。

（2） 试管凝集试验　试管凝集试验可用于半定量检验。在检验时一般用已知菌液作为抗原并与一系列稀释的受检血清混合，保温后观察每管内的凝集结果，产生显著凝集效果的最高稀释度称为滴度。

2. 间接凝集试验

将可溶性抗原（或抗体）先吸附在合适大小的颗粒载体表面，当需要的电解质存在时，其与相应抗体（或抗原）作用产生的特异性凝集现象，称为间接凝集反应（indirect agglutination）或被动凝集反应（passive agglutination）。

胶乳凝集试验是间接凝集试验的一种，所用的载体颗粒为聚苯乙烯胶乳，是一种直径约为0.8μm的圆形颗粒，带有一定数量负电荷，可物理性吸附蛋白分子，但结合的牢固性差。还可通过制备成具有化学活性基团的颗粒，使抗原或抗体以共价键结合在胶乳表面。化学性交联法则可利用缩合剂如碳化二亚胺使胶乳的羧基与被交联物的氨基发生化学缩合反应结合。

（三）免疫荧光技术

这种免疫标记技术是将抗体与某些特定的荧光物质结合而成为荧光标记抗体，将此荧光抗体与抗原进行反应，可以提高反应灵敏度，且标本中若存在抗原与荧光抗体结合，形成在紫外线下发出荧光的可见体，即代表抗原被检出。常用的荧光色素有异硫氰酸荧光素（FITC）和四乙基罗丹明（RB200），它们与抗体结合后在紫外光激发下，可分别发出鲜明的绿色荧光和橙黄色荧光。其基本方法介绍如下。

1. 直接法

将待检物固定在玻片上，滴加特异性荧光抗体。一定时间（约30min）后用缓冲液进行充分洗涤，除去未发生结合的荧光抗体，若有相应抗原存在，即与荧光抗体结合，置荧光显微镜下观察，即可见到发荧光的抗原抗体复合物。该法特异性高，受非特异性荧光干扰少，可有效鉴定微生物、细胞或组织中的蛋白质。

2. 间接法

本法中有两种抗体相继发挥作用。第一抗体为针对被检验抗原的特异性抗体，第二抗体为针对第一抗体的抗抗体（抗免疫球蛋白抗体）。抗抗体是抗体发挥抗原作用刺激机体而产生，用荧光素标记制成荧光标记抗抗体。荧光物质不是直接标记抗体，而是标记抗免疫球蛋白的抗体（抗抗体）。先将未标记的抗体与抗原结合，用缓冲液充分洗涤，然后再加上荧光抗体，缓冲液充分洗涤，如果是阳性反应，在荧光显微镜下观察，可见到带荧光的抗原、抗体、抗体复合物。此方法只需要制备一种荧光标记的抗抗体就可对多种不同的抗原、抗体进行检查。

3. 补体结合法

本法在抗原抗体反应时加入补体（多为豚鼠血清），然后用荧光标记过的抗补体抗体示踪，形成在荧光显微镜下具有特殊荧光现象的抗原抗体－荧光标记抗补体抗体复合物。这种方法虽然灵敏度高，反应只需一种抗体，但操作较为繁琐，使用血清必须新鲜，还易出现非特异性染色，故较少采用。

4. 标记法

本法原理与免疫荧光法基本类似，可用酶、同位素或罗丹明作为标记物标记不同抗体，对同一标本做荧光染色。

二、 免疫学技术在食品微生物检验中的应用

（一） 酶联免疫吸附法 （ELISA） 检验金黄色葡萄球菌肠毒素

金黄色葡萄球菌肠毒素 （staphylococcal enterotoxins，SE） 是一系列由金黄色葡萄球菌分泌的外毒素可溶性蛋白质。本方法测定的基础是酶联免疫吸附反应 （ELISA），在 96 孔酶标板的每一个微孔条的 A～E 孔中分别包被了 A、B、C、D、E 型葡萄球菌肠毒素抗体，H 孔为阳性质控，已包被混合型葡萄球菌肠毒素抗体，F 和 G 孔为阴性质控，包被了非免疫动物的抗体。样品中如果有葡萄球菌肠毒素，游离的葡萄球菌肠毒素则与各微孔中包被的特定抗体结合，形成抗原抗体复合物，其余未结合的成分在洗板过程中被洗掉；抗原抗体复合物再与过氧化物酶标记物 （二抗） 结合，未结合上的酶标记物在洗板过程中被洗掉；加入酶底物和显色剂并孵育，酶标记物上的酶催化底物分解，使无色的显色剂变为蓝色；加入反应终止液可使颜色由蓝变黄，并终止了酶反应；以 450nm 波长的酶标仪测量微孔溶液的吸光度值，样品中的葡萄球菌肠毒素与吸光度值成正比。

1. 材料和试剂

A、B、C、D、E 型金黄色葡萄球菌肠毒素分型 ELISA 检验试剂盒；pH 试纸 （范围在 3.5～8.0，精度 0.1）；0.25mol/L、pH 8.0 Tris 缓冲液；pH 7.4 磷酸盐缓冲液；庚烷；100g/L 次氯酸钠溶液；肠毒素产毒培养基；营养琼脂。

2. 仪器和设备

电子天平 （感量 0.01g）；均质器；离心机 （转速 3000～5000g）；50mL 离心管；滤器 （孔径 0.2μm）；微量加样器；微量多通道加样器；自动洗板机 （可选择使用）；酶标仪 （波长 450nm）。

3. 检验步骤

（1） 产毒培养　金黄色葡萄球菌接种营养琼脂斜面 （试管 18mm×180mm），36℃ 培养 24h，用 5mL 生理盐水洗下菌落，倾入 60mL 产毒培养基中，36℃ 振荡培养 48h，振速为 100 次/min；吸出菌液离心，8000r/min 离心 20min，加热 100℃，10min，取上清液，取 100μL 稀释后的样液进行试验。

（2） 检验条件　所有操作均应在室温 （20～25℃） 下进行，A、B、C、D、E 型金黄色葡萄球菌肠毒素分型 ELISA 检验试剂盒中所有试剂的温度均应回升至室温方可使用。测定中吸取不同的试剂和样品溶液时应更换吸头，用过的吸头以及废液处理前要浸泡到 100g/L 次氯酸钠溶液中过夜。

（3） 将所需数量的微孔条插入框架中 （一个样品需要一个微孔条）。将样品液加入微孔条的 A～G 孔，每孔 100μL，H 孔加 100μL 的阳性对照；用手轻拍微孔板充分混匀，用黏胶纸封住微孔以防溶液挥发，置室温下孵育 1h。

（4） 将孔中液体倾倒至含 100g/L 次氯酸钠溶液的容器中，并在吸水纸上拍打几次以确保孔内不残留液体。每孔用多通道加样器注入 250μL 的洗液，再倾倒掉并在吸水纸上拍干。

重复以上洗板操作 4 次。本步骤也可由自动洗板机完成。

（5）每孔加入 100μL 的酶标抗体，用手轻拍微孔板充分混匀，置室温下孵育 1h。

（6）重复（4）洗板程序。

（7）加 50μL 的 TMB 底物和 50μL 的发色剂至每个微孔中，轻拍混匀，室温黑暗避光处孵育 30min。

（8）加入 100μL 2mol/L 的硫酸终止液，轻拍混匀，在 30min 内用酶标仪在 450nm 波长条件下测量每个微孔溶液的 OD 值。

4. 结果的计算和表述

（1）质量控制　测试结果阳性质控的 OD 值要大于 0.5，阴性质控的 OD 值要小于 0.3；如果不能同时满足以上要求，测试的结果不被认可。对阳性结果要排除内源性过氧化物酶的干扰。

（2）临界值的计算　每一个微孔条的 F 孔和 G 孔为阴性质控；两个阴性质控 OD 值的平均值加上 0.15 为临界值。

示例：阴性质控 1 = 0.08，阴性质控 2 = 0.10，平均值 = 0.09

临界值 = 0.09 + 0.15 = 0.24

（3）结果表述　OD 值小于临界值的样品孔判为阴性，表述为样品中未检出某型金黄色葡萄球菌肠毒素，OD 值大于或等于临界值的样品孔判为阳性，表述为样品中检出某型金黄色葡萄球菌肠毒素。

（二）全自动荧光酶联免疫法检验食品中沙门菌

食品中沙门菌的鉴定方法一般是借助基于酶联免疫荧光分析技术，应用自动化 VIDAS 分析仪完成的。固相接收器（SPR）内侧包被高度专一性克隆抗体混合物。样品先经过前增菌、选择性增菌、后增菌的步骤，在样品孔内加入煮沸过的增菌肉汤，样品将在 SPR 内进行自动循环。样品中的沙门菌抗原若存在，则与 SPR 内部形成的抗体碱性磷酸酶复合物结合通过 SPR 循环。最后未结合反应的复合物会被洗脱，仍结合在 SPR 壁上的酶将荧光底物 4 - 甲基香豆素 - 磷酸酯分解为具有荧光特性的 4 - 甲基 - 伞形酮。VIDAS 仪器可以自动测定荧光强度，从而呈现样品阳性或阴性报告。此方法已通过 AOAC 认可，参见 AOAC 996.08 方法。

1. 实验仪器和试剂

（1）全自动荧光酶标分析仪（VIDAS）或微型全自动荧光酶标分析仪（mini VIDAS）；恒温水浴锅；培养箱。VIDAS 沙门菌（SLM）试剂盒，试剂盒 2~8℃贮存，60 次试验用。

（2）试剂条，60 个有 10 个孔的聚丙烯条，分别以箔封和纸签覆盖。10 孔试剂条包含的试剂如下。

①样品孔：此孔加 0.5mL 煮沸过的增菌肉汤；

②前洗涤液：含 1g/L 叠氮化钠的 Tris 吐温缓冲液（TBS）；

③~⑤和⑦~⑨洗涤液：0.6mL，含 1g/L 叠氮化钠的 Tris 吐温缓冲液（TBS）；

⑥酶结合物：0.4mL，含 1g/L 叠氮化钠的多克隆抗体标记的碱性磷酸酶；

⑩含底物的比色杯：0.3mL，含 1g/L 叠氮化钠的 4 - 甲基 - 香豆素 - 磷酸酯。

（3）固相接收器（SPR） 60 个，用于沙门菌抗体包被。

（4）抗原标准溶液 3mL，含有纯净的无活性的沙门菌抗原和 1g/L 叠氮化钠及蛋白质稳定剂。

（5）阳性对照 6mL，含有纯净的无活性的沙门菌抗原和 1g/L 叠氮化钠及蛋白质稳定剂。

（6）阴性对照 6mL，含有吐温 Tris 缓冲盐液和 1g/L 叠氮化钠。

2. 培养基

M 肉汤。

3. 样品

全脂乳粉、脱脂乳粉。

4. 实验步骤

（1）样品制备

①前增菌：称取 25g（mL）检样置盛有 225mL BPW 的无菌均质杯中，以 8000 ~ 10000r/min 均质 1 ~ 2min。若检样为液态，则不需均质，直接振荡混匀。以无菌操作将样品转至 500mL 锥形瓶中，如使用均质袋，可直接于（36 ± 1）℃培养 8 ~ 18h。

②选择性增菌：取 1mL 前增菌液转接于 10mL 亚硒酸盐胱氨酸增菌液中，在 35℃培养 6h。另取 1mL 前增菌液转接于 10mL 四硫磺酸钠煌绿增菌液中，在 42℃培养 6 ~ 8h。另外，对严重污染的样品在上述温度分别培养 16 ~ 20h。

③后增菌：分别从上述 2 种增菌液中取 1mL 转接于 10mL M 肉汤，其中来自亚硒酸盐胱氨酸增菌液的于 42℃条件下，来自四硫磺酸钠煌绿增菌液的于 35℃条件下继续培养，并使总培养时间分别达到 22 ~ 26h。

④样品处理：从两份 M 肉汤中各取 1mL 加入试管并在 100℃水浴中加热 15min。4℃保存剩余 M 肉汤以便对 VIDAS 沙门菌测定阳性结果进行确证。

（2）酶联免疫实验

①对 SLM 试剂条进行编号。每批试验样品都应包括一个阴性对照、一个阳性对照及抗体标准液。所需的试剂应恢复到室温。

②所用液体均应充分混合。

③吸取 0.5mL 抗原标准液、阳性对照液、阴性对照液及样品液分别加到 SLM 试剂条样品孔中。

④输入所需的信息以便建立工作目录（worklist）。选择检验项目 SLM，再输入样品编号，测定标准品则输入"S"，测定对照品输入"C"。

⑤根据工作目录的提示，将 SLM 试剂条和固相接收器（SPR）装载在 VIDAS 相应的位置。

⑥根据 VIDAS 操作手册启动分析程序。45min 左右完成测试。

（3）读数 试验结果由计算机自动分析，打印报告内容应充分详细。

相对荧光值由样品的测试值减去本底值后得到。测试值是样品的相对荧光值与标准液的比值。试样和对照的数据则和 VIDAS 仪器存储的阈值 0.23 比较，若测试值≥0.23 则为阳性，若＜0.23 则为阴性。阳性结果必须用冰箱保存的剩余 M 肉汤按标准平板操作程序培养证实。当本底值大于预定的分界则表示底物被污染，所得结果无效，须重复实验。

（三）核酸层析技术检验金黄色葡萄球菌

1. 材料和仪器

（1）菌株 金黄色葡萄球菌标准菌株。大肠杆菌、沙门菌等其他常见致病菌作为特异性验证菌株。

（2）主要试剂和耗材 细菌基因组提取试剂盒，Taq 酶，dNTP，琼脂糖，DNAMarker 2000，硝酸纤维素膜，胶体金结合垫，样品垫，吸水垫，塑料背衬，链霉亲和素，抗 FITC 抗体，其他化学试剂为国产或进口分析纯。

（3）主要仪器 22331 型 PCR 仪，ND 2000 核酸蛋白测定仪，BioJet XYZ 3050 点膜仪，ZQ5000 数控斩切机，3K15 高速低温离心机。

2. 实验方法

（1）引物设计 食品中金黄色葡萄球菌常用的靶基因是肠毒素基因和耐热核酸酶基因。已有研究表明，通过 nuc 基因检验金黄色葡萄球菌具有较高的特异性和稳定性。因此，试验选择 nuc 基因相关序列进行分析并设计特异性引物。引物序列如下：

F：5′AGCGATTGATGGTGATACGG 3′

R：5′TAGC－CAAGCCTTGACGAACT 3′

其中上游引物标记生物素，下游引物标记 FITC（异硫氰酸荧光素）。

（2）PCR 扩增体系和程序 扩增体系：5×buffer，5μL；Mg^{2+}（25mol/L），2μL；4×dNTP（10mol/L），2μL；primer（10μmol/L）1.0μL，Taq 酶（5 U/μL），0.3μL；DNA，2μL；水，12.7μL。扩增程序：预变性，94℃，3min；变性，94℃，45s；退火，62℃，45s；延伸，72℃，45s；30 个循环，再72℃延伸10min，4℃保存。

（3）核酸层析试纸条制备

①制备胶体金：用超纯水配制质量浓度为 0.1g/L 的氯金酸溶液，取 100mL 煮沸，边搅动边加入 1.5mL 质量浓度为 10g/L 柠檬酸三钠水溶液。继续加热一段时间后冷却至室温，用超纯水将其恢复至原体积，避光保存。

②制备抗体－胶体金标记物：取胶体金溶液 100mL，用 0.1mol/L 碳酸钾溶液将 pH 调至 8.2。搅拌过程中加入 0.8mg 抗 FITC 抗体，再加质量分数 10% 的 BSA 溶液至 BSA 的最终质量分数至 1%，继续搅拌 10min；在 4℃，12000r/min 条件下离心 30min，小心弃去上清液，加入 100mL 浓度为 0.01mol/L 的 TBS（pH 为 8.2，质量分数为 1% 的 BSA），再重复清洗一次，最后将沉淀重悬在 5mL 0.01mol/L 的 TBS 中，孔径 0.2μm 滤膜过滤，4℃避光

保存。

③检测线、控制线以及抗体－胶体金复合物的包被：包被链霉亲和素在硝酸纤维素膜上作为层析试纸条的检测线，包被二抗（兔抗鼠抗体）在硝酸纤维素膜上作为层析试纸条的控制线，其中控制线包被在检测线上方，再包被抗体－胶体金复合物在胶体金结合垫上作为游离反应物。

④组装层析试纸条：依次将包被有检测线（T）及控制线（C）的硝酸纤维素膜、包被有游离探针的胶体金结合垫、样品垫、吸水垫贴在塑料背衬上，组装成大卡，然后切割成4mm宽度的试纸条，装入塑料卡盒中。

（4）PCR 产物的检验　取 10μL PCR 扩增产物和 90μL 浓度为 0.01mol/L 的 PBS（pH为 7.4）溶液混合后，将其滴至层析试纸条的加样孔中，10min 左右后观察结果。结果判断：T 线和 C 线同时呈现红色，结果为阳性；C 显色而 T 线不显色，结果为阴性；C 线若不显色，检验结果无效。

注：本实验参考王丽丽等的方法。

第三节　生物传感器检验技术

一、　生物传感器的定义及特点

生物传感器是可以感受到规定的被测量信号，按照一定规律转换为可用输出信号的装置或器件，通常由生物识别元件和信号转换器组成。生物识别元件能够与目标检验物之间相互作用发出响应，通过信号转换元件对响应信号进行接收、加工、转换，再通过信号放大器传输出来，根据输出信号大小定量测出待测物的浓度，从而实现对目标物的分析检验。生物传感器利用酶、抗体、微生物、细胞、组织、核酸等生物活性物质等固定化的生物敏感材料作为识别元件，与适当的信号转换器（氧电极、离子选择电极、气敏电极、光敏管、场效应管、压电晶体）和信号放大器装置共同组成，具有接受器与转换器的功能，涉及生命科学、物理、化学、信息科学等众多学科，不仅可用于医学测试、环境质量监测、分析化学研究，还在食品及医药工业、生物工程及生命科学研究等方面拥有广泛的研究价值和应用前景。

生物传感器作为一类新兴的检验技术，与传统检验方法相比有以下特点。

（1）操作方便简单。分子识别元件由选择性好的生物材料组成，准确性强，误差较小，且通常无需对样品进行预处理，容易实现自动分析。便于携带，利于实时监测和现场检验。

（2）选择性强，灵敏度高，只对特定物质起反应。不易受颜色、浊度等因素影响，抗干扰能力强。

（3）经济，样品用量小，响应速度快。敏感材料被固定，可以反复多次使用。并且生物传感器本身价格不高，易于推广。

目前生物传感器仍存在一些缺陷，比如很难控制敏感膜上生物分子的固定量和活性，导致传感器的测量精密度低，稳定性和重复性尚有不足；生物分子的活性易受到诸多因素影响，导致生物传感器的使用寿命普遍不长；敏感膜的制备工艺繁杂且成品率较低，很难批量进行生产。

二、 生物传感器的分类

（一） 按照生物识别元件分类

可分为酶传感器、微生物传感器、免疫传感器、核酸传感器、分子印迹传感器、组织传感器、细胞传感器。

1. 酶传感器

酶传感器的原理是把酶固定到电极表面，待测底物进入所固定的酶分子层的内部后与酶分子发生特异性识别反应，反应的生成物或消耗物会引起电化学现象，从而改变原来裸电极的电流、电位或电阻的变化。当酶促反应稳定时，可以通过测定电位或电流等方法对电活性物质的浓度进行判断，完成化学信号到电信号的转变，根据电信号大小来对待测底物进行定量分析。酶传感器由固定化酶和电化学器件构成，酶是传感器的关键组成，但是酶易溶于水且不稳定，需要将其固定在各种载体上才能保护酶的活性。酶固定化技术对酶传感器的性能，包括稳定性、灵敏度、选择性、检验范围与使用寿命等有重要影响。电化学器件使用的是各种电极，测定的方法有电位法和电流法两种。

（1）电位法　该方法由工作电极和参考电极来实现。工作电极带有能与相关酶、离子、气体等电活性物质进行反应的选择性膜。可通过工作电极与参考电极的电位差来测定浓度的变化。

（2）电流法　该方法分为电动势型和极谱型两类。电动势型又称燃料电池型，可与电活性物质在电解液中自动进行反应，并测出相应电流。极谱型是通过外电源在阳极与阴极之间加电位，使电活性物质发生氧化、还原，并检验出相应电流。

2. 微生物传感器

微生物传感器的主要工作原理是使用活体微生物作为生物感应元件，通过固定、包埋、共价交联等物理、化学方法将微生物固定于载体表面，利用微生物对待测物的敏感识别及其代谢过程中的代谢产物、生化耗氧量等指标的改变来实现对目标物的分析检验。微生物传感器由微生物膜感受器与电化学换能器构成，可以分为呼吸活性测定型传感器和电极活性物质测定型传感器两类。

（1）呼吸活性测定型传感器　好氧菌呼吸时消耗 O_2 生成 CO_2，将固定了好氧菌的膜和 O_2 电极或 CO_2 电极结合，就构成了以微生物氧消耗量为指标的呼吸活性测定型微生物传感器。其基本原理是：当有机化合物存在于溶液时，微生物同化这些有机物造成呼吸作用活跃。O₂在微生物膜上被消耗，其含量减少，透过膜到达电极的还原氧量随之减少，将会导致电流的减小。把握电流的变化量与有机物浓度之间的关系，就可以对其进行定量分析。

（2）电极活性物质测定型传感器　通常针对厌氧微生物是以微生物的代谢产物为指标的电极活性物质测定型传感器，在微生物的代谢产物可作为电极活性物质的情况下，把固定微生物的膜和离子电极结合组成电极活性物质测定型传感器。当待测的有机物质扩散至微生物膜时，被微生物代谢生成氢气，再经阳极化学反应被氧化，所产生的电流值和与微生物所生成的频率变化呈现一定比例关系，据此可以计算出被测样品的浓度。

微生物传感器的优点有：获取微生物比较容易；保护了酶的稳定性和活性，提高了微生物传感器的稳定性；在催化过程中，酶在微生物体内循环信号有可能得以放大，因此其灵敏度比相应的酶传感器要高。微生物传感器主要用于发酵过程中的检验，不会受到溶液浊度的影响，可以排除干扰，在发酵工业的微生物检验中具有极大的应用优势。

目前在应用微生物传感器时也存在一些问题：多酶体系的存在有可能使其对复杂样品产生非特异性响应；微生物活性不易维持，传感器的使用寿命因此受到影响；受到细胞的通透性、胞内相关酶的活性情况等多种因素的影响，所以微生物电极测定的精度和重复性与酶电极相比存在一定差距。

3. 免疫传感器

免疫传感器的原理基于免疫反应，经固定化后利用抗原、抗体的特异性结合，使生化敏感膜的特性发生物理或化学的变化，再通过换能器，如光学方法（荧光、化学发光、电化学发光）、电化学方法（安培、电位、电容、电化学阻抗）或质量传感法将这些物理或化学的变化转变为可检验到的信号。免疫传感器根据是否使用标识剂分为标识免疫和非标识免疫方式两种。非标识免疫方式的原理是由抗原抗体在感受器表面反应形成复合物而引起的物理变化可转换为电信号。标识免疫方式是将核糖体、酶等各种标识剂的最终变化利用电化学换能器转化成电信号。常见的免疫传感器有电化学免疫传感器、质量检验免疫传感器、声波免疫传感器、光学免疫传感器等。

免疫传感器具有分析灵敏度高、特异性强、检验时间较短、使用简便等优点。目前，免疫传感器已广泛运用在微生物检验、环境监测及食品分析等诸多领域。Chan 等利用固定在氧化铝纳米多孔膜上经磁珠修饰的抗体检验大肠杆菌，磁珠与大肠杆菌结合并被捕获于纳米膜上，用电子显微镜及荧光显微镜扫描磁珠与细菌细胞结合物及细菌细胞磁性浓度，检验浓度为10cfu/mL，与传统方法相比，时间显著缩短并更灵敏，效率明显提高。Wang 等利用基于表面等离子传感器的凝集素检验食物样品中大肠杆菌含量，检测限为 3×10^3 cfu/mL。

4. 核酸生物传感器

核酸生物传感器是使用具有生物遗传信息载体功能的核酸分子作为生物感应元件构建的生物传感器，该类型传感器利用碱基互补配对原则使核酸与检测目标物反应后产生信号响应，通过单碱基突变检验、特异性核酸序列分析、基因组分析等，可实现对致病微生物的检验。核酸传感器主要包括 DNA 传感器以及适配体传感器。

适配体传感器是采用核酸适配体分子作为生物感应元件的生物传感器。由于适配体分子含有特殊的碱基序列，在一定条件下，借助互补配对、分子内氢键、静电作用等作用力可使其折叠形成稳定的核酸二级结构。当适配体形成这些特殊的空间结构后，与特定靶分子上相应的作用位点通过形状匹配、分子间力、分子间氢键、静电作用等方式结合在一起，形成拥有高度的特异性和稳定性的适配体 - 配体复合物。

DNA 生物传感器将核苷酸序列明确的单链 DNA（ssDNA 探针）固定在电极，通过 DNA 分子杂交，对待测样品的目的 DNA 进行识别、杂交，结合成双链 DNA。杂交反应产生的电、光、热信号可由换能器转变成电信号，根据电信号的变化量分析出被检测 DNA 量。DNA 生物传感器按换能器不同可以分为电化学 DNA 传感器、光学 DNA 传感器、表面等离子体共振 DNA 传感器、拉曼光谱式 DNA 传感器、压电晶体 DNA 生物传感器等。如压电晶体 DNA 传感器是在石英谐振器表面固定一条单链 DNA，通过对另一条含有互补碱基序列的 DNA 的识别与杂交，结合成双链 DNA，然后通过检验石英谐振器的频率变化，实现对 DNA 的定性与定量测定。光纤 DNA 生物传感器的作用机理是利用石英的表面特性先接上联接物，使单链 DNA 连在光纤面上，通过检测与目的基因进行杂交后的双链 DNA 经过嵌合剂作用所产生的光效应的变化，实现对目标物的检测。DNA 生物传感器与传统的核酸检测技术相比，具有几个主要特点：①不易污染、灵敏度高、特异性强；②可以进行液相杂交；③可以进行 DNA 实时检测；④可以进行大量 DNA 的智能化检测。

DNA 传感器是探究食品中各种农药、添加剂、抗生素、毒素等小分子与 DNA 作用的重要研究手段，也是检验这些小分子的重要研究方法。但是这一领域的工作目前仍然停留在实验室阶段，困扰其发展和商品化的主要问题在于相对低的重现性和稳定性。所以 DNA 传感器在未来可以对以下方面进行探究：①电极结构的优化，寻找新的 DNA 表面固定方法，提高固定效率和稳定性；②选择高灵敏度、高选择性、指示原理清晰的杂交指示剂，才能对各种指示剂的指示原理进行深入研究，对 DNA 作用的这些小分子进行特异性的检验，从而提高传感器的可信度；③目前大部分的 DNA 传感器是离线研究，需要开发活体生物或者细胞中这些小分子的研究方法，能够对肉、禽、水产等的养殖进行实时监测。

5. 分子印迹传感器

分子印迹技术（molecular imprinting technique，MIT）是近年新发展的技术，是利用"钥锁"原理合成对特定目标分子具有特异性识别作用的高分子聚合物的新型分子识别技术。其原理是：将待检验的目标分子作为模板，选择在官能团和空间结构上与之匹配的单体，使两者间发生共价作用或非共价作用，再通过加入交联剂进行热聚合或光聚反应，最后形成包埋有目标分子的分子印迹聚合物，之后采用物理或化学方法对目标分子进行洗脱，从而获得具有与目标分子形状相同且官能团位置一定的记忆空穴。这种记忆空穴对目标分子具有特异性识别，利用这一特性来识别捕获待测分子，再通过换能器将这些识别信号转换成能够直接检验的信号，从而实现对目标分子的检验。

分子印迹传感器作为一种具有特异性识别功能的装置，虽然具有成本低廉、制作简单等优点，但分子印迹聚合物的合成受多种因素（如模板分子、功能单体、交联剂、致孔剂、引发剂、反应温度和时间等）的影响。

（二）按照信号转换元件分类

可分为光学生物传感器、电化学生物传感器、质量敏感型生物传感器、声波生物传感器、热生物传感器、场效应晶体管生物传感器。

1. 光学生物传感器

光学生物传感器是一种利用光信号作为探测机制的生物传感器。光学生物传感器的操作无破坏性，能产生较强的信号与高读取速率，且灵敏度高、特异性强。根据光的吸收、反射、折射、散射、红外、拉曼光谱、化学发光、荧光以及磷光等相关原理可以将光学传感器分为许多种。随着光纤技术的发展与创新，光学生物传感器逐渐成为最普遍的生物传感器，光纤、激光、棱镜和波导等光学技术也常应用到致病菌的检验领域，具有十分广泛的应用前景。

2. 电化学生物传感器

以电导、半导体或者离子导电的材料构成的电化学电极作为信号转换器，将生化薄膜作为敏感元件，最后以电信号为特征检验的传感器称为电化学传感器。根据生物分子识别元件所用生物材料的不同，可以分为酶电极传感器、微生物电极传感器、细胞器与组织电极传感器、DNA 电化学传感器等，其中酶电极由于其高效、专一、反应条件温和，已成为电化学生物传感器的研究重点。按测量信号又可以分为电位型、电容型、电导型、阻抗型和电流型电化学生物传感器等。电化学生物传感器具有灵敏度高、容易构建、成本较低、所需反应时间短等优点。

3. 质量敏感型生物传感器

这是一种基于质量检验的压电免疫传感器，通常以石英晶体为敏感材料，通过压电石英谐振器对质量产生变化的敏感材料进行测定。基于质量检测的传感器主要有两种：体波（BW）或石英晶体微天平（QCM）；表面声波（SAW）。石英晶体微天平是一种利用压电材料石英晶体能够对其表面的质量变化具有敏感频率响应特性而制作的测量仪器，能够敏感地测量微观反应过程中的微小变化并转化为可以定量检测的频率信号。对质量的检测操作相对比较直接易行，符合成本效益，为检验病原微生物提供了灵敏度和特异性都较高的直接无标记分析方法。

三、应用举例

（一）利用光纤倏逝波生物传感器检验食品中大肠杆菌 O157：H7

倏逝波是光在光纤中全反射传播时产生的部分穿透界面的光波，光纤倏逝波生物传感器可以利用倏逝波场对光纤表面标记在生物分子（抗体或核酸片段）上的荧光染料进行激发，从而检验通过特异性反应附着于纤芯表面倏逝波场范围内的生物分子。这种方法操作步骤简单，检验时间得到缩短，检验效率得以提高。

1. 实验材料与仪器

（1）实验菌株　大肠杆菌O157∶H7（*Escherichia coli*，ATCC35150）。

（2）主要仪器与试剂　光纤生物传感器，聚苯乙烯光纤，大肠杆菌O157∶H7多克隆抗体、大肠杆菌O157∶H7单克隆抗体、纳米量子点CdFe标记的抗大肠杆菌O157∶H7的多克隆抗体，磷酸盐缓释液PBS，LB培养基，1－乙基－3－（3－二甲氨基丙基）碳二亚胺盐（EDC）；超滤膜，PW8040F型。

2. 实验方法

（1）量子点与抗体的偶联　取1mL的水溶性CdTe量子点与1mL PBS（pH7.4）缓冲液混合，再加入400μL1mg/mL的大肠杆菌O157∶H7多克隆抗体，然后将新制备的100μL 4mg/mL EDC溶液加至上述混合液，样品在37℃培养箱中避光反应2h，然后4℃过夜。将2.5mL反应混合液5000r/min离心2min，取上清液并超滤膜反复进行超滤，去除小分子物质和未反应的CdTe量子点，收集超滤膜截留的CdTe抗体偶联物，然后用PBS（pH 7.4）溶解，4℃避光保存备用。

（2）光纤的包被　对光纤进行大肠杆菌O157∶H7抗体包被，将光纤表面先用清洗液（浓HCl与乙醇体积比为1∶1）清洗10min，再用浓硫酸清洗10min，接下来在超纯水中煮沸10min，使光纤表面具有亲水的极化层。然后将处理好的光纤放入大肠杆菌O157∶H7单抗的溶液中浸泡1h，取出用去离子水洗净。用PBS溶液冲洗干净，制成用于检验大肠杆菌O157∶H7的光纤探针。

（3）检验灵敏度的确定　将大肠杆菌O157∶H7菌株在LB液体培养基中42℃培养18h。营养琼脂平板进行计数。将包被大肠杆菌O157单克隆抗体的光纤分别插入浓度为5×10^{0}，5×10^{1}，5×10^{2}，5×10^{3}，5×10^{4}，5×10^{5}和5×10^{6}cfu/mL的大肠杆菌O157∶H7溶液中孵育10min，加阴性对照，PBS清洗三遍后再与标记量子点的多抗反应10min，每个浓度测量3次，取平均值作为测量结果。

（4）特异性实验　用建立的免疫光纤生物传感器检验大肠杆菌O157∶H7的方法对上述产气荚膜梭菌、绵羊李斯特菌、金色葡萄球菌、大肠杆菌O104、大肠杆菌O111、大肠杆菌O26、空肠弯曲杆菌等进行特异性交叉实验，每个样本测量3次，取平均值作为测量结果，同时设空白对照。

3. 结果

（1）灵敏度实验结果　当大肠杆菌O157∶H7菌体浓度为$5 \times 10^{1} \sim 5 \times 10^{6}$cfu/mL时，阳性样品的相对荧光强度大于cutoff值（临界值），检验结果呈阳性；当菌液浓度小于5×10^{1} cfu/mL时结果为阴性。因此该方法对大肠杆菌O157∶H7检验的灵敏度可达到5×10^{1} cfu/mL。

（2）特异性实验结果　用建立的免疫光纤生物传感器分别对10^{5}cfu/mL不同菌株的菌液检验，显示该方法对于大肠杆菌O157∶H7具有较好的特异性，可以得到较明显信号。其他菌株的检验结果均为阴性。

注：本实验参考刘金华等的方法。

（二）利用 SPR 生物传感器快速检验沙门菌

表面等离子共振（SPR）是一种利用反射光谱检验致病菌的常见方法。表面等离子体共振型免疫传感器由激光源、棱镜、检测器（表面纳米金薄层固定有抗原或抗体）、偏振器等构成。其原理是在等离子体表面固定一层抗原或者抗体，当抗原或抗体发生免疫反应时，吸附在表面的物质由于发生分子作用，使等离子体表面折射率会发生改变，根据位移大小可以检测出待测物含量。利用 SPR 技术进行监控和识别病原菌的商用光生物传感器也被广泛用于食源性病原菌检验领域。

1. 实验仪器与材料

（1）实验仪器　采用美国 Texas Instruments 公司生产的集成化手持式 Spreeta TMSPR 传感器。

（2）实验材料与培养基　抗体、牛血清白蛋白（BSA）、亲和素、生物胶、生物素、LB 培养基、磷酸盐缓冲液（PBS）、BPW、N, N - 二甲基甲酰胺、鼠伤寒沙门菌。所用试剂均为分析纯，实验用水均为去离子水。

2. 实验方法

（1）细菌的培养　沙门菌的培养、菌液的稀释及菌落计数参照 GB 4789.2—2016《菌落总数测定》。

（2）生物素化抗体的制备　缓冲液的制备、抗体的再水合、生物素的标定、抗体的稀释及生物胶的制备均按照 Bac Trace 公司抗体的制作要求操作。制得的抗体最终浓度为 $300\mu g/mL$。

（3）亲和素（Neutr Avidin）的制备　向 Neutr Avidin（10mg/瓶）中加入 1mL 去离子水，溶解后再用注射器向其中注入 9mL PBS，混合均匀后取出 1mL 溶液放入培养皿中，再加入 9mL PBS 即得 $100\mu g/mL$ 的亲和素溶液。

（4）复合抗体的制备　亲和素∶生物素化抗体 = 1∶0.8，按此质量比混合即得亲和素 - 生物素化抗体复合物（SABC）。

（5）用 SPR 生物传感器检验　以下各溶液均为 10mL，分别置于培养皿中，传感器金膜浸在溶液中进行检验。首先调试传感器，使传感器在空气中的 index 值为 0，去离子水中为 1.333 进行校准。

①开始检测，用 0.1mol/L NaOH 溶液清洗传感器金膜表面 3min。

②将传感器浸入 PBS 3min。

③将传感器浸入亲和素 3min。

④将传感器浸入 PBS 3min，洗掉过量的亲和素。

⑤将传感器浸入 $300\mu g/mL$ 沙门菌抗体中 10min。

⑥将传感器浸入 PBS 中 2min，洗掉游离的抗体。

⑦将传感器浸入 0.1mol/L NaOH 在 PBS 中 2min。

⑧将传感器浸入 BSA 中 2min。

⑨将传感器浸入 0.1mol/L NaOH 在 PBS 中 2min。

⑩将传感器浸入各浓度菌样品中 3min。

⑪将传感器浸入复合抗体中 3min，停止检测，保存数据。

3. 结果

使用 SPR 生物传感器检测到沙门菌的浓度为 10^5 cfu/mL，整个检测过程在 1h 内完成，实现了快速检测。

注：本实验参考王凯等的方法。

（三）利用酶生物传感器检验黄曲霉毒素 B₁

本实验的原理是腐败花生中黄曲霉毒素与黄曲霉毒素氧化酶进行反应产生过氧化氢，过氧化氢在电极表面发生电子转移而产生电流，该电流大小与花生中黄曲霉毒素含量成比例。

1. 材料与仪器

（1）材料与试剂 黄曲霉毒素氧化酶；黄曲霉毒素 B₁ 标准品；花生；超纯水。

（2）仪器与设备 SBA-40D 型生物传感分析仪；HH-4/HH-（S）4 数显恒温水浴锅；CF-630B 粉碎机；PT-2004/405 微量分析天平；数控式超声波萃取设备。

2. 实验方法

（1）固定化黄曲霉毒素氧化酶的制备 核微孔膜片的直径为 9.5mm，用环氧树脂黏贴在内径为 9.0mm 的橡胶密封圈上，30min 后固化即可。

黄曲霉毒素氧化酶 10 单位，用 30g/L 牛血清蛋白液溶解，加入 25g/L 戊二醛 2μL 混匀，均匀涂于核微孔膜表面，经保温老化，即可制得黄曲霉毒素氧化酶膜。

（2）酶生物传感器的制备 酶生物传感器由电信号处理系统和过氧化氢电极生化反应系统组成。过氧化氢电极为长 20mm 的圆柱体，两电极之间填充环氧树脂。在电极表面固定黄曲霉毒素氧化酶。

（3）固定化黄曲霉毒素氧化酶参数 基础活性大于 100（基础活性指的是酶电极在传感器上显示的酶膜原始响应值，采用 pH 7.2 的磷酸盐缓冲液，取 25μL 黄曲霉毒素 B₁ 标准液注入反应池）；线性范围为 10~300μg/kg；测定时间为 20s 后。膜完整性测定：进样量为 25μL 的 10g/L 亚铁氰化钾溶液，测定值 <10；贮藏温度为 2℃。

（4）测定方法

①样品溶液制备：称取 20.0g 花生样品（已粉碎，并过 20 目筛）于 250mL 具塞锥形瓶中，准确加入 100mL 甲醇水溶液，将瓶塞盖紧（瓶塞上涂上一层水），超声波萃取 10min，静置 15min 后快速定性滤纸过滤于分液漏斗中，待分层后，放出下层甲醇水溶液于 100mL 烧杯中。从中取 20mL 加入 20mL 三氯甲烷，超声波萃取 1min，静置分层，在蒸发皿中放出三氯甲烷，再加入 5mL 三氯甲烷于分液漏斗中重复振摇后，放出三氯甲烷一并于蒸发皿中，65℃水浴通风挥干。用 2.0mL 20% 甲醇-PBS 分 3 次溶解并彻底冲洗蒸发皿中凝结物，移

至小试管，加盖振荡后静置即得，进样量 25μL。

②黄曲霉毒素 B_1 标准液的制备：准确称取 1mg 黄曲霉毒素 B_1 标准品，先加入 2mL 乙腈溶解后，再用苯稀释至 100mL，避光置于 4℃冰箱中保存。标准液浓度为 10μg/mL。

③仪器定标和样品测定：为提供酶促反应最适条件，采用 0.1mmol/L pH 7.2 的磷酸盐缓冲液作为流动相。取黄曲霉毒素 B_1 标准液 25μL 注入反应池，20s 后仪器自动显示酶膜基础活性，按定标键定标，清洗 25s 后，待提示进样后进 25μL 样品溶液，测定样品。按下式计算：

$$样品中黄曲霉毒素 B_1 含量 ＝ 样品测定值×稀释倍数$$

注：本实验参考杜祎等的方法。

四、发展趋势

生物传感器具有特异性强、灵敏度高、分析检测步骤简单、分析时间短等优点，便于携带和野外作业，使实时检测的可能性大大提高，因此在食品安全领域得到了较快的发展。生物传感器尽管已经发展了 50 多年，但目前在国内，利用其检验致病菌大多仍处于研究和实验室开发阶段，并且研究程度不深。要实现大规模的产业化仍然有很多问题需要解决，如传感器表面固定化生物材料易变性，需寻找有稳定活性的介质；如何降低生物元件与信号转换器的联系，提高生物传感器的特异性；批量生产困难和循环使用率低等。今后生物传感器快速检验方法应以多种技术结合为重点，并提升高通量的芯片技术，设计出特异性、稳定性更强的生物传感器，使这项技术在食源性致病菌快速检验领域发挥更大的应用潜力。

第四节　微生物自动鉴定系统

一、微生物自动鉴定系统的发展史

长期以来，微生物实验室一直沿用 100 多年前由 Gram、Pasteur、Koch、Petri 等开创的染色、镜检、手工生化反应等传统的微生物学鉴定方法。这些传统的鉴定方法不仅过程繁琐，费时费力，且在方法学和结果的判定、解释等方面易发生主观片面而引起的错误，难以进行质量控制。

20 世纪 60 年代以后，微生物学家和工程技术人员密切合作，对微生物的研究采用了物理的、化学的分析方法，发明了许多自动化仪器，并根据细菌不同的生物学性状和代谢产物的差异，逐步发展了微量快速培养基和微量生化反应系统，使原来缓慢、繁琐的手工操作变得快速、简单，并实现了机械化和自动化。依此发展起来的微生物鉴定系统，常采用自动化技术，集成为微生物重要生化反应，根据反应结果自动判别。目前已有多种微生物自动鉴定及药敏测试系统问世，如 VITEK – Auto Microbic System（AMS）、PHOENIXTM、MicroScan、Sensititre、ABBott（MS – 2 System）、AUTO BACIDX Sys – tern 等。这些自动化系统具有先进的微机系统，广泛的鉴定功能，适用于临床微生物实验室、卫生防疫和商检系统，其准确性和可靠性均已大大提高。

二、 微生物自动鉴定系统原理

微生物鉴定系统使细菌鉴定过程规范化和程序化，将细菌（真菌）对底物的生化类型与已建立数据库类型相比较。通过酶反应、糖利用、同化反应、氨基酸实验等生化反应，采用比浊法和比色法的动态分析方法，综合了微生物数值编码鉴定技术和反应结果动态检测技术鉴定微生物。

三、 常见微生物鉴定系统介绍

（一） VITEK – ATB

VITEK – ATB 鉴定系统是半自动微生物鉴定和药敏系统。ATB 板条是一个压制有多个反应孔的一次性塑料盘。每个反应孔都含有脱水的碳水化合物底物。一种化学纯的无机半固体培养基与菌悬液一起接种到小孔里，复溶反应物并引发反应。培养后由 ATB 仪自动观察孵育后板条各个反应孔中的颜色变化来确定反应的情况。在某些情况下，必须向反应孔中加入附加试剂以产生颜色变化。以分离到的待测菌株在各反应孔中试验的阴阳性结果为基础，借助于相应的鉴定软件得到最终鉴定结果。计算机数据库由许多细菌（真菌）条目（taxa）组成，将输入结果与数据库内细菌条目比较，自动地得到鉴定结果。系统由读数仪和电脑两部分组成，由 API 金标准改良而成，拥有庞大的细菌资料库以及严格的质控，可鉴定多达 550 种细菌。

常见的 API 板条有以下类型：API 20E（肠杆菌科及其他革兰阴性杆菌鉴定试条），API 20NE（非肠道革兰阴性杆菌鉴定试条），API STAPH（葡萄球菌和微球菌鉴定试条），API STREP（链球菌及有关菌鉴定试条），API 20C AUX（酵母菌鉴定试条），API CORYNE（棒状杆菌属鉴定试条），API CAMPY（弯曲杆菌鉴定试条），API LISTERIA（李斯特菌鉴定试条），API NH（奈瑟氏菌、嗜血杆菌属鉴定试条），API 20A（厌氧菌鉴定试条），API 50CHB（芽孢杆菌鉴定试条），API 50CHL（乳杆菌鉴定试条）。

（二） Vitek Ⅱ自动微生物鉴定仪

Vitek Ⅱ在第一代 Vitek 的基础上发展而成。有 4 个架子，每个架子能容纳 15 片试验卡。可同时容纳 60 片试验卡，每片试验卡包含 64 个反应孔，采用快速荧光法测定细菌，2h 提供鉴定报告，鉴定敏感度高，分辨能力强。可在鉴定的同时进行药敏试验，结果可分级报告（先完成的药敏结果先报告）。该仪器具有高级专家系统，可根据药敏试验的结果提示有何种耐药机制的存在，对耐药机制推断准确性大于 90%，MIC 平均药敏检测所需时间 9.74h，比传统方法检测时间缩短 1d，能对药敏试验的结果进行"解释性"判读。该专家系统还能自动复核检验结果，如发现鉴定与药敏不符合的现象，即发出提示，要求进行复查。

有以下鉴定卡：GNI +（革兰阴性菌鉴定卡），NHI（奈瑟菌、嗜血菌鉴定卡），GPI（革兰阳性菌鉴定卡），EPS（肠道致病菌筛选卡），NFC（非发酵革兰阴性菌鉴定卡），BAC（芽孢杆菌鉴定卡），YBC（酵母菌鉴定卡），UID（尿菌致病菌筛选卡），ANI（厌氧菌鉴定卡）。如 GNI + 鉴定卡适用于快速鉴定常见的肠道菌和营养要求高的细菌，包括肠杆菌科、弧菌科和非发酵菌。

（三） BD Phoenix System "凤凰" 全自动细菌/鉴定药敏系统

微生物鉴定时采用荧光增强原理与传统酶、底物生化呈色反应结合的原理。而做药敏试验则通过传统比浊法（Turbidity）和 BD 专利呈色（Chromogenic）反应双重标准及荧光的增加间接地测定 MIC 值。系统由 PHOENIXTM100 主机（PHOENIXTM50）、BBL 比浊仪、BDXPertTM 微生物专家系统和 BD EpiCenterTM 微生物实验室专业数据管理系统组成。

系统可以鉴定革兰阳性菌 112 种、革兰阴性菌 158 种、厌氧菌、酵母菌、奈瑟菌及嗜血杆菌等。

（四） AutoScan –4 自动微生物鉴定仪

AutoScan –4 细菌鉴定及药敏分析仪能够简单、高效地采集、贮存、编辑和检索病人样品结果。通过革兰阳性/革兰阴性复合测试板，最快能在 2d 内报告微生物鉴定及药敏各种抗生素的最低抑菌浓度（MIC）。此外，根据操作员的实验判读，可以对多个报告进行比较并生成报告。该仪器主要由主机（包括前面板和抽屉及测试板处理系统）、LabPro 软件组成。智能的 LabPro 资料库管理系统以及完整的 LabPro AlertEX 专家系统，无需比浊的Prompt 快速定量接种系统，可减少人为误差对实验结果的影响，配合 RENOK 真空接种器一次完成 96 孔的接种，整个接种流程仅需要 30 s。

系统提供多样性的鉴定/药敏板条：单独的鉴定板条、单独的药敏板条、药敏鉴定复合板、荧光快速板和特殊板（厌氧菌鉴定板、真菌鉴定板和苛氧菌鉴定板）。

（五） MicroScan 微生物自动鉴定及药敏系统工作原理

MicroScan 自动细菌鉴定系统由 Dade MicroScan 公司生产，该公司现已被西门子公司收购。庞大的菌种资料库可鉴定近 500 种细菌。MicroScan 的 WalkAway 系列则采用 8 进制计算法分别将 28 个生化反应转换成 8 位生物数码。计算机系统自动将这些生物数码与编码数据库进行对比，获得相似系统鉴定值。快速荧光革兰阳（阴）性板则根据荧光法的鉴定原理，将荧光物质均匀地混在培养基中，菌种接种到鉴定板后，通过检测荧光底物的水解、底物被利用后的 pH 变化、特殊代谢产物的生成和某些代谢产物的生成率来进行菌种鉴定。系统主要由 WalkAway 96 仪器、测试板、快速接种系统和数据管理系统四部分组成。

MicroScan 测试板有以下类型：革兰阴性板普通显色革兰阴性板快速荧光革兰阴性板，革兰阳性板普通显色革兰阳性板快速荧光革兰阳性板，快速荧光显色板厌氧菌板，酵母菌板苛氧菌板等。

第八章

食品微生物检验常用培养基及试剂

第一节　常用试剂的配制与使用方法

（一）1g/L 蛋白胨水

（1）成分　蛋白胨 1.0g，蒸馏水 1000.0mL。

（2）制法　将蛋白胨溶解于蒸馏水中，校正 pH 至 7.0±0.2（25℃），121℃ 高压灭菌 15min。

（二）5g/L 碱性复红

（1）成分　碱性复红 0.5g，乙醇 20.0mL，蒸馏水 80.0mL。

（2）制法　取碱性复红 0.5g 溶解于 20mL 乙醇中，再用蒸馏水稀释至 100mL，滤纸过滤后贮存。

（三）10×PCR 反应缓冲液

（1）成分　1mol/L Tris－HCl（pH8.5）840mL，氯化钾（KCl）37.25g，灭菌去离子水 160mL。

（2）制法　将氯化钾溶于 1mol/L Tris－HCl（pH8.5），定容至 1000mL，121℃ 高压灭菌 15min，分装后于 –20℃ 保存。

（四）1mol/L 硫代硫酸钠（$Na_2S_2O_3$）溶液

（1）成分　硫代硫酸钠（无水）160.0g，碳酸钠（无水）2.0g，蒸馏水 1000.0mL。

（2）制法　称取 160g 无水硫代硫酸钠，加入 2g 无水碳酸钠，溶于 1000mL 水中，缓缓煮沸 10min，冷却。

（五）30g/L 氯化钠碱性蛋白胨水

（1）成分　蛋白胨 10.0g，氯化钠 30.0g，蒸馏水 1000mL。

（2）制法　将上述成分混合溶解，校正 pH 至 8.5±0.2，121℃ 高压灭菌 10min。

（六）40g/L 2，3，5 – 氯化三苯四氮唑（TTC）水溶液

（1）成分　TTC 1g，灭菌蒸馏水 5mL。

（2）制法　称取 TTC，溶于灭菌蒸馏水中，装褐色瓶内于 2~5℃ 保存。如果溶液变为

半透明的白色或淡褐色，则不能再用。临用时用灭菌蒸馏水 5 倍稀释，成为 40g/L 溶液。

（七）50 ×TAE 电泳缓冲液

（1）成分 Tris242.0g，EDTA－2Na（Na$_2$EDTA·2H$_2$O）37.2g，冰乙酸（CH$_3$COOH）57.1mL，灭菌去离子水 942.9mL。

（2）制法 Tris 和 EDTA－2Na 溶于 800mL 灭菌去离子水，充分搅拌均匀；加入冰乙酸，充分溶解；用 1mol/L NaOH 调 pH 至 8.3，定容至 1L 后，室温保存。使用时稀释 50 倍即为 1×TAE 电泳缓冲液。

（八）6 ×上样缓冲液

（1）成分 溴酚蓝 0.5g，二甲苯氰 FF0.5g，0.5mol/L EDTA（pH8.0）0.06mL，甘油 360mL，灭菌去离子水 640mL。

（2）制法 0.5mol/L EDTA（pH8.0）溶于 500mL 灭菌去离子水中，加入溴酚蓝和二甲苯氰 FF 溶解，与甘油混合，定容至 1000mL，分装后 4℃保存。

（九）ONPG 试剂

1. 缓冲液

（1）成分 磷酸二氢钠（NaH$_2$PO$_4$·H$_2$O）6.9g，蒸馏水 50.0mL。

（2）制法 将磷酸二氢钠溶于蒸馏水中，校正 pH 至 7.0。将此缓冲液置于 2～5℃冰箱保存。

2. ONPG 溶液

（1）成分 邻硝基酚－β－D－半乳糖苷（ONPG）0.08g，蒸馏水 15.0mL，缓冲液 5.0mL。

（2）制法 将 ONPG 在 37℃的蒸馏水中溶解，加入缓冲液。将此 ONPG 溶液置于 2～5℃冰箱保存。试验前，将所需用量的 ONPG 溶液加热至 37℃。

3. 试验方法

将待检培养物接种 30g/L 氯化钠三糖铁琼脂，（36±1）℃培养 18h。挑取 1 满环新鲜培养物接种于 0.25mL 30g/L 氯化钠溶液，在通风橱中，滴加 1 滴甲苯，摇匀后置 37℃水浴 5min。加 0.25mL ONPG 溶液，（36±1）℃培养观察 24h。阳性结果呈黄色。阴性结果则 24h 不变色。

（十）TE（pH 8.0）

（1）成分 1mol/L Tris－HCl（pH8.0）10.0mL，0.5mol/L EDTA（pH8.0）2.0mL，灭菌去离子水 988mL。

（2）制法 将 1mol/L Tris－HCl 缓冲液（pH8.0）、0.5mol/LEDTA 溶液（pH8.0）加入约 800mL 灭菌去离子水，搅拌均匀，再定容至 1000mL，121℃高压灭菌 15min，4℃保存。

（十一）Voges－Proskauer（V－P）试验

1. 弧菌检测试验

（1）成分 甲液：α－萘酚 5.0g，无水乙醇 100mL；乙液：氢氧化钾 40.0g，用蒸馏水加至 100mL。

（2）试验方法　将 30g/L 氯化钠胰蛋白胨大豆琼脂生长物接种至 30g/L 氯化钠 MR - VP 培养基，（36±1）℃培养 48h。取 1mL 培养物，转放到一个试管内，加 0.6mL 甲液，摇动。加 0.2mL 乙液，摇动。加入 3mg 肌酸结晶，4h 后观察结果。阳性结果呈现伊红的粉红色。

2. 蜡样芽孢杆菌检测试验

（1）成分　磷酸氢二钾 5.0g，蛋白胨 7.0g，葡萄糖 5.0g，氯化钠 5.0g，蒸馏水 1000.0mL。

（2）制法　将上述成分混合溶解于蒸馏水。校正 pH 至 7.0±0.2，分装每管 1mL。115℃高压灭菌 20min。

（3）试验方法　将营养琼脂培养物接种于本培养基中，（36±1）℃培养 48～72h。加入 60g/L α - 萘酚 - 乙醇溶液 0.5mL 和 400g/L 氢氧化钾溶液 0.2mL，充分振摇试管，观察结果，阳性反应立即或于数分钟内出现红色。如为阴性，应放在（36±1）℃培养 4h 再观察。

（十二）蛋白胨水、靛基质试剂

1. 蛋白胨水

（1）成分　蛋白胨（或胰蛋白胨）20.0g，氯化钠 5.0g，蒸馏水 1000mL。

（2）制法　将上述成分混合，煮沸溶解，调节 pH 至 7.4±0.2，分装小试管，121℃高压灭菌 15min。

2. 靛基质试剂

（1）柯凡克试剂　将 5g 对二甲氨基甲醛溶解于 75mL 戊醇中，然后缓慢加入浓盐酸 25mL。

（2）欧 - 波试剂　将 1g 对二甲氨基苯甲醛溶解于 95mL 95% 乙醇内。然后缓慢加入浓盐酸 20mL。

3. 试验方法

挑取小量培养物接种，在（36±1）℃培养 1～2d，必要时可培养 4～5d。加入柯凡克试剂约 0.5mL，轻摇试管，阳性者于试剂层呈深红色；或加入欧 - 波试剂约 0.5mL，沿管壁流下，覆盖于培养液表面，阳性者于液面接触处呈玫瑰红色。蛋白胨中含有丰富的色氨酸。每批蛋白胨买来后，应先用已知菌种鉴定后方可使用。

（十三）过氧化氢酶试验

（1）试剂　3% 过氧化氢溶液（吸取 100mL30% 过氧化氢溶液，溶于 900mL 蒸馏水中），临用时配制。

（2）试验方法　用细玻璃棒或一次性接种针挑取单个菌落，置于洁净玻璃平皿内，滴加 3% 过氧化氢溶液 2 滴，观察结果。

（3）结果　于半分钟内产生气泡者为阳性，不产生气泡者为阴性。

（十四）缓冲蛋白胨水（BPW）

（1）成分　蛋白胨 10.0g，氯化钠 5.0g，磷酸氢二钠（12 H_2O）9.0g，磷酸二氢钾

1.5g，蒸馏水1000mL。

（2）制法　将各成分混合溶解，搅混均匀，静置约10min，煮沸溶解，调节pH至7.2±0.2，高压灭菌121℃，15min。

（十五）缓冲甘油-氯化钠溶液

（1）成分　甘油100.0mL，氯化钠4.2g，磷酸氢二钾（无水）12.4g，磷酸二氢钾（无水）4.0g，蒸馏水900.0mL。

（2）制法　将以上成分混合加热至完全溶解，调节pH至7.2±0.1，121℃高压灭菌15min。配制双料缓冲甘油溶液时，用甘油200mL和蒸馏水800mL。

（十六）缓冲葡萄糖蛋白胨水 （MR和VP试验用）

（1）成分　多价胨7.0g，葡萄糖5.0g，磷酸氢二钾5.0g，蒸馏水1000mL。

（2）制法　将上述成分混合溶化后，调节pH至7.0±0.2，分装试管，每管1mL，121℃高压灭菌15min，备用。

（3）甲基红（MR）试验（甲基红试剂）

①成分：甲基红10mg，95%乙醇30mL，蒸馏水20mL。

②制法：10mg甲基红溶于30mL95%乙醇中，然后加入20mL蒸馏水。

③试验方法：取适量琼脂培养物接种于缓冲葡萄糖蛋白胨水中，（36±1）℃培养2~5d。滴加甲基红试剂一滴，立即观察结果。鲜红色为阳性，黄色为阴性。

（十七）磷酸盐缓冲液 （PBS）

1. 菌落总数，大肠菌群，霉菌和酵母，蜡样芽孢杆菌检测试验

（1）成分　磷酸二氢钾34.0g，蒸馏水500mL。

（2）制法

①储备液：称取34.0g的磷酸二氢钾（KH_2PO_4）溶于500mL蒸馏水中，用大约175mL的1mol/L氢氧化钠溶液调节pH至7.2，用蒸馏水稀释至1000mL后贮存于冰箱。

②稀释液：取储备液1.25mL，用蒸馏水稀释至1000mL，分装于适宜容器中，121℃高压灭菌15min。

2. 肉毒梭菌检测试验

（1）成分　氯化钠7.650g，磷酸氢二钠0.724g，磷酸二氢钾0.210g，超纯水1000mL。

（2）制法　将上述成分混合溶于超纯水中，测试pH 7.4。

3. 嗜热脂肪芽孢杆菌检测试验

（1）成分　磷酸二氢钠2.83g，磷酸二氢钾1.36g，蒸馏水1000mL。

（2）制法　将上述成分混合溶解，调节pH至7.3±0.1，121℃高压灭菌20min。

（十八）马尿酸钠水解试剂

1. 马尿酸钠溶液

（1）成分　马尿酸钠10.0g，氯化钠8.5g，磷酸氢二钠8.98g，磷酸二氢钠2.71g，蒸馏水1000.0mL。

（2）制法　将马尿酸钠溶于磷酸盐缓冲溶液中，过滤除菌。无菌分装，每管 0.4mL，贮存于 -20℃。

2.35g/L（水合）茚三酮溶液

（1）成分　（水合）茚三酮（ninhydrin）1.75g，丙酮 25.0mL，丁醇 25.0mL。

（2）制备　将（水合）茚三酮溶解于丙酮/丁醇混合液中。该溶液在避光冷藏时不超过 7 d。

（十九）灭菌脱脂乳

（1）成分　无抗生素的脱脂乳。

（2）制法　经 115℃灭菌 15min。也可采用无抗生素的脱脂牛乳粉，以蒸馏水 10 倍稀释，加热至完全溶解，115℃灭菌 15min。

（二十）明胶磷酸盐缓冲液

（1）成分　明胶 2.0g，磷酸氢二钠 4.0g，蒸馏水 1000.0mL。

（2）制法　将上述成分混合溶解，调节 pH 至 6.2，121℃高压蒸汽灭菌 15min。

（二十一）青霉素 G 参照溶液

（1）成分　青霉素 G 钾盐 30.0mg，无菌磷酸盐适量，无抗生素的脱脂乳适量。

（2）制法　精密称取青霉素 G 钾盐标准品，溶于无菌磷酸盐缓冲液中，使其浓度为 100~1000IU/mL。再将该溶液用灭菌的无抗生素的脱脂乳稀释至 0.006IU/mL，分装于无菌小试管中，密封备用。-20℃保存不超过 6 个月。

（二十二）兔血浆

①38g/L 柠檬酸钠溶液配制：取柠檬酸钠 3.8g，加蒸馏水 100mL，溶解后过滤，装瓶，121℃高压灭菌 15min。

②兔血浆制备：取 38g/L 柠檬酸钠溶液一份，加兔全血 4 份，混好静置（或以 3000r/min 离心 30min），使血液细胞下降，即可得血浆。

（二十三）无菌生理盐水

（1）成分　氯化钠 8.5g，蒸馏水 1000mL。

（2）制法　称取 8.5g 氯化钠溶于 1000mL 蒸馏水中，121℃高压灭菌 15min。

（二十四）硝酸盐还原试剂

（1）甲液（对氨基苯磺酸溶液）　在 1000mL 5mol/L 乙酸中溶解 8g 对氨基苯磺酸。

（2）乙液（α-萘酚乙酸溶液）　在 1000mL 5mol/L 乙酸中溶解 5g α-萘酚。

（二十五）氧化酶试剂

（1）成分　N，N'-二甲基对苯二胺盐酸盐或 N，N，N'，N'-四甲基对苯二胺盐酸盐 1.0g，蒸馏水 100mL。

（2）制法　少量新鲜配制，于 2~8℃冰箱内避光保存，在 7 d 内使用。

（3）试验方法　用无菌棉拭子取单个菌落，滴加氧化酶试剂，10s 内呈现粉红或紫红色即为氧化酶试验阳性，不变色者为氧化酶试验阴性。

（4）V－P 试验

①60g/L α－萘酚－乙醇溶液：取 α－萘酚 6.0g，加无水乙醇溶解，定容至 100mL。

②400g/L 氢氧化钾溶液：取氢氧化钾 40g，加蒸馏水溶解，定容至 100mL。

③试验方法：取适量琼脂培养物接种于缓冲葡萄糖蛋白胨水中，（36±1）℃ 培养 2～4d。加入 60g/L α－萘酚－乙醇溶液 0.5mL 和 400g/L 氢氧化钾溶液 0.2mL，充分振摇试管，观察结果。阳性反应立刻或于数分钟内出现红色，如为阴性，应放在（36±1）℃ 继续培养 1h 再进行观察。

（二十六）胰蛋白酶溶液

（1）成分　胰蛋白酶（1:250）10.0g，蒸馏水 100.0mL。

（2）制法　将胰蛋白酶溶于蒸馏水中，膜过滤除菌，4℃保存备用。

（二十七）吲哚乙酸酯纸片

（1）成分　吲哚乙酸酯 0.1g，丙酮 1.0mL。

（2）制法　将吲哚乙酸酯溶于丙酮中，吸取 25～50μL 溶液于空白纸片上（直径为 0.6～1.2cm）。室温干燥，贮于用带有硅胶塞的棕色试管/瓶于 4℃保存。

第二节　常用培养基的配制与使用方法

（一）30g/L 氯化钠 MR－VP 培养基

（1）成分　多胨 7.0g，葡萄糖 5.0g，磷酸氢二钾 5.0g，氯化钠 30.0g，蒸馏水 1000mL。

（2）制法　将上述成分溶于蒸馏水中，校正 pH 至 6.9±0.2，分装试管，121℃高压灭菌 15min。

（二）30g/L 氯化钠甘露醇试验培养基

（1）成分　牛肉膏 5.0g，蛋白胨 10.0g，氯化钠 30.0g，磷酸氢二钠（12 H_2O）2.0g，甘露醇 5.0g，溴麝香草酚蓝 0.024g，蒸馏水 1000mL。

（2）制法　将上述成分溶于蒸馏水中，校正 pH 至 7.4±0.2，分装小试管，121℃高压灭菌 10min。

（3）试验方法　从琼脂斜面上挑取培养物接种，于（36±1）℃ 培养不少于 24h，观察结果。甘露醇阳性者培养物呈黄色，阴性者为绿色或蓝色。

（三）30g/L 氯化钠胰蛋白胨大豆琼脂

（1）成分（弧菌）　胰蛋白胨 15.0g，大豆蛋白胨 5.0g，氯化钠 30.0g，琼脂 15.0g，蒸馏水 1000mL。

（2）制法　将上述成分溶于蒸馏水中，校正 pH 至 7.3±0.2，121℃高压灭菌 15min。

注：培养克罗诺杆菌属的 TSA 培养基中氯化钠加 5.0g。

（四）75g/L 氯化钠肉汤

（1）成分 蛋白胨 10.0g，牛肉膏 5.0g，氯化钠 75g，蒸馏水 1000mL。

（2）制法 将上述成分混合加热溶解，调节 pH 至 7.4±0.2，分装，每瓶 225mL，121℃高压灭菌 15min。

（五）Baird – Parker 琼脂平板

（1）成分 胰蛋白胨 10.0g，牛肉膏 5.0g，酵母膏 1.0g，丙酮酸钠 10.0g，甘氨酸 12.0g，氯化锂（LiCl·6H₂O）5.0g，琼脂 20.0g，蒸馏水 950mL。

（2）制法 将各成分加到蒸馏水中，加热煮沸至完全溶解，调节 pH 至 7.0±0.2。分装每瓶 95mL，121℃高压灭菌 15min。临用时加热熔化琼脂，冷却至 50℃，每 95mL 加入预热至 50℃的卵黄亚碲酸钾增菌剂 5mL 摇匀后倾注平板。培养基应是致密不透明的。使用前在冰箱贮存不得超过 48h。

（3）增菌剂的配法 300g/L 卵黄盐水 50mL 与通过 0.22μm 孔径滤膜进行过滤除菌的 10g/L 亚碲酸钾溶液 10mL 混合，保存于冰箱内。

（六）Bolton 肉汤 （Bolton broth）

1. 基础培养基

（1）成分 动物组织酶解物 10.0g，乳白蛋白水解物 5.0g，酵母浸膏 5.0g，氯化钠 5.0g，丙酮酸钠 0.5g，偏亚硫酸氢钠 0.5g，碳酸钠 0.6g，α－酮戊二酸 1.0g，蒸馏水 1000mL。

（2）制法 将上述各成分溶于蒸馏水中，121℃灭菌 15min。

2. 无菌裂解脱纤维绵羊或马血

对无菌脱纤维绵羊或马血通过反复冻融进行裂解或使用皂角苷进行裂解。

3. 抗生素溶液

（1）成分 头孢哌酮（cefoperazone）0.02g，万古霉素（vancomycin）0.02g，三甲氧苄胺嘧啶乳酸盐（trimethoprim lactate）0.02g，两性霉素 B（amphotercin B）0.01g，多黏菌素 B（polymyxin B）0.01g，乙醇/灭菌水（体积分数 50%）5.0mL。

（2）制法 将上述各成分溶解于乙醇/灭菌水混合溶液中。

4. 完全培养基

（1）成分 基础培养基 1000.0mL，无菌裂解脱纤维绵羊或马血 50.0mL，抗生素溶液 5.0mL。

（2）制法 当基础培养基的温度为 45℃左右时，无菌加入绵羊或马血和抗生素溶液，混匀，校正 pH 至 7.4±0.2（25℃），常温下放置不得超过 4h，或在 4℃左右避光保存不得超过 7 d。

（七）HE 琼脂 （Hektoen enteric agar）

1. 成分

①基础液成分：蛋白胨 12.0g，牛肉膏 3.0g，乳糖 12.0g，蔗糖 12.0g，水杨素 2.0g，

胆盐 20.0g，氯化钠 5.0g。

②其他：琼脂 18.0 ~ 20.0g，蒸馏水 1000mL，4g/L 溴麝香草酚蓝溶液 16.0mL，Andrade 指示剂 20.0mL，甲液 20.0mL，乙液 20.0mL。

（2）制法　将前面七种基础液成分溶解于 400mL 蒸馏水内作为基础液；将琼脂加入 600mL 蒸馏水内。然后分别搅拌均匀，煮沸溶解。加入甲液和乙液于基础液内，调节 pH 至 7.5 ± 0.2。再加入指示剂，并与琼脂液合并，待冷至 50 ~ 55℃倾注平皿。

注：本培养基不需要高压灭菌，在制备过程中不宜过分加热，避免降低其选择性。甲液的配制：硫代硫酸钠 34.0g，柠檬酸铁铵 4.0g，蒸馏水 100mL。乙液的配制：去氧胆酸钠 10.0g，蒸馏水 100mL。Andrade 指示剂：酸性复红 0.5g，1mol/L 氢氧化钠溶液 16.0mL，蒸馏水 100mL。将复红溶解于蒸馏水中，加入氢氧化钠溶液。数小时后如复红褪色不全，再加氢氧化钠溶液 1 ~ 2mL。

（八）MC 培养基

（1）成分　大豆蛋白胨 5.0g，牛肉粉 3.0g，酵母粉 3.0g，葡萄糖 20.0g，乳糖 20.0g，碳酸钙 10.0g，琼脂 15.0g，蒸馏水 1000mL，1g/L 中性红溶液 5.0mL。

（2）制法　将除中性红外的成分加入蒸馏水中，加热溶解，调节 pH 至 6.0 ± 0.2，再加入中性红溶液。分装后 121℃高压灭菌 15 ~ 20min。

（九）MRS 培养基

（1）成分　蛋白胨 10.0g，牛肉粉 5.0g，葡萄糖 20.0g，吐温 80 1.0mL，$K_2HPO_4 \cdot 7H_2O$ 2.0g，醋酸钠·$3H_2O$ 5.0g，柠檬酸三铵 2.0g，$MgSO_4 \cdot 7H_2O$ 0.2g，$MnSO_4 \cdot 4H_2O$ 0.05g，琼脂粉 15.0g，酵母粉 4.0g。

（2）制法　将上述成分加入到 1000mL 蒸馏水中，加热溶解，调节 pH 至 6.2 ± 0.2，分装后 121℃高压灭菌 15 ~ 20min。

（十）M 肉汤

（1）成分　酵母膏 5.0g，胰蛋白胨 12.5g，D - 甘露糖 2.0g，柠檬酸钠 5.0g，氯化钠 5.0g，磷酸氢二钾 5.0g，氯化锰 0.14g，硫酸镁 0.8g，亚硫酸铁 0.04g，吐温 80 0.75g，蒸馏水 1000mL。

（2）制法　将上述各成分混合溶解，加热搅拌至沸腾 1 ~ 2min，分装于 16mm × 125mm 试管中，每管 10mL，121℃高压灭菌 15min。最终 pH 应为 7.0 ± 0.2。

（十一）PALCAM 琼脂

（1）成分　酵母膏 8.0g，葡萄糖 0.5g，七叶苷 0.8g，柠檬酸铁铵 0.5g，甘露醇 10.0g，酚红 0.1g，氯化锂 15.0g，酪蛋白胰酶消化物 10.0g，心胰酶消化物 3.0g，玉米淀粉 1.0g，肉胃酶消化物 5.0g，氯化钠 5.0g，琼脂 15.0g，蒸馏水 1000mL。

（2）制法　将上述成分混合，加热溶解，调节 pH 至 7.2 ± 0.2，分装，121℃高压灭菌 15min，备用。

（3）PALCAM 选择性添加剂成分及制法　多黏菌素 B 5.0mg，盐酸吖啶黄 2.5mg，头孢他啶 10.0mg，无菌蒸馏水 500mL。将 PALCAM 基础培养基溶化后冷却到 50℃，加入 2mL

PALCAM 选择性添加剂，混匀后倾倒在无菌的平皿中，备用。

（十二）PYG 液体培养基

（1）成分　蛋白胨 10.0g，葡萄糖 2.5g，酵母粉 5.0g，半胱氨酸 – HCl 0.25g，盐溶液 20.0mL，维生素 K_1 溶液 0.5mL，5mg/mL 氯化血红素溶液 2.5mL，加蒸馏水至 500mL。

（2）制法

①盐溶液的配制：称取无水氯化钙 0.2g，硫酸镁 0.2g，磷酸氢二钾 1.0g，磷酸二氢钾 1.0g，碳酸氢钠 10.0g，氯化钠 2.0g，加蒸馏水至 1000mL。

②氯化血红素溶液（5mg/mL）的配制：称取氯化血红素 0.5g 溶于 1mol/L 氢氧化钠 1.0mL 中，加蒸馏水至 100mL，121℃ 高压灭菌 15～20min。

③维生素 K_1 溶液的配制：称取维生素 K_1 1.0g，加无水乙醇 99.0mL，过滤除菌，避光冷藏保存。

④PYG 液体培养基制法：除氯化血红素溶液和维生素 K_1 溶液外，培养基的其余成分加入蒸馏水中，加热溶解，校正 pH 至 6.0±0.1，加入中性红溶液。分装后 121℃ 高压灭菌 15～20min。临用时加热熔化琼脂，加入氯化血红素溶液和维生素 K_1 溶液，冷至 50℃ 使用。

（十三）SIM 动力培养基

（1）成分　胰胨 20.0g，多价胨 6.0g，硫酸铁铵 0.2g，硫代硫酸钠 0.2g，琼脂 3.5g，蒸馏水 1000mL。

（2）制法　将上述各成分加热混匀，调节 pH 至 7.2±0.2，分装小试管，121℃ 高压灭菌 15min，备用。

（3）试验方法　挑取纯培养的单个可疑菌落穿刺接种到 SIM 培养基中，于 25～30℃ 培养 48h，观察结果。

（十四）Skirrow 血琼脂 （Skirrow blood agar）

1. 基础培养基

（1）成分　蛋白胨 15.0g，胰蛋白胨 2.5g，酵母浸膏 5.0g，氯化钠 5.0g，琼脂 15.0g，蒸馏水 1000mL。

（2）制法　将各成分混合溶解，121℃ 灭菌 15min，备用。

2. FBP 溶液

（1）成分　丙酮酸钠 0.25g，焦亚硫酸钠 0.25g，硫酸亚铁 0.25g，蒸馏水 100.0mL。

（2）制法　将各成分溶于蒸馏水中，经 0.22μm 滤膜过滤除菌。FBP 根据需要量现用现配，在 –70℃ 贮存不超过 3 个月或 –20℃ 贮存不超过 1 个月。

3. 抗生素溶液

同改良 CCD 琼脂。

4. 无菌脱纤维绵羊血

无菌操作条件下，将绵羊血倒入盛有灭菌玻璃珠的容器中，振摇约 10min，静置后除去附有血纤维的玻璃珠即可。

5. 完全培养基

（1）成分　基础培养基 1000.0mL，FBP 溶液 5.0mL，抗生素溶液 5.0mL，无菌脱纤维绵羊血 50.0mL。

（2）制法　当基础培养基的温度约为 45℃时，加入 FBP 溶液、抗生素溶液与冻融的无菌脱纤维绵羊血，混匀。校正 pH 至 7.4 ± 0.2（25℃）。倾注 15mL 于无菌平皿中，静置至培养基凝固。预先制备的平板未干燥时在室温放置不得超过 4h，或在 4℃左右冷藏不得超过 7d。

（十五）β - 半乳糖苷酶培养基

1. 液体法（ONPG 法）

（1）成分　邻硝基苯 β - D - 半乳糖苷（ONPG）60.0mg，0.01mol/L 磷酸钠缓冲液（pH7.5 ± 0.2）10.0mL，10g/L 蛋白胨水（pH7.5 ± 0.2）30.0mL。

（2）制法　将 ONPG 溶于磷酸钠缓冲液内，加入蛋白胨水，以过滤法除菌，分装于 10mm × 75mm 试管内，每管 0.5mL，用橡皮塞塞紧。

（3）试验方法　自琼脂斜面挑取培养物一满环接种，于（36 ± 1）℃培养 1～3h 和 24h 观察结果。如果产生 β - D - 半乳糖苷酶，则于 1～3h 变黄色，如无此酶则 24h 不变色。

2. 平板法（X - Gal 法）

（1）成分　蛋白胨 20.0g，氯化钠 3.0g，5 - 溴 - 4 - 氯 - 3 - 吲哚 - β - D - 半乳糖苷（X - Gal）200.0mg，琼脂 15.0g，蒸馏水 1000.0mL。

（2）制法　将上述各成分混合加热煮沸，冷却至 25℃左右，校正 pH 至 7.2 ± 0.2，115℃高压灭菌 10min。倾注平板避光冷藏备用。

（3）试验方法　挑取琼脂斜面培养物接种于平板，划线和点种均可，于（36 ± 1）℃培养 18～24h 观察结果。如果 β - D 半乳糖苷酶产生，则平板上培养物颜色变蓝色，如无此酶，则培养物为无色或不透明色，培养 48～72h 后有部分转为淡粉红色。

（十六）氨基酸脱羧酶试验培养基

1. 成分（沙门菌，志贺菌）

蛋白胨 5.0g，酵母浸膏 3.0g，葡萄糖 1.0g，16g/L 溴甲酚紫 - 乙醇溶液 1.0mL，0.5g/100mL 或 1.0g/100mL L 型或 DL 型赖氨酸和鸟氨酸，蒸馏水 1000mL。

2. 成分（弧菌）

蛋白胨 5.0g，酵母浸膏 3.0g，葡萄糖 1.0g，溴甲酚紫 0.02g，L - 赖氨酸 5.0g，氯化钠 30.0g，蒸馏水 1000mL。

3. 制法

将除氨基酸以外的成分混合加热溶解后，分装每瓶 100mL，分别加入赖氨酸和鸟氨酸。L - 氨基酸按 5g/L 加入，DL - 氨基酸按 10g/L 加入，再校正 pH 至 6.8 ± 0.2。对照培养基不加氨基酸。分装于灭菌的小试管内，每管 0.5mL，上面滴加一层石蜡油，115℃高压灭菌 10min。

4. 试验方法

从琼脂斜面上挑取培养物接种，于 (36±1)℃ 培养 18~24h，观察结果。氨基酸脱羧酶阳性者由于产碱，培养基应呈紫色。阴性者无碱性产物，但因葡萄糖产酸而使培养基变为黄色。阴性对照管应为黄色，空白对照管为紫色。

5. 成分（克罗诺杆菌属）

L-氨基酸盐酸盐 5.0g，酵母浸膏 3.0g，葡萄糖 1.0g，溴甲酚紫 0.015g，蒸馏水 1000mL。

注：L-赖氨酸脱羧酶培养基中 L-赖氨酸盐酸盐 （L-lysine monohydrochloride） 为 5.0g；L-鸟氨酸脱羧酶培养基中 L-鸟氨酸盐酸盐 （L-ornithine monohydrochloride） 为 5.0g；L-精氨酸双水解酶培养基中 L-精氨酸盐酸盐 （L-arginine monohydrochloride） 为 5.0g。

6. 制法

将上述各成分混合加热溶解，必要时调节 pH 至 6.8±0.2 。每管分装 5mL，121℃ 高压灭菌 15min。

7. 实验方法

挑取培养物接种于各 L-氨基酸脱羧酶培养基，刚好在液体培养基的液面下。(30±1)℃ 培养 (24±2) h，观察结果。L-氨基酸脱羧酶试验阳性者，培养基呈紫色，阴性者为黄色。

（十七）半固体琼脂

（1）成分　牛肉膏 0.3g，蛋白胨 1.0g，氯化钠 0.5g，琼脂 0.35~0.4g，蒸馏水 100mL。

（2）制法　将上述各成分混合，煮沸溶解，调节 pH 至 7.4±0.2。分装小试管。121℃ 高压灭菌 15min。直立凝固备用。

（十八）丙二酸钠培养基

（1）成分　酵母浸膏 1.0g，硫酸铵 2.0g，磷酸氢二钾 0.6g，磷酸二氢钾 0.4g，氯化钠 2.0g，丙二酸钠 3.0g，2g/L 溴麝香草酚蓝溶液 12.0mL，蒸馏水 1000mL。

（2）制法　除指示剂以外的成分混合溶解，调节 pH 至 6.8±0.2，再加入指示剂，分装试管，121℃ 高压灭菌 15min。

（3）试验方法　用新鲜的琼脂培养物接种，于 (36±1)℃ 培养 48h，观察结果。阳性者由绿色变为蓝色。

（十九）布氏肉汤 （Brucella broth）

（1）成分　酪蛋白酶解物 10.0g，动物组织酶解物 10.0g，葡萄糖 1.0g，酵母浸膏 2.0g，氯化钠 5.0g，亚硫酸氢钠 0.1g，蒸馏水 1000.0mL。

（2）制法　将上述各成分混合溶解，校正 pH 至 7.0±0.2 （25℃），121℃ 灭菌 15min。

（二十）肠道菌增菌肉汤

（1）成分　蛋白胨 10.0g，葡萄糖 5.0g，牛胆盐 20.0g，磷酸氢二钠 8.0g，磷酸二氢钾

2.0g，煌绿 0.015g，蒸馏水 1000mL。

（2）制法　将以上成分混合加热溶解，冷却至 25℃左右，校正 pH 至 7.2 ±0.2，分装每瓶 30mL。115℃灭菌 20min。

（二十一）动力培养基

（1）成分　胰酪胨（或酪蛋白胨）10.0g，酵母粉 2.5g，葡萄糖 5.0g，无水磷酸氢二钠 2.5g，琼脂粉 3.0 ~5.0g，蒸馏水 1000.0mL。

（2）制法　将上述成分混合溶解，校正 pH 至 7.2 ±0.2，加热溶解。分装每管 2 ~3mL。115℃高压灭菌 20min。

（3）试验方法　用接种针挑取培养物穿刺接种于动力培养基中，（30 ±1）℃培养（48 ±2）h。蜡样芽孢杆菌应沿穿刺线呈扩散生长，而蕈状芽孢杆菌常呈绒毛状生长，形成蜂巢状扩散。动力试验也可用悬滴法检查。蜡样芽孢杆菌和苏云金芽孢杆菌通常运动极为活泼，而炭疽杆菌则不运动。

（二十二）改良 CCD 琼脂 （modified charcoal cefoperazone deoxycholate agar，mCCDA）

1. 基础培养基

（1）成分　肉浸液 10.0g，动物组织酶解物 10.0g，氯化钠 5.0g，木炭 4.0g，酪蛋白酶解物 3.0g，去氧胆酸钠 1.0g，硫酸亚铁 0.25g，丙酮酸钠 0.25g，琼脂 8.0 ~18.0g，蒸馏水 1000mL。

（2）制法　将上述成分混合溶解，121℃灭菌 15min。

2. 抗生素溶液

（1）成分　头孢哌酮（cefoperazone）0.032g，两性霉素 B（amphotericin B）0.01g，利福平（rifampicin）0.01g，乙醇/灭菌水（体积分数50%）5.0mL。

（2）制法　将上述成分溶解于乙醇/灭菌水混合溶液中。

3. 完全培养基

（1）成分　基础培养基 1000mL，抗生素溶液 5.0mL。

（2）制法　当基础培养基的温度约为 45℃时，加入抗生素溶液，混匀。校正 pH 至 7.4 ±0.2（25℃）。倾注 15mL 于无菌平皿中，静置至培养基凝固。使用前需预先干燥平板。制备的平板未干燥时在室温放置不得超过 4h，或在 4℃左右冷藏不得超过 7 d。

（二十三）改良月桂基硫酸盐胰蛋白胨肉汤 - 万古霉素 （ Modified lauryl sulfate tryptose broth - vancomycin medium， mLST - Vm）

1. 改良月桂基硫酸盐胰蛋白胨（mLST）肉汤

（1）成分　氯化钠 34.0g，胰蛋白胨 20.0g，乳糖 5.0g，磷酸二氢钾 2.75g，磷酸氢二钾 2.75g，十二烷基硫酸钠 0.1g，蒸馏水 1000mL。

（2）制法　将上述成分混合加热搅拌至溶解，调节 pH 至 6.8 ±0.2。分装每管 10mL，121℃高压灭菌 15min。

2. 万古霉素溶液

（1）成分　万古霉素 10.0mg，蒸馏水 10.0mL。

（2）制法　10.0mg 万古霉素溶解于 10.0mL 蒸馏水，过滤除菌。万古霉素溶液可以在 0～5℃保存 15 d。

3. 改良月桂基硫酸盐胰蛋白胨肉汤－万古霉素

每 10mL 月桂基硫酸盐胰蛋白胨肉汤中加入万古霉素溶液 0.1mL，混合液中万古霉素的终浓度为 10μg/mL。mLST－Vm 必须在 24h 之内使用。

（二十四）改良纤维二糖－多黏菌素 B－多黏菌素 E （mCPC） 琼脂

1. 溶液 1

（1）成分　蛋白胨 10.0g，牛肉粉 5.0g，氯化钠 20.0g，溴麝香草酚蓝 0.04g，甲酚红 0.04g，琼脂 15.0g，蒸馏水 900mL。

（2）制法　将上述成分混合溶解，调节 pH7.6±0.2，加热煮沸至完全溶解。冷至 48～55℃备用。

2. 溶液 2

（1）成分　纤维二糖 10.0g，多黏菌素 B 100000 IU，多黏菌素 E 400000 IU，蒸馏水 100.0mL。

（2）制法　纤维二糖溶于蒸馏水中，轻微加热至完全溶解，冷却后加入抗菌素，过滤除菌。将溶液 2 与溶液 1 混合，倾注平板备用。

（二十五）甘露醇卵黄多黏菌素 （MYP） 琼脂

1. 成分

蛋白胨 10.0g，牛肉粉 1.0g，D－甘露醇 10.0g，氯化钠 10.0g，琼脂粉 12.0～15.0g，2g/L 酚红溶液 13.0mL，500g/L 卵黄液 50.0mL，多黏菌素 B 100000 IU，蒸馏水 950.0mL。

2. 制法

将上述前五种成分混合，加热溶解，校正 pH 至 7.3±0.1，加入酚红溶液。分装，每瓶 95mL，121℃高压灭菌 15min。临用时加热熔化琼脂，冷却至 50℃，每瓶加入 500g/L 卵黄液 5mL 和浓度为 10000 IU 的多黏菌素 B 溶液 1mL，混匀后倾注平板。

（1）500g/L 卵黄液　取鲜鸡蛋，用硬刷将蛋壳彻底洗净，沥干，于 70% 酒精溶液中浸泡 30min。用无菌操作取出卵黄，加入等量灭菌生理盐水，混匀后备用。

（2）多黏菌素 B 溶液　在 50mL 灭菌蒸馏水中溶解 500000 IU 的无菌硫酸盐多黏菌素 B。

（二十六）哥伦比亚血琼脂 （Columbia blood agar）

1. 基础培养基

（1）成分　动物组织酶解物 23.0g，淀粉 1.0g，氯化钠 5.0g，琼脂 8.0～18.0g，蒸馏水 1000.0mL。

（2）制法　将上述成分混合溶解，121℃灭菌 15min，备用。

2. 无菌脱纤维绵羊血

无菌操作条件下，将绵羊血倒入盛有灭菌玻璃珠的容器中，振摇约 10min，静置后除去附有血纤维的玻璃珠即可。

3. 完全培养基

（1）成分 基础培养基 1000.0mL，无菌脱纤维绵羊血 50.0mL。

（2）制法 当基础培养基的温度为 45℃左右时，无菌加入绵羊血，混匀。校正 pH 至 7.3±0.2（25℃）。倾注 15mL 完全培养基于无菌平皿中，静置至培养基凝固。制备的平板未干燥时在室温放置不得超过 4h，或在 4℃左右冷藏不得超过 7 d。

（二十七）含 6g/L 酵母浸膏的胰酪胨大豆肉汤 （TSB – YE）

（1）成分 胰胨 17.0g，多价胨 3.0g，酵母膏 6.0g，氯化钠 5.0g，磷酸氢二钾 2.5g，葡萄糖 2.5g，蒸馏水 1000mL。

（2）制法 将上述各成分混合加热搅拌溶解，调节 pH 至 7.2±0.2，分装，121℃高压灭菌 15min，备用。

注：固体培养基加琼脂 15.0g。

（二十八）含铁牛乳培养基

（1）成分 新鲜全脂牛乳 1000.0mL，硫酸亚铁（$FeSO_4 \cdot 7\ H_2O$）1.0g，蒸馏水 50.0mL。

（2）制法 将硫酸亚铁溶于蒸馏水中，不断搅拌，缓慢加入 1000mL 牛乳中，混匀。分装大试管，每管 10mL，118℃高压灭菌 12min。本培养基必须新鲜配制。

（二十九）缓冲动力 – 硝酸盐培养基

（1）成分 蛋白胨 5.0g，牛肉粉 3.0g，硝酸钾 5.0g，磷酸氢二钠 2.5g，半乳糖 5.0g，甘油 5.0mL，琼脂 3.0g，蒸馏水 1000.0mL。

（2）制法 将以上成分混合加热煮沸至完全溶解，调节 pH 为 7.3±0.2，分装试管，每管 10mL，121℃高压灭菌 15min。如果当天不用，置 4℃左右冷藏保存。临用前煮沸或流动蒸汽加热 15min，迅速冷却至接种温度。

（三十）煌绿乳糖胆盐 （BGLB） 肉汤

（1）成分 蛋白胨 10.0g，乳糖 10.0g，牛胆粉（oxgall 或 oxbile）溶液 200mL，1g/L 煌绿水溶液 13.3mL，蒸馏水 800mL。

（2）制法 将蛋白胨、乳糖溶于约 500mL 蒸馏水中，加入牛胆粉溶液 200mL（将 20.0g 脱水牛胆粉溶于 200mL 蒸馏水中，调节 pH 至 7.0～7.5），用蒸馏水稀释到 975mL，调节 pH 至 7.2±0.1，再加入 1g/L 煌绿水溶液 13.3mL，用蒸馏水补足至 1000mL，用棉花过滤后，分装到有玻璃小倒管的试管中，每管 10mL。121℃高压灭菌 15min。

（三十一）结晶紫中性红胆盐琼脂 （VRBA）

（1）成分 蛋白胨 7.0g，酵母膏 3.0g，乳糖 10.0g，氯化钠 5.0g，胆盐或 3 号胆盐 1.5g，中性红 0.03g，结晶紫 0.002g，琼脂 15～18g，蒸馏水 1000mL。

（2）制法　将上述成分混合溶解，静置几分钟，充分搅拌，调节 pH 至 7.4 ± 0.1。煮沸 2min，将培养基融化并恒温至 45 ~ 50℃倾注平板。使用前临时制备，不得超过 3h。

（三十二）酪蛋白琼脂

（1）成分　酪蛋白 10.0g，牛肉粉 3.0g，无水磷酸氢二钠 2.0g，氯化钠 5.0g，琼脂粉 12.0 ~ 15.0g，蒸馏水 1000.0mL，4g/L 溴麝香草酚蓝溶液 12.5mL。

（2）制法　除溴麝香草酚蓝溶液外，将各成分混合加热溶解（酪蛋白不会溶解）。校正 pH 至 7.4 ± 0.2，加入溴麝香草酚蓝溶液，121℃高压灭菌 15min 后倾注平板。

（3）试验方法　用接种环挑取可疑菌落，点种于酪蛋白琼脂培养基上，（36 ± 1）℃培养（48 ± 2）h，阳性反应菌落周围培养基应出现澄清透明区（表示产生酪蛋白酶）。阴性反应时应继续培养 72h 再观察。

（三十三）李氏增菌肉汤　（LB₁，　LB₂）

（1）成分　胰胨 5.0g，多价胨 5.0g，酵母膏 5.0g，氯化钠 20.0g，磷酸二氢钾 1.4g，磷酸氢二钠 12.0g，七叶苷 1.0g，蒸馏水 1000mL。

（2）制法　将上述成分混合加热溶解，调节 pH 至 7.2 ± 0.2，分装，121℃高压灭菌 15min，备用。

①李氏 I 液（LB₁）225mL 中加入：1g/L 萘啶酮酸（用 0.05mol/L 氢氧化钠溶液配制）0.5mL；1g/L 吖啶黄（用无菌蒸馏水配制）0.3mL。

②李氏 II 液（LB₂）200mL 中加入：1g/L 萘啶酮酸 0.4mL；1g/L 吖啶黄 0.5mL。

（三十四）邻硝基酚 β – D – 半乳糖苷　（ONPG）培养基

（1）成分　邻硝基酚 β – D – 半乳糖苷（O – Nitrophenyl – β – D – galactopyranoside, ONPG）60.0mg，0.01mol/L 磷酸钠缓冲液（pH7.5）10.0mL，10g/L 蛋白胨水（pH7.5）30.0mL。

（2）制法　将 ONPG 溶于磷酸钠缓冲液内，加入蛋白胨水，以过滤法除菌，分装于无菌的小试管内，每管 0.5mL，用橡皮塞塞紧。

（3）试验方法　自琼脂斜面上挑取培养物 1 满环接种于（36 ± 1）℃培养 1 ~ 3h 和 24h 观察结果。如果产生 β – 半乳糖苷酶，则于 1 ~ 3h 变黄色，如无此酶则 24h 不变色。

（三十五）硫代硫酸盐 – 柠檬酸盐 – 胆盐 – 蔗糖　（TCBS）琼脂

（1）成分　蛋白胨 10.0g，酵母浸膏 5.0g，柠檬酸钠（2 H₂O）10.0g，硫代硫酸钠（5 H₂O）10.0g，氯化钠 10.0g，牛胆汁粉 5.0g，柠檬酸铁 1.0g，胆酸钠 3.0g，蔗糖 20.0g，溴麝香草酚蓝 0.04g，麝香草酚蓝 0.04g，琼脂 15.0g，蒸馏水 1000mL。

（2）制法　将上述成分溶于蒸馏水中，校正 pH 至 8.6 ± 0.2，加热煮沸至完全溶解。冷至 50℃左右倾注平板备用。

（三十六）硫酸锰营养琼脂培养基

（1）成分　胰蛋白胨 5.0g，葡萄糖 5.0g，酵母浸膏 5.0g，磷酸氢二钾 4.0g，30.8g/L 硫酸锰（1 H₂O）1.0mL，琼脂粉 12.0 ~ 15.0g，蒸馏水 1000.0mL。

（2）制法　将上述成分混合溶解。校正 pH 至 7.2 ± 0.2。121℃高压灭菌 15min。

（三十七）卵黄琼脂培养基

（1）基础培养基成分　酵母浸膏 5.0g，胰胨 5.0g，氯化钠 20.0g，胨胨（proteose peptone）5.0g，琼脂 20.0g，蒸馏水 1000.0mL。

（2）卵黄乳液　用硬刷清洗鸡蛋 2 ~ 3 个，沥干，杀菌消毒表面，无菌打开，取出内容物，弃去蛋白，用无菌注射器吸取蛋黄，放入无菌容器中，加等量无菌生理盐水，充分混合调匀，4℃保存备用。

（3）制法　将基础培养基各成分混合溶解，调节 pH 至 7.0 ± 0.2，分装锥形瓶，121℃高压蒸汽灭菌 15min，冷却至 50℃左右，按每 100mL 基础培养基加入 15mL 卵黄乳液，充分混匀，倾注平板，35℃培养 24h 进行无菌检查后，冷藏备用。

（三十八）马铃薯葡萄糖琼脂

（1）成分　马铃薯（去皮切块）300g，葡萄糖 20.0g，琼脂 20.0g，氯霉素 0.1g，蒸馏水 1000mL。

（2）制法　将马铃薯去皮切块，加 1000mL 蒸馏水，煮沸 10 ~ 20min。用纱布过滤。补加蒸馏水至 1000mL，加入葡萄糖和琼脂，加热溶解，分装后，121℃灭菌 15min。

（三十九）麦康凯琼脂　（MAC）

（1）成分　蛋白胨 20.0g，乳糖 10.0g，3 号胆盐 1.5g，氯化钠 5.0g，中性红 0.03g，结晶紫 0.001g，琼脂 15.0g，蒸馏水 1000mL。

（2）制法　将以上成分混合加热溶解，校正 pH 至 7.2 ± 0.2。121℃高压灭菌 15min。冷却至 45 ~ 50℃，倾注平板。如不立即使用，在 2 ~ 8℃条件下可贮存 2 周。

（四十）孟加拉红琼脂

（1）成分　蛋白胨 5.0g，葡萄糖 10.0g，磷酸二氢钾 1.0g，硫酸镁（无水）0.5g，琼脂 20.0g，孟加拉红 0.033g，氯霉素 0.1g，蒸馏水 1000mL。

（2）制法　上述各成分混合溶解，加热溶解，补足蒸馏水至 1000mL，分装后，121℃灭菌 15min，避光保存。

（四十一）明胶培养基

（1）成分　蛋白胨 5.0g，牛肉粉 3.0g，明胶 120.0g，蒸馏水 1000.0mL。

（2）制法　将上述成分混合，置流动蒸汽灭菌器内，加热溶解，校正 pH 至 7.4 ~ 7.6，过滤。分装试管，121℃高压灭菌 10min。

（3）试验方法　挑取可疑菌落接种于明胶培养基，（36 ± 1）℃培养（24 ± 2）h，取出，2 ~ 8℃放置 30min，取出，观察明胶液化情况。

（四十二）MRS 培养基及莫匹罗星锂盐和半胱氨酸盐酸盐改良 MRS 培养基

1. 成分

蛋白胨 10.0g，牛肉粉 5.0g，酵母粉 4.0g，葡萄糖 20.0g，吐温 80 1.0mL，磷酸氢二钾（7H$_2$O）2.0g，醋酸钠（3H$_2$O）5.0g，柠檬酸三铵 2.0g，硫酸镁（7H$_2$O）0.2g，硫酸锰

（4H$_2$O）0.05g，琼脂粉15.0g。

2. 制法

将上述成分加入到1000mL蒸馏水中，加热溶解，调节pH，分装后121℃高压灭菌15 ～ 20min。

3. 莫匹罗星锂盐和半胱氨酸盐酸盐改良MRS培养基

（1）莫匹罗星锂盐储备液制备 称取50mg莫匹罗星锂盐加入到50mL蒸馏水中，用0.22μm微孔滤膜过滤除菌。

（2）半胱氨酸盐酸盐储备液制备 称取250mg半胱氨酸盐酸盐加入到50mL蒸馏水中，用0.22μm微孔滤膜过滤除菌。

（3）制法 将MRS各成分加入到950mL蒸馏水中，加热溶解，调节pH至6.2±0.2，分装后121℃高压灭菌15 ～ 20min。临用时加热熔化琼脂，在水浴中冷至48℃，用带有0.22μm微孔滤膜的注射器将莫匹罗星锂盐储备液及半胱氨酸盐酸盐储备液加入到熔化琼脂中，使培养基中莫匹罗星锂盐的浓度为50μg/mL，半胱氨酸盐酸盐的浓度为500μg/mL。

（四十三）木糖赖氨酸脱氧胆盐 （XLD） 琼脂

（1）成分 酵母膏3.0g，L－赖氨酸5.0g，木糖3.75g，乳糖7.5g，蔗糖7.5g，去氧胆酸钠2.5g，柠檬酸铁铵0.8g，硫代硫酸钠6.8g，氯化钠5.0g，琼脂15.0g，酚红0.08g，蒸馏水1000mL。

注：志贺菌去氧胆酸钠1.0g。

（2）制法 除酚红和琼脂外，将其他成分加入400mL蒸馏水中，煮沸溶解，调节pH至7.4±0.2。另将琼脂加入600mL蒸馏水中，煮沸溶解。将上述两溶液混合均匀后，再加入酚红指示剂，待冷至50～55℃倾注平皿。本培养基不需要高压灭菌，宜于当天制备，第2d使用。

（四十四）脑心浸出液肉汤 （BHI）

（1）成分（金黄色葡萄球菌） 胰蛋白质胨10.0g，氯化钠5.0g，磷酸氢二钠（12H$_2$O）2.5g，葡萄糖2.0g，牛心浸出液500mL。

（2）成分（致泻大肠埃希菌） 小牛脑浸液200g，牛心浸液250g，蛋白胨10.0g，氯化钠5.0g，葡萄糖2.0g，磷酸氢二钠2.5g，蒸馏水1000mL。

（3）制法 将上述成分混合加热溶解，调节pH至7.4±0.2，分装至16mm×160mm试管，每管5mL，置121℃高压灭菌15min。

（四十五）尿素琼脂 （pH 7.2）

（1）成分 蛋白胨1.0g，氯化钠5.0g，葡萄糖1.0g，磷酸二氢钾2.0g，4g/L酚红3.0mL，琼脂20.0g，蒸馏水1000mL，200g/L尿素溶液100mL。

（2）制法 除尿素、琼脂和酚红外，将其他成分加入400mL蒸馏水中，煮沸溶解，调节pH至7.2±0.2。另将琼脂加入600mL蒸馏水中，煮沸溶解。将上述两溶液混合均匀后，再加入指示剂后分装，121℃高压灭菌15min。冷至50～55℃，加入经除菌过滤的尿素溶液。

尿素的最终浓度为 20g/L。分装于无菌试管内,制成斜面备用。

(3)试验方法　挑取琼脂培养物接种,在(36±1)℃培养24h,观察结果。尿素酶阳性者由于产碱而使培养基变为红色。

(四十六)庖肉培养基

(1)成分　新鲜牛肉 500.0g,蛋白胨 30.0g,酵母浸膏 5.0g,磷酸二氢钠 5.0g,葡萄糖 3.0g,可溶性淀粉 2.0g,蒸馏水 1000mL。

(2)制法　称取新鲜除去脂肪与筋膜的牛肉 500.0g,切碎,加入蒸馏水 1000mL 和1mol/L 氢氧化钠溶液 25mL,搅拌煮沸 15min,充分冷却,除去表层脂肪,纱布过滤并挤出肉渣余液,分别收集肉汤和碎肉渣。在肉汤中加入成分中的其他物质,并用蒸馏水补足至1000mL,调节 pH 至 7.4±0.1,肉渣晾至半干。在 20mm×150mm 试管中先加入碎肉渣 1～2cm 高,每管加入还原铁粉 0.1～0.2g 或少许铁屑,再加入配制肉汤 15mL,最后加入液体石蜡覆盖培养基 0.3～0.4cm,121℃高压蒸汽灭菌 20min。

(四十七)平板计数琼脂 (plate count agar, PCA) 培养基

(1)成分　胰蛋白胨 5.0g,酵母浸膏 2.5g,葡萄糖 1.0g,琼脂 15.0g,蒸馏水 1000mL。

(2)制法　将上述成分混合煮沸溶解,调节 pH 至 7.0±0.2。分装于试管或锥形瓶,121℃高压灭菌 15min。

(四十八)葡萄糖铵培养基

(1)成分　氯化钠 5.0g,硫酸镁 ($MgSO_4 \cdot 7H_2O$) 0.2g,磷酸二氢铵 1.0g,磷酸氢二钾 1.0g,葡萄糖 2.0g,琼脂 20.0g,2g/L 溴麝香草酚蓝水溶液 40.0mL,蒸馏水 1000.0mL。

(2)制法　先将盐类和糖溶解于蒸馏水内,校正 pH 至 6.8±0.2,再加琼脂加热溶解,然后加入指示剂。混合均匀后分装试管,121℃高压灭菌 15min。制成斜面备用。

(3)试验方法　用接种针轻轻触及培养物的表面,在盐水管内做成极稀的悬液,肉眼观察不到混浊,以每一接种环内含菌数在 20～100 为宜。将接种环灭菌后挑取菌液接种,同时再以同法接种普通斜面一支作为对照。于(36±1)℃培养24h。阳性者葡萄糖铵斜面上有正常大小的菌落生长;阴性者不生长,但在对照培养基上生长良好。如在葡萄糖铵斜面生长极微小的菌落可视为阴性结果。

容器使用前应用清洁液浸泡。再用清水、蒸馏水冲洗干净,并用新棉花做成棉塞,干热灭菌后使用。如果操作时不注意,有杂质污染时,易造成假阳性的结果。

(四十九)七叶苷培养基

(1)成分　蛋白胨 5.0g,磷酸氢二钾 1.0g,七叶苷 3.0g,枸橼酸铁 0.5g,16g/L 溴甲酚紫酒精溶液 1.4mL,蒸馏水 100mL。

(2)制法　将上述成分混合加热溶解,121℃高压灭菌 15～20min。

(五十)氰化钾 (KCN) 培养基

(1)成分　蛋白胨 10.0g,氯化钠 5.0g,磷酸二氢钾 0.225g,磷酸氢二钠 5.64g,蒸馏

水 1000mL，5g/L 氰化钾 20.0mL。

（2）制法　将除氰化钾以外的成分混合煮沸溶解，分装后 121℃高压灭菌 15min。放在冰箱内使其充分冷却。每 100mL 培养基加入 5g/L 氰化钾溶液 2.0mL（最后浓度为 1:10000），分装于无菌试管内，每管约 4mL，立刻用无菌橡皮塞塞紧，放在 4℃冰箱内，至少可保存 2 个月。同时，将不加氰化钾的培养基作为对照培养基，分装试管备用。

（3）试验方法　将琼脂培养物接种于蛋白胨水内成为稀释菌液，挑取 1 环接种于氰化钾（KCN）培养基。并另挑取 1 环接种于对照培养基。在（36 ± 1）℃培养 1~2 d，观察结果。如有细菌生长即为阳性（不抑制），经 2 d 细菌不生长为阴性（抑制）。

注：氰化钾是剧毒药，使用时应小心，切勿沾染，以免中毒。夏天分装培养基应在冰箱内进行。试验失败的主要原因是封口不严，氰化钾逐渐分解，产生氢氰酸气体逸出，以致药物浓度降低，细菌生长，因而造成假阳性反应。试验时对每一环节都要特别注意。

（五十一）溶菌酶营养肉汤

（1）成分　牛肉粉 3.0g，蛋白胨 5.0g，蒸馏水 990.0mL，1g/L 溶菌酶溶液 10.0mL。

（2）制法　除溶菌酶溶液外，将上述成分混合溶解。校正 pH 至 6.8 ± 0.1，分装每瓶 99mL。121℃高压灭菌 15min。每瓶加入 1g/L 溶菌酶溶液 1mL，混匀后分装灭菌试管，每管 2.5mL。1g/L 溶菌酶溶液配制：在 65mL 灭菌的 0.1mol/L 盐酸中加入 0.1g 溶菌酶，隔水煮沸 20min 溶解后，再用灭菌的 0.1mol/L 盐酸稀释至 100mL。或者称取 0.1g 溶菌酶溶于 100mL 的无菌蒸馏水后，用孔径为 0.45μm 硝酸纤维膜过滤。使用前测试是否无菌。

（3）试验方法　用接种环取纯菌悬液一环，接种于溶菌酶肉汤中，（36 ± 1）℃培养 24h。蜡样芽孢杆菌在本培养基（含 0.01g/L 溶菌酶）中能生长。如出现阴性反应，应继续培养 24h 再观察。

（五十二）乳酸杆菌糖发酵管

（1）基础成分　牛肉膏 5.0g，蛋白胨 5.0g，酵母浸膏 5.0g，吐温 80 0.5mL，琼脂 1.5g，16g/L 溴甲酚紫酒精溶液 1.4mL，蒸馏水 1000mL。

（2）制法　按 5g/L 加入所需糖类，并分装小试管，121℃高压灭菌 15~20min。

（五十三）乳糖 - 明胶培养基

（1）成分　蛋白胨 15.0g，酵母粉 10.0g，乳糖 10.0g，酚红 0.05g，明胶 120.0g，蒸馏水 1000.0mL，pH7.5 ± 0.2。

（2）制法　蛋白胨、酵母粉和明胶于 1000mL 蒸馏水中加热溶解，调节 pH 至 7.5 ± 0.2，加入乳糖和酚红。分装试管，每管 10mL，121℃高压灭菌 10min。如果当天不用，置 4℃左右冷藏保存。临用前煮沸或流动蒸汽加热 15min，迅速冷却至接种温度。

（五十四）三糖铁琼脂（TSI）

1. 沙门菌、致泻大肠埃希菌、志贺菌检测试验

（1）成分　蛋白胨 20.0g，牛肉浸膏 5.0g，乳糖 10.0g，蔗糖 10.0g，葡萄糖 1.0g，硫酸亚铁铵 $[(NH_4)_2Fe(SO_4)_2 \cdot 6H_2O]$ 0.2g，氯化钠 5.0g，硫代硫酸钠 0.2g，酚红

0.025g，琼脂 12.0g，蒸馏水 1000mL。

（2）制法　除酚红和琼脂外，将其他成分加入 400mL 水中，搅拌均匀，静置约 10min，加热使其完全溶化，冷却至 25℃ 左右，校正 pH 至 7.4±0.2。另将琼脂加入 600mL 水中，静置约 10min，加热使其完全溶化。将两溶液混合均匀，加入 50g/L 酚红水溶液 5mL，混匀，分装小号试管，每管约 3mL。于 121℃ 灭菌 15min，制成高层斜面。冷却后呈橘红色。如不立即使用，在 2～8℃ 条件下可贮存 1 个月。

2. 弧菌检测试验

（1）成分　蛋白胨 15.0g，胨蛋白胨 5.0g，牛肉膏 3.0g，酵母浸膏 3.0g，氯化钠 30.0g，乳糖 10.0g，蔗糖 10.0g，葡萄糖 1.0g，硫酸亚铁 0.2g，苯酚红 0.024g，硫代硫酸钠 0.3g，琼脂 12.0g，蒸馏水 1000mL。

（2）制法　将上述成分混合溶解，校正 pH 至 7.4±0.2。分装到适当容量的试管中。121℃ 高压灭菌 15min。制成高层斜面，斜面长 4～5cm，高层深度为 2～3cm。

（五十五）嗜盐性试验培养基

（1）成分　胰蛋白胨 10.0g，氯化钠按不同量加入，蒸馏水 1000.0mL。

（2）制法　将上述成分混合溶解，校正 pH 至 7.2±0.2，共配制 5 瓶，每瓶 100mL。每瓶分别加入不同量的氯化钠：①不加；②3g；③6g；④8g；⑤10g。分装试管，121℃ 高压灭菌 15min。

（五十六）双歧杆菌琼脂培养基

（1）培养基成分　蛋白胨 15.0g，酵母浸膏 2.0g，葡萄糖 20.0g，可溶性淀粉 0.5g，氯化钠 5.0g，西红柿浸出液 400.0mL，吐温 80 1.0mL，肝粉 0.3g，琼脂粉 20.0g，蒸馏水至 1000.0mL。

（2）制法

①半胱氨酸盐溶液的配制：称取半胱氨酸 0.5g，加入 1.0mL 盐酸，使半胱氨酸全部溶解，配制成半胱氨酸盐溶液。

②西红柿浸出液的制备：将新鲜的西红柿洗净后称重切碎，加等量的蒸馏水在 100℃ 水浴中加热，搅拌 90min，然后用纱布过滤，校正 pH 7.0±0.1，将浸出液分装后，121℃ 高压灭菌 15～20min。

③制法：将上述培养基所有成分混合，加热溶解，然后加入半胱氨酸盐溶液，校正 pH 至 6.8±0.1。分装后 121℃ 高压灭菌 15～20min。

（五十七）四硫磺酸钠煌绿（TTB）增菌液

（1）基础液　蛋白胨 10.0g，牛肉膏 5.0g，氯化钠 3.0g，碳酸钙 45.0g，蒸馏水 1000mL。除碳酸钙外，将各成分加入蒸馏水中，煮沸溶解，再加入碳酸钙，调节 pH 至 7.0±0.2，高压灭菌 121℃，20min。

（2）硫代硫酸钠溶液　硫代硫酸钠（5 H_2O）50.0g；蒸馏水加至 100mL；高压灭菌 121℃，20min。

（3）碘溶液　碘片 20.0g；碘化钾 25.0g；蒸馏水加至 100mL。将碘化钾充分溶解于少量的蒸馏水中，再投入碘片，振摇玻瓶至碘片全部溶解为止，再加蒸馏水至规定的总量，贮存于棕色瓶内，塞紧瓶盖备用。

（4）5g/L 煌绿水溶液　煌绿 0.5g，蒸馏水 100mL 溶解后，存放暗处，不少于 1d，使其自然灭菌。

（5）牛胆盐溶液　牛胆盐 10.0g，蒸馏水 100mL。加热煮沸至完全溶解，121℃高压灭菌 20min。

（6）制法　基础液 900mL，硫代硫酸钠溶液 100mL，碘溶液 20.0mL，煌绿水溶液 2.0mL，牛胆盐溶液 50.0mL。临用前，按上列顺序，以无菌操作依次加入基础液中，每加入一种成分，均应摇匀后再加入另一种成分。

（五十八）糖发酵管

（1）成分　牛肉膏 5.0g，蛋白胨 10.0g，氯化钠 3.0g，磷酸氢二钠（12 H_2O）2.0g，2g/L 溴麝香草酚蓝溶液 12.0mL，蒸馏水 1000mL。

（2）制法

①葡萄糖发酵管按上述成分配好后，调节 pH 至 7.4 ± 0.2。按 5g/L 加入葡萄糖，分装于有一个倒置小管的小试管内，121℃高压灭菌 15min。

②其他各种糖发酵管可按上述成分配好后，分装每瓶 100mL，121℃高压灭菌 15min。另将各种糖类分别配好 100g/L 溶液，同时高压灭菌。将 5mL 糖溶液加入 100mL 培养基内，以无菌操作分装小试管。

注：蔗糖不纯，加热后会自行水解者，应采用过滤法除菌。

（3）试验方法　从琼脂斜面上挑取小量培养物接种，于（36 ± 1）℃培养，沙门菌、志贺菌一般 2 ~ 3d。迟缓反应需观察 14 ~ 30d；单增李斯特菌 24 ~ 48h，蓝色为阴性，黄色为阳性。

（五十九）糖类发酵培养基

1. 基础培养基

（1）成分　酪蛋白（酶消化）10.0g，氯化钠 5.0g，酚红 0.02g，蒸馏水 1000mL。

（2）制法　将各成分混合加热溶解，必要时调节 pH 至 6.8 ± 0.2。每管分装 5mL。121℃高压灭菌 15min。

2. 糖类溶液（D - 山梨醇、L - 鼠李糖、D - 蔗糖、D - 蜜二糖、苦杏仁苷）

（1）成分　糖 8.0g，蒸馏水 100mL。

（2）制法　分别称取 D - 山梨醇、L - 鼠李糖、D - 蔗糖、D - 蜜二糖、苦杏仁苷等糖类成分各 8g，溶于 100mL 蒸馏水中，过滤除菌，制成 80mg /mL 的糖类溶液。

3. 完全培养基

（1）成分　基础培养基 875mL，糖类溶液 125mL。

（2）制法　无菌操作，将每种糖类溶液加入基础培养基，混匀；分装到无菌试管中，每管 10mL。

4. 实验方法

挑取培养物接种于各种糖类发酵培养基，刚好在液体培养基的液面下。（30±1）℃培养（24±2）h，观察结果。糖类发酵试验阳性者，培养基呈黄色，阴性者为红色。

（六十）我妻氏血琼脂

（1）成分　酵母浸膏 3.0g，蛋白胨 10.0g，氯化钠 70.0g，磷酸氢二钾 5.0g，甘露醇 10.0g，结晶紫 0.001g，琼脂 15.0g，蒸馏水 1000mL。

（2）制法　将上述成分混合溶解，校正 pH 至 8.0±0.2，加热至 100℃，保持 30min，冷至 45~50℃，与 50mL 预先洗涤的新鲜人或兔红细胞（含抗凝血剂）混合，倾注平板。干燥平板，尽快使用。

（六十一）西蒙氏柠檬酸盐培养基

（1）成分（志贺菌、蜡样芽孢杆菌）　氯化钠 5.0g，硫酸镁（7H₂O）0.2g，磷酸二氢铵 1.0g，磷酸氢二钾 1.0g，柠檬酸钠 5.0g，琼脂 20g，2g/L 溴麝香草酚蓝溶液 40.0mL，蒸馏水 1000mL。

注：蜡样芽孢杆菌培养基中柠檬酸钠为 1g。

（2）成分（克罗诺杆菌属）　柠檬酸钠 2.0g，氯化钠 5.0g，磷酸氢二钾 1.0g，磷酸二氢铵 1.0g，硫酸镁 0.2g，溴麝香草酚蓝 0.08g，琼脂 8.0~18.0g，蒸馏水 1000mL。

（3）制法　先将盐类溶解于水内，调 pH 至 6.8±0.2，加入琼脂，加热溶化。然后加入指示剂，混合均匀后分装试管，121℃灭菌 15min。制成斜面备用。

（4）试验方法　挑取少量琼脂培养物接种，蜡样芽孢杆菌于（36±1）℃培养 4d，克罗诺杆菌属于（36±1）℃培养（24±2）h，每天观察结果。阳性者斜面上有菌落生长，培养基从绿色转为蓝色。

（六十二）纤维二糖-多黏菌素 E（CC）琼脂

1. 溶液 1

（1）成分　蛋白胨 10.0g，牛肉粉 5.0g，氯化钠 20.0g，溴麝香草酚蓝 0.04g，甲酚红 0.04g，琼脂 15.0g，蒸馏水 900mL。

（2）制法　将上述成分混合溶解，调节 pH 为 7.6±0.2，加热煮沸至完全溶解。冷至 48~55℃备用。

2. 溶液 2

（1）成分　纤维二糖 10.0g，多黏菌素 E 400000 U，蒸馏水 100mL。

（2）制法　纤维二糖溶于蒸馏水中，轻微加热至完全溶解，冷却后加入抗菌素，过滤除菌。将溶液 2 与溶液 1 混合，倾注平板备用。

（六十三）硝酸盐肉汤

（1）成分　蛋白胨 5.0g，硝酸钾 0.2g，蒸馏水 1000.0mL。

（2）制法　将上述成分混合溶解。校正 pH 至 7.4，分装每管 5mL，121℃高压灭菌 15min。

（3）硝酸盐还原试剂　甲液：将对氨基苯磺酸 0.8g 溶解于 2.5mol/L 乙酸溶液 100mL 中。乙液：将甲萘胺 0.5g 溶解于 2.5mol/L 乙酸溶液 100mL 中。

（4）试验方法　接种后在（36±1）℃培养 24～72h。加甲液和乙液各 1 滴，观察结果，阳性反应立即或数分钟内显红色。如为阴性，可再加入锌粉少许，如出现红色，表示硝酸盐未被还原，为阴性。反之，则表示硝酸盐已被还原，为阳性。

（六十四）溴甲酚紫葡萄糖蛋白胨培养基

（1）成分　蛋白胨 10.0g，葡萄糖 5.0g，20g/L 溴甲酚紫乙醇溶液 0.6mL，琼脂 4.0g，蒸馏水 1000mL。

（2）制法　在蒸馏水中加入蛋白胨、葡萄糖、琼脂，加热搅拌至完全溶解，调节 pH 至 7.1±0.1，然后再加入溴甲酚紫乙醇溶液。混匀后，115℃高压灭菌 30min。

（六十五）血琼脂平板

（1）成分（金黄色葡萄球菌）　豆粉琼脂（pH7.5±0.2）100mL，脱纤维羊血（或兔血）5～10mL。

（2）成分（单增李斯特菌）　蛋白胨 1.0g，牛肉膏 0.3g，氯化钠 0.5g，琼脂 1.5g，蒸馏水 100mL，脱纤维羊血 5～8mL。

（3）制法　除新鲜脱纤维羊血外，加热溶化上述各组分，121℃高压灭菌 15min，冷到 50℃，以无菌操作加入新鲜脱纤维羊血，摇匀，倾注平板。

（六十六）亚硫酸铋（BS）琼脂

（1）成分　蛋白胨 10.0g，牛肉膏 5.0g，葡萄糖 5.0g，硫酸亚铁 0.3g，磷酸氢二钠 4.0g，煌绿 0.025g，柠檬酸铋铵 2.0g，亚硫酸钠 6.0g，琼脂 18.0～20.0g，蒸馏水 1000mL。

（2）制法　将前三种成分加入 300mL 蒸馏水（制作基础液）中，硫酸亚铁和磷酸氢二钠分别加入 20mL 和 30mL 蒸馏水中，柠檬酸铋铵和亚硫酸钠分别加入另一 20mL 和 30mL 蒸馏水中，琼脂加入 600mL 蒸馏水中。然后分别搅拌均匀，煮沸溶解。冷却至 80℃左右时，先将硫酸亚铁和磷酸氢二钠混匀，倒入基础液中，混匀。将柠檬酸铋铵和亚硫酸钠混匀，倒入基础液中，再混匀。调节 pH 至 7.5±0.2，随即倾入琼脂液中，混合均匀，冷至 50～55℃。加入煌绿溶液，充分混匀后立即倾注平皿。本培养基不需要高压灭菌，宜于当天制备，第 2d 使用。

（六十七）亚硒酸盐胱氨酸（SC）增菌液

（1）成分　蛋白胨 5.0g，乳糖 4.0g，磷酸氢二钠 10.0g，亚硒酸氢钠 4.0g，L-胱氨酸 0.01g，蒸馏水 1000mL。

（2）制法　除亚硒酸氢钠和 L-胱氨酸外，将各成分混合，煮沸溶解，冷至 55℃以下，以无菌操作加入亚硒酸氢钠和 1g/L L-胱氨酸溶液 10mL（称取 0.1g L-胱氨酸，加 1mol/L 氢氧化钠溶液 15mL，使溶解，再加无菌蒸馏水至 100mL 即成；如为 DL-胱氨酸，用量应加倍）。摇匀，调节 pH 至 7.0±0.2。

（六十八）液体硫乙醇酸盐培养基 （FTG）

（1）成分 胰蛋白胨 15.0g，L - 胱氨酸 0.5g，酵母粉 5.0g，葡萄糖 5.0g，氯化钠 2.5g，硫乙醇酸钠 0.5g，刃天青 0.001g，琼脂 0.75g，蒸馏水 1000.0mL，pH 为 7.1 ± 0.2。

（2）制法 将以上成分混合加热煮沸至完全溶解，冷却后调节 pH，分装试管，每管 10mL，121℃高压灭菌 15min。临用前煮沸或流动蒸汽加热 15min，迅速冷却至接种温度。

（六十九）伊红美蓝 （EMB）琼脂

（1）成分 蛋白胨 10.0g，乳糖 10.0g，磷酸氢二钾 2.0g，琼脂 15.0g，20g/L 伊红 Y 水溶液 20.0mL，5g/L 美蓝水溶液 13.0mL，蒸馏水 1000mL。

（2）制法 在 1000mL 蒸馏水中煮沸溶解蛋白胨、磷酸盐和乳糖，加水补足，冷却至 25℃左右，校正 pH 至 7.1 ± 0.2。再加入琼脂，121℃高压灭菌 15min。冷至 45 ~ 50℃，加入 20g/L 伊红 Y 水溶液和 5g/L 美蓝水溶液，摇匀，倾注平皿。

（七十）胰蛋白酶胰蛋白胨葡萄糖酵母膏肉汤 （TPGYT）

（1）基础成分 胰酪胨（trypticase）50.0g，蛋白胨 5.0g，酵母浸膏 20.0g，葡萄糖 4.0g，硫乙醇酸钠 1.0g，蒸馏水 1000.0mL。

（2）胰酶液 称取胰酶（1:250）1.5g，加入 100mL 蒸馏水中溶解，膜过滤除菌，4℃ 保存备用。

（3）制法 将上述基础成分混合溶解，调节 pH 至 7.2 ± 0.1，分装至 20mm × 150mm 试管，每管 15mL，加入液体石蜡覆盖培养基 0.3 ~ 0.4cm，121℃高压蒸汽灭菌 10min。冰箱冷藏，2 周内使用。临用接种样品时，每管加入胰酶液 1.0mL。

（七十一）胰胨 - 亚硫酸盐 - 环丝氨酸 （TSC）琼脂

（1）基础成分 胰胨 15.0g，大豆胨 5.0g，酵母粉 5.0g，焦亚硫酸钠 1.0g，柠檬酸铁铵 1.0g，琼脂 15.0g，蒸馏水 900.0mL。

pH 7.6 ± 0.2 D - 环丝氨酸溶液：溶解 1g D - 环丝氨酸于 200mL 蒸馏水中，膜过滤除菌后，于 4℃冷藏保存备用。

（2）制法 将基础成分混合加热煮沸至完全溶解，调节 pH，分装到 500mL 烧瓶中，每瓶 250mL，121℃高压灭菌 15min，于（50 ± 1）℃保温备用。临用前每 250mL 基础溶液中加入 20mL D - 环丝氨酸溶液，混匀，倾注平皿。

（七十二）胰酪胨大豆多黏菌素肉汤

（1）成分 胰酪胨（或酪蛋白胨）17.0g，植物蛋白胨（或大豆蛋白胨）3.0g，氯化钠 5.0g，无水磷酸氢二钾 2.5g，葡萄糖 2.5g，多黏菌素 B 100IU/mL，蒸馏水 1000.0mL。

（2）制法 将除多黏菌素 B 外的成分混合加热溶解，校正 pH 至 7.3 ± 0.2，121℃高压灭菌 15min。临用时加入多黏菌素 B 溶液，混匀即可。

（七十三）胰酪胨大豆羊血 （TSSB）琼脂

（1）成分 胰酪胨（或酪蛋白胨）15.0g，植物蛋白胨（或大豆蛋白胨）5.0g，氯化钠 5.0g，无水磷酸氢二钾 2.5g，葡萄糖 2.5g，琼脂粉 12.0 ~ 15.0g，蒸馏水 1000.0mL。

（2）制法　将上述各成分混合加热溶解。校正 pH 至 7.2 ± 0.2，分装每瓶 100mL。121℃高压灭菌 15min。水浴中冷却至 45 ~ 50℃，每 100mL 加入 5 ~ 10mL 无菌脱纤维羊血，混匀后倾注平板。

（七十四）营养琼脂

（1）成分　蛋白胨 10.0g，牛肉膏 5.0g，氯化钠 5.0g，琼脂粉 12.0 ~ 15.0g，蒸馏水 1000.0mL。

（2）制法　将所述成分混合溶解，校正 pH 至 7.2 ± 0.2，加热使琼脂溶化。121℃高压灭菌 15min。

（七十五）营养琼脂小斜面

（1）成分　蛋白胨 10.0g，牛肉膏 3.0g，氯化钠 5.0g，琼脂 15.0 ~ 20.0g，蒸馏水 1000mL。

（2）制法　将除琼脂以外的各成分混合溶解，加入 150g/L 氢氧化钠溶液约 2mL，调节 pH 至 7.3 ± 0.2。加入琼脂，加热煮沸，使琼脂溶化，分装至 13mm × 130mm 试管，121℃高压灭菌 15min。

（七十六）营养肉汤

（1）成分　蛋白胨 10.0g，牛肉膏 3.0g，氯化钠 5.0g，蒸馏水 1000mL。

（2）制法　将以上成分混合加热溶解，冷却至 25℃左右校正 pH 至 7.4 ± 0.2，分装适当的容器。121℃灭菌 15min。

（七十七）月桂基硫酸盐胰蛋白胨 （LST） 肉汤

（1）成分　胰蛋白胨或胰酪胨 20.0g，氯化钠 5.0g，乳糖 5.0g，磷酸氢二钾 2.75g，磷酸二氢钾 2.75g，月桂基硫酸钠 0.1g，蒸馏水 1000mL。

（2）制法　将上述成分混合溶解，调节 pH 至 6.8 ± 0.2。分装到有玻璃小倒管的试管中，每管 10mL。121℃高压灭菌 15min。

（七十八）黏液酸盐培养基

1. 测试肉汤

（1）成分　酪蛋白胨 10.0g，溴麝香草酚蓝溶液 0.024g，蒸馏水 1000mL，黏液酸 10.0g。

（2）制法　慢慢加入 5mol/L 氢氧化钠以溶解黏液酸，混匀。其余成分加热溶解，加入上述黏液酸，冷却至 25℃左右，校正 pH 至 7.4 ± 0.2，分装试管，每管约 5mL，于 121℃高压灭菌 10min。

2. 质控肉汤

（1）成分　酪蛋白胨 10.0g，溴麝香草酚蓝溶液 0.024g，蒸馏水 1000mL。

（2）制法　所有成分混合加热溶解，冷却至 25℃左右，校正 pH 至 7.4 ± 0.2，分装试管，每管约 5mL，于 121℃高压灭菌 10min。

3. 试验方法

将待测新鲜培养物接种测试肉汤和质控肉汤，于（36±1）℃培养48h观察结果，肉汤颜色蓝色不变为阴性结果，黄色或稻草黄色则为阳性结果。

（七十九）志贺菌增菌肉汤–新生霉素　（*Shigella* broth）

1. 志贺菌增菌肉汤

（1）成分　胰蛋白胨20.0g，葡萄糖1.0g，磷酸氢二钾2.0g，磷酸二氢钾2.0g，氯化钠5.0g，吐温80（Tween 80）1.5mL，蒸馏水1000.0mL。

（2）制法　将以上成分混合加热溶解，冷却至25℃左右，校正pH至7.0±0.2，分装于适当的容器，121℃灭菌15min。取出后冷却至50~55℃，加入除菌过滤的新生霉素溶液（0.5μg/mL），分装225mL备用。如不立即使用，在2~8℃条件下可贮存1个月。

2. 新生霉素溶液

（1）成分　新生霉素25.0mg，蒸馏水1000.0mL。

（2）制法　将新生霉素溶解于蒸馏水中，用0.22μm过滤膜除菌，如不立即使用，在2~8℃条件下可贮存1个月。

3. 临用时每225mL志贺菌增菌肉汤加入5mL新生霉素溶液，混匀。

第三节　RNase的去除和无RNase溶液的配制

（一）RNase的去除

（1）配制溶液用的酒精、异丙醇等应采用未开封的新品。配制溶液所用的超纯水、玻璃容器、移液器吸嘴、药匙等用具应无RNase。操作过程中应自始至终佩戴抛弃式橡胶或乳胶手套，并经常更换，以避免将皮肤上的细菌、真菌及人体自身分泌的RNase污染用具或带入溶液。

（2）玻璃容器应在240℃烘烤4h以去除RNase。

（3）离心管、移液器吸嘴、药匙等塑料用具应用无RNase超纯水室温浸泡过夜，然后灭菌、烘干；或直接购买无RNase的相应用具。

（二）无RNase溶液的配制

1. 无RNase超纯水

（1）成分　超纯水100mL，焦碳酸二乙酯（DEPC）50μL。

（2）制法　室温过夜，121℃，15min灭菌，或直接购买无RNase超纯水。

2. Tris/甘氨酸/牛肉膏（TGBE）缓冲液

（1）成分　Tris基质［三（羟基甲基）氨基甲烷］12g，甘氨酸3.8g，牛肉膏10g，无RNase超纯水总体积1000mL。

（2）制法　将固体物质溶解于水，将总体积调整至1000mL，如果有必要，25℃调节

pH 至 7.3。高压灭菌。

3. 5×PEG/氯化钠溶液（500g/L PEG 8000，1.5mol/L 氯化钠）

（1）成分　聚乙二醇（PEG）8000 500g，氯化钠 87g，无 RNase 超纯水总体积 1000mL。

（2）制法　将固体物质溶解在 450mL 的水中，如必要可缓慢加热。用水将体积调整至 1000mL，混匀。高压灭菌后备用。

4. 磷酸盐缓冲液

（1）成分　氯化钠 8g，氯化钾 0.2g，磷酸氢二钠 1.15g，磷酸二氢钾 0.2g，无 RNase 超纯水总体积 1000mL。

（2）制法　将固体物质溶解于水，如果有必要，25℃时调节 pH 至 7.3。高压灭菌。

5. 氯仿/正丁醇的混合液

将氯仿 10mL 与丁醇 10mL 两种组分混匀。

6. 蛋白酶 K 溶液

（1）成分　蛋白酶 K（30 U/mg）20mg，无 RNase 超纯水 200mL。

（2）制法　将蛋白酶 K（30 U/mg）20mg 溶于 200mL 无 RNase 超纯水中，彻底混合。储备液 –20℃ 保存，最多可贮存 6 个月。一旦解冻使用，4℃ 保存，1 周内使用。

7. 75% 乙醇

（1）成分　无水乙醇 7.5mL，无 RNase 超纯水 2.5mL。

（2）制法　加无 RNase 超纯水 2.5mL，现配现用。

8. Trizol 试剂

（1）成分　0.75mol/L 柠檬酸钠溶液 17.6mL，100g/L 十二烷基肌氨酸钠溶液 26.4mL，2mol/L 醋酸钠溶液 50mL，无 RNase 超纯水 293mL，异硫氰酸胍 250g，重蒸苯酚 500mL。

（2）制法　在 2000mL 的烧杯中加入无 RNase 超纯水 293mL，然后依次加入异硫氰酸胍 250g，0.75mol/L 的柠檬酸钠溶液（pH≥7）17.6mL，100g/L 的十二烷基肌氨酸钠溶液（Sarcosy）26.4mL，2mol/L 的醋酸钠溶液（pH≥4）50mL，混合均匀，加入重蒸苯酚 500mL，混合均匀。Trizol 试剂需 4℃ 保存，保质期约一年。也可使用商业化的试剂。

最可能数检索表

附表1　　大肠菌群、 金黄色葡萄球菌、 单增李斯特菌、
蜡样芽孢杆菌最可能数 （MPN） 检索表

单位： MPN/g （mL）

阳性管数			MPN	95% 可信限		阳性管数			MPN	95% 可信限	
0.10	0.01	0.001		上限	下限	0.10	0.01	0.001		上限	下限
0	0	0	<3.0	—	9.5	2	2	0	21	4.5	42
0	0	1	3.0	0.15	9.6	2	2	1	28	8.7	94
0	1	0	3.0	0.15	11	2	2	2	35	8.7	94
0	1	1	6.1	1.2	18	2	3	0	29	8.7	94
0	2	0	6.2	1.2	18	2	3	1	36	8.7	94
0	3	0	9.4	3.6	38	3	0	0	23	4.6	94
1	0	0	3.6	0.17	18	3	0	1	38	8.7	110
1	0	1	7.2	1.3	18	3	0	2	64	17	180
1	0	2	11	3.6	38	3	1	0	43	9	180
1	1	0	7.4	1.3	20	3	1	1	75	17	200
1	1	1	11	3.6	38	3	1	2	120	37	420
1	2	0	11	3.6	42	3	1	3	160	40	420
1	2	1	15	4.5	42	3	2	0	93	18	420
1	3	0	16	4.5	42	3	2	1	150	37	420
2	0	0	9.2	1.4	38	3	2	2	210	40	430
2	0	1	14	3.6	42	3	2	3	290	90	1000
2	0	2	20	4.5	42	3	3	0	240	42	1000
2	1	0	15	3.7	42	3	3	1	460	90	2000
2	1	1	20	4.5	42	3	3	2	110	180	4100
2	1	2	27	8.7	94	3	3	3	>1100	420	—

注： 本表采用3 个稀释度 ［0.1g （mL）、 0.01g （mL） 和0.001g （mL）］， 每个稀释度接种3 管。
表内所列检样量如改用 1g （mL）、 0.1g （mL） 和0.01g （mL） 时， 表内数字应相应降低 10 倍；
如改用0.01g （mL）、 0.001g （mL）、 0.0001g （mL） 时， 则表内数字应相应增高 10 倍， 其余类推。

附表2   克罗诺杆菌属最可能数 （MPN） 检索表

单位：MPN/g（mL）

阳性管数			MPN	95%可信限		阳性管数			MPN	95%可信限	
100	10	1		上限	下限	100	10	1		上限	下限
0	0	0	<0.3	—	0.95	2	2	0	2.1	0.45	4.2
0	0	1	0.3	0.015	0.96	2	2	1	2.8	0.87	9.4
0	1	0	0.3	0.015	1.1	2	2	2	3.5	0.87	9.4
0	1	1	0.61	0.12	1.8	2	3	0	2.9	0.87	9.4
0	2	0	0.62	0.12	1.8	2	3	1	3.6	0.87	9.4
0	3	0	0.94	0.36	3.8	3	0	0	2.3	0.46	9.4
1	0	0	0.36	0.017	1.8	3	0	1	3.8	0.87	11
1	0	1	0.72	0.13	1.8	3	0	2	6.4	1.7	18
1	0	2	1.1	0.36	3.8	3	1	0	4.3	0.9	18
1	1	0	0.74	0.13	2	3	1	1	7.5	1.7	20
1	1	1	1.1	0.36	3.8	3	1	2	12	3.7	42
1	2	0	1.1	0.36	4.2	3	1	3	16	4	42
1	2	1	1.5	0.45	4.2	3	2	0	9.3	1.8	42
1	3	0	1.6	0.45	4.2	3	2	1	15	3.7	42
2	0	0	0.92	0.14	3.8	3	2	2	21	4	43
2	0	1	1.4	0.36	4.2	3	2	3	29	9	100
2	0	2	2	0.45	4.2	3	3	0	24	4.2	100
2	1	0	1.5	0.37	4.2	3	3	1	46	9	200
2	1	1	2	0.45	4.2	3	3	2	110	18	410
2	1	2	2.7	0.87	9.4	3	3	3	>110	42	—

注：本表采用3个检样量 ［100g（mL）、10g（mL）和1g（mL）］，每个检样量接种3管。

表内所列检样量如改用1000g（mL）、100g（mL）和10g（mL）时，表内数字应相应降低10倍；如改用10g（mL）、1g（mL）、0.1g（mL）时，则表内数字应相应增高10倍，其余类推。

参考文献

［1］刘素纯，贺稚非．食品微生物检验［M］．北京：科学出版社，2013．

［2］陈江萍．食品微生物检测实训教程［M］．杭州：浙江大学出版社，2011．

［3］刘用成．食品微生物检验技术［M］．北京：中国轻工业出版社，2012．

［4］李凤梅．食品微生物检验［M］．北京：化学工业出版社，2015．

［5］周德庆．微生物学教程［M］．北京：高等教育出版社，2006．

［6］何国庆，贾英民，丁立孝，等．食品微生物学［M］．北京：中国农业出版社，2009．

［7］藤葳，李倩，等．食品中微生物危害控制与风险评估［M］．北京：化学工业出版社，2012．

［8］Bibek Ray，ArunBhunia．基础食品微生物学：第4版［M］．江汉湖等译．北京：中国轻工业出版社，2014．

［9］陈小敏，杨华，桂国弘，等．2008～2015年全国食物中毒情况分析［J］．食品安全导刊，2017（9）：66－69．

［10］James M Jay，Martin J Loessner．现代食品微生物学：第5版［M］．北京：中国农业大学出版社，2008．

［11］李平兰．食品微生物学教程［M］．北京：中国林业出版社，2011．

［12］贺稚非．食品微生物学［M］．北京：中国质检出版社，2013．

［13］殷文政，樊明涛，等．食品微生物学［M］．北京：科学出版社，2015．

［14］郝林，孔庆学，方祥．食品微生物学实验技术［M］．北京：中国农业大学出版社，2016．

［15］郑晓冬．食品微生物学［M］．杭州：浙江大学出版社，2001．

［16］李松涛．食品微生物学检验［M］．北京：中国计量出版社，2005．

［17］蒋原．食源性疾病微生物检测指南［M］．北京：中国标准出版社，2010．

［18］唐晓阳，邱红玲，王慧，等．食品微生物风险评估概述［J］．生命科学，2015（3）：383－387．

［19］世界卫生组织/联合国粮农组织．食品安全风险分析－国家食品安全管理机构应用指南，2008．

［20］国家卫生计生委卫生应急办公室．国家卫生计生委办公厅关于2013年全国食物中毒事件情况的通报，2013．

［21］国家卫生计生委卫生应急办公室．国家卫生计生委办公厅关于2014年全国食物中毒事件情况的通报，2014．

［22］国家卫生计生委卫生应急办公室．国家卫生计生委办公厅关于2015年全国食物中毒事件情况的通报，2015．

［23］许喜林，郭祀远，李琳．食品生产中微生物危害的分析与控制［J］．微生物学通报，2002，29（2）：67－71．

［24］罗沅，董昶．食品生产中微生物危害的分析与防治［J］．食品工程，2015（3）：15－17，32．

［25］范田丽．食品中微生物危害的分析和控制［J］．现代食品，2017（9）：3－5．

［26］马岳．发酵食品微生物的多样性［J］．食品安全导刊，2017（5）：126－127．

［27］唐非，黄升海．细菌学检验：第2版［M］．北京：人民卫生出版社，2015．

［28］李凤梅．食品微生物检验［M］．北京：化学工业出版社，2015．

［29］房海，陈翠珍．中国食物中毒细菌［M］．北京：科学出版社，2014．

［30］魏明奎，段鸿斌．食品微生物检验技术［M］．北京：化学工业出版社，2008．

［31］李松涛．食品微生物学检验［M］．北京：中国计量出版社，2008．

［32］陈江萍．食品微生物检测实训教程［M］．杭州：浙江大学出版社，2011．

［33］贾俊涛，梁成珠，马维兴．食品微生物检测工作指南［M］．北京：中国质检出版社，2012．

［34］岳晓禹，杨玉红．食品微生物检验［M］．北京：中国农业科学技术出版社，2017．

［35］周建新．食品微生物学检验［M］．北京：化学工业出版社，2011．

［36］国际食品微生物标准委员会（ICMSF）．微生物检验与食品安全控制［M］．刘秀梅，陆苏彪，田静译．北京：中国轻工业出版社，2012．

［37］陈雯雯，段文峰，刘洋，等．新技术在食品微生物检验检测中的应用［J］．上海师范大学学报（自然科学版），2016（1）：121－126．

［38］李成忠．食品微生物快速检测技术研究［J］．生物技术世界，2014（9）：66－67．

［39］陈爱亮．食源性病原微生物快速检测技术应用现状与发展趋势［J］．食品安全质量检测学报，2014（1）：173－186．

［40］李亮，隋志伟，王晶，等．基于数字PCR的单分子DNA定量技术研究进展［J］．生物化学与生物物理进展，2012（10）：1017－1023．

［41］孙永．食品卫生微生物快速测试卡的研制［D］．武汉：中国科学院研究生院（武汉病毒研究所），2007．

［42］Farhana R. Pinu. Early detection of food pathogens and food spoilage microorganisms：Application of metabolomics［J］. Trends in Food Science & Technology，2016，54：213－215．

［43］刘斌．食品微生物检验［M］．北京：中国轻工业出版社，2016．

［44］周志如．多重PCR技术在食品微生物检测中的应用进展［J］．生物技术世界，2016（5）：97．

［45］陈旭，齐凤坤，康立功，等．实时荧光定量PCR技术研究进展及其应用［J］．东北农业大学学报，2010（8）：148－155．

［46］孙远明．食品安全快速检测与预警［M］．北京：化学工业出版社，2017．

［47］谢刚，叶金，王松雪．食品安全快速检测方法评价技术研究进展［J］．食品科学，2016（17）：270－274．.

［48］张冲，刘祥，陈计峦．实时荧光定量RT－PCR检测沙门菌活菌［J］．食品工业科技，2012（6）：91－94．

［49］盘宝进，韦梅良，汪文龙，等．食品沙门菌实时荧光PCR快速检测方法建立［J］．现代食品科技，2010（2）：197－199．

［50］SN/T 1059.7－2010进出口食品中沙门菌检测方法．实时荧光PCR法［S］．2010．

［51］焦彦朝，连宾．食品中沙门菌酶联免疫荧光分析（VIDAS Salmonella［SLM］Assay）筛选方法［J］．口岸卫生控制，2001（4）：44－46．

［52］杨洋．PCR技术检测乳品中金黄色葡萄球菌的研究［D］．保定：河北农业大学，2005．

[53] 吕艳，王华，王君玮，等．牛奶中金黄色葡萄球菌 PCR 检测方法的建立与应用［J］．现代生物医学进展，2009（5）：931－933．

[54] 孙葳，赵虹，王伟杰，等．食品金黄色葡萄球菌检测方法探究［J］．现代食品，2017（13）：37－39．

[55] 贺稚非，刘素纯，刘书亮．食品微生物检验原理与方法［M］．北京：科学出版社，2016．

[56] 周红丽，张滨，刘素纯．食品微生物检验实验技术［M］．北京：中国质检出版社，2012．

[57] 周威，胡梁斌，李红波，等．食物中食源性病原菌检测技术研究进展［J］．食品研究与开发，2017（9）：213－216．

[58] 李勤．微生物检测技术及其在食品安全中的应用［J］．食品研究与开发，2012（9）：217－220．

[59] 肖钢军，林兆盛．酶联免疫吸附（ELISA）法在食品微生物检测中的应用［J］．食品安全导刊，2016（18）：106－107．

[60] 佟平，陈红兵．免疫学技术在食品微生物检测中的应用［J］．江西食品工业，2007（1）：36－38．

[61] 黄嫦娇，黄晓蓉，郑晶，等．全自动荧光酶联免疫方法检测食品中沙门菌［J］．安徽农业科学，2010（10）：5320－5321．

[62] 陈靖，陈叶．用酶联免疫吸附法（ELISA）检测金黄色葡萄球菌肠毒素［J］．中国食用菌，1999（5）：39－40．

[63] 周卓晟．检测细菌内毒素的酶联免疫吸附法及免疫传感器法的研究［D］．武汉：华中科技大学，2010．

[64] 王丽丽，赵瑜，于重楠，等．食品中金黄色葡萄球菌核酸层析检测技术的研究［J］．食品工程，2013（4）：28－33．

[65] 侯红漫．食品安全学［M］．北京：中国轻工业出版社，2014．

[66] 王廷璞，王静．食品微生物检验技术［M］．北京：化学工业出版社，2014．

[67] 崔传金，张孔，张瑞成，等．生物传感器检测牛奶病原微生物的研究进展［J］．传感器与微系统，2016（2）：1－4，8．

[68] 王一娴，叶尊忠，斯城燕，等．适配体生物传感器在病原微生物检测中的应用［J］．分析化学，2012（4）：634－642．

[69] 董世彪，赵荣涛，李杨，等．DNA 电化学生物传感器检测病原微生物的应用研究进展［J］．军事医学，2015（6）：480－483．

[70] 王云霞，张立群，张轩，等．电化学生物传感器在病原微生物快速检测中的研究进展［J］．中华医院感染学杂志，2012（16）：3677－3678．

[71] 吴枭锜，陈丽叶，赵超，等．食源性病原微生物生物传感器的快速检测方法及进展［J］．食品安全质量检测学报，2013（3）：835－840．

[72] 刘金华，刘韬，孟日增，等．利用光纤倏逝波生物传感器检测食品中大肠杆菌 O157：H7［J］．食品安全质量检测学报，2014（4）：1142－1146．

[73] 单聪，陈西平．光纤倏逝波生物传感器在微生物检测中的应用［J］．卫生研究，2010（2）：254－258．

[74] 姚辉．SPR 生物传感器的构建及对大肠杆菌 E. coli O157：H7 的快速检测［D］．济南：山东农业

大学，2012.

[75] 王凯，殷涌光. SPR 生物传感器在食品安全领域的应用研究 ［J］. 传感器与微系统，2007（5）：12－14，17.

[76] 杜祎. 生物传感器法检测花生中黄曲霉毒素 B₁ 的研究 ［D］. 济南：齐鲁工业大学，2016.

[77] 张静. 新型碳纳米材料及其复合物的电化学生物传感研究 ［D］. 南京：南京大学，2010.

[78] 谢佳胤，李捍东，王平，等. 微生物传感器的应用研究 ［J］. 现代农业科技，2010（6）：11－13.

[79] 张香美，刘焕云. 食品微生物快速检测技术研究进展 ［J］. 中国卫生检验杂志，2014（11）：1669－1672.

[80] 蒋杰. 发光功能化纳米材料在结核病诊断化学发光核酸传感器中的应用 ［D］. 合肥：中国科学技术大学，2013.

[81] 霍佳平. 分子印迹材料的制备及分析应用 ［D］. 长沙：中南大学，2010.

[82] 易娜，张教强，史长明，等. 分子印迹传感器的研究进展 ［J］. 材料开发与应用，2013（1）：117－124.

[83] 李丽，张云，郁彩虹，等. 阵列生物传感器研究进展 ［J］. 现代生物医学进展，2011（1）：187－189.

[84] 黄钦文，李斌，黄美浅，等. 微阵列电极电化学生物传感器 ［J］. 传感器技术，2004（2）：1－3.

[85] 张捷，陈广全，乐加昌，等. 生物传感器在食源性致病菌检测中的应用 ［J］. 食品工业科技，2011（10）：453－457.

[86] 吴灵，尚美丽，李雪芳，等. 基于自组装及纳米磁球放大的大肠杆菌 O157：H7 的压电免疫检测 ［J］. 湖南工业大学学报（社会科学版），2006（2）：52－56.

[87] 刘金华，刘韬，孟日增，等. 一种基于光纤倏逝波生物传感器检测单核细胞增生李斯特菌方法的建立 ［J］. 中国实验诊断学，2014（7）：1045－1047.

[88] 周巍，张巍，王赞，等. 光纤倏逝波生物传感器在食品安全检测中应用进展 ［J］. 食品安全质量检测学报，2014（12）：3971－3974.

[89] 初国超，郑先哲，张文浩，等. SPR 生物传感器连续取样和检测装置研制 ［J］. 东北农业大学学报，2011（5）：83－90.

[90] Chan KY, Ye WW, Zhang Y, et al. Ultrasensitive detection of E. coli O157：H7 with biofunctional magnetic bead concentration viannoporous membrane based electrochemical immunosensor ［J］. Biosen Bioelectron, 2013, 41：532－537.

[91] Wang YX, Ye ZZ, Si CY, et al. Monitoring of of Escherichia coli O157：H7 in food samples using lectin based surface Plasmon resonance biosensor ［J］. Food Chem, 2013, 136（3/4）：1303－1308.

[92] 杜祎，李敬龙，毕春元. 生物传感器法测定花生中黄曲霉毒素 B₁ ［J］. 食品科技，2015（8）：310－313.